主　编◎郑金海

副主编◎丰景春　陈 刚

河海大学 — 石泉县
水利科技扶贫研究与对策

河海大学出版社

HOHAI UNIVERSITY PRESS

·南京·

图书在版编目(ＣＩＰ)数据

河海大学—石泉县水利科技扶贫研究与对策 / 郑金
海主编. -- 南京：河海大学出版社，2021.2
ISBN 978-7-5630-6883-8

Ⅰ. ①河… Ⅱ. ①郑… Ⅲ. ①水利建设—科技成果—
汇编—石泉县②水利工程—扶贫—研究—石泉县 Ⅳ.
①TV-124.14②F127.414

中国版本图书馆 CIP 数据核字(2021)第 038248 号

书　　名	河海大学—石泉县水利科技扶贫研究与对策
书　　号	ISBN 978-7-5630-6883-8
责任编辑	张心怡　彭志诚
特约编辑	吴　淼
责任校对	周　贤
封面设计	张世立
出版发行	河海大学出版社
地　　址	南京市西康路 1 号(邮编:210098)
电　　话	(025)83737852(总编室)
	(025)83722833(营销部)
经　　销	江苏省新华发行集团有限公司
排　　版	南京布克文化发展有限公司
印　　刷	南京工大印务有限公司
开　　本	787 毫米×1092 毫米　1/16
印　　张	19.5
字　　数	350 千字
版　　次	2021 年 2 月第 1 版
印　　次	2021 年 2 月第 1 次印刷
定　　价	68.00 元

《河海大学—石泉县水利科技扶贫研究与对策》

编写组

主　编： 郑金海

副主编： 丰景春　陈　刚

主要编写人员（按姓氏笔画排序）：

丁明梅　马乐军　丰景春　王钢钢

王龙宝　王　伟　刘　静　任三强

许　航　孙　颖　张亚轩　张　可

张　鑫　张亚群　张云飞　陈　刚

李小华　李　晟　李旭杰　李晓华

李忠华　余亚丽　郭　艳　胡　凯

诸裕良　钱　莎　禹纪奎　黄　莉

薛　松　颜　祥

序

　　党的十八大以来，习近平总书记从党和国家发展全局的战略高度，将脱贫攻坚工作放到了治国理政的重要位置，作为事关全面建成小康社会、实现第一个一百年奋斗目标的重大战略任务，明确将脱贫攻坚纳入"五位一体"总体布局和"四个全面"战略布局进行决策部署。2016 年 11 月 23 日，国务院印发《"十三五"脱贫攻坚规划》，按照精准扶贫、精准脱贫基本方略的要求，因地制宜，分类施策，从八个方面细化了扶贫的具体路径和措施，其中之一是产业扶贫脱贫，包括农林产业扶贫、旅游扶贫、电商扶贫、科技扶贫等方面。科技扶贫是针对贫困地区生产技术落后和技术人员缺乏的状况提出的，其宗旨是应用适用的科学技术改革贫困地区封闭的小农经济模式，提高人民群众的科学文化素质，提高当地资源开发水平和劳动生产率，加快脱贫致富的步伐。

　　我国贫困地区分布与水资源禀赋条件高度相关，水问题已成为制约贫困地区经济社会发展的重要瓶颈。作为国家扶贫开发的重要内容，水利精准扶贫在促进贫困地区农业农村经济可持续发展,全面建成小康社会方面具有重要战略意义。党的十八大以来,水利扶贫累计解决贫困地区 1.1 亿农村人口饮水安全问题,农村自来水普及率和集中式供水覆盖率分别提高 70% 和 75% 以上;累计新增恢复灌溉面积 86.67 多万 hm^2,改善灌溉面积 166.67 多万 hm^2;已开工的 115 项节水供水重大水利工程中有 66 项在贫困地区,占比近 60%;完成 7 700 多座病险水库水闸除险加固,治理 1.36 万 km 中小河流,建设 167 座抗旱小型水库。经过努力,行业扶贫、定点扶贫、片区联系、对口支援、老区建设"五位一体"水利扶贫工作格局已经形成,为脱贫攻坚提供了坚实的水利支撑和保障。

石泉县位于陕西省安康市的西部,属国家秦巴连片扶贫开发重点县。在脱贫攻坚方面,坚持以脱贫统领经济社会发展全局,创新提出并实施了"三个六"精准脱贫战略,实现了脱贫攻坚与经济增长同步推进。按照"产业兴旺、生态宜居、乡风文明、治理有效、生活富裕"的总要求,高质量、高标准完成 45 个村 7 000 人脱贫。

河海大学是一所拥有百余年办学历史,以水利为特色,工科为主,多学科协调发展的教育部直属全国重点大学,是实施国家"211工程"重点建设、国家优势学科创新平台建设和一流学科建设的高校。一百多年来,学校在治水兴邦的奋斗历程中发展壮大,被誉为"水利高层次创新创业人才培养的摇篮和水利科技创新的重要基地"。河海大学紧紧围绕党中央在新时代作出的新部署,本着缔结战略合作关系、携手打赢脱贫攻坚战、实现校地互利共赢的原则,多次派出扶贫干部驻点陕西石泉县,充分发挥学校人才、学科、资源优势,不断推进石泉县扶贫工作。

作为河海大学中央高校基本科研业务费科技扶贫专项部分研究成果的集成,本书根据水利工程建设与管理的相关理论与方法,汲取国内成功的扶贫案例,对水利科技扶贫进行了较为系统、全面的研究,并结合石泉县实际情况,形成了具有一定理论和实践价值的成果。这些成果具有以下特点：

（1）完善水利科技扶贫的形式。水利科技扶贫借鉴科技扶贫的成功经验，从水利工程建设与管理角度出发，通过改善水利工程基础设施，采取农村污水治理措施，推行河长制，创新小型水利工程管理机制，编制特色旅游带发展规划，开展河长制信息化建设等，实现由生活救济式扶贫向开发式扶贫转变，助力石泉县脱贫。

（2）创新水利科技扶贫的方法。除了论述扶贫工作中所采取的同水利工程建设与管理相关的方法以外，还突出了方法的创新性。传统的水利工程长期存在"重建设，轻管理"的现象，在水利科技扶贫工作中，强调水利工程建设与管理融合机制的创新，包括产权机制创新、建设机制创新和管护机制创新。

（3）强调水利科技扶贫理论联系实践。目前国内能够将水利科技扶贫理论与实践相结合的书籍较少。在理论方面，本书内容新颖，系统地研究了水利科技扶贫的理论与方法；在实践方面，本书涉及的相关理论与方法，在石泉县得到了一定的应用，并取得了一定效果。

前言

　　党的十八大以来，党中央从全面建成小康社会的要求出发，把扶贫开发工作作为实现第一个百年奋斗目标的重点任务，作出一系列的重大部署和安排，全面打响脱贫攻坚战。打赢脱贫攻坚战是全面建成小康社会的底线任务和标志性工程，是一项对中华民族、对人类都具有重大意义的伟业。水是人类的命脉，是人类赖以生存的最基本资源。解决饮水、用水问题，是保障贫困地区尽快脱贫致富、实现全面小康的基础条件。水利是打赢脱贫攻坚战的基础支撑和保障，水利扶贫在国家脱贫攻坚总体布局中肩负重要使命。

　　根据国务院扶贫开发领导小组办公室的统一部署，河海大学成为陕西石泉县定点扶贫结对单位。河海大学坚持以习近平新时代中国特色社会主义思想特别是习近平总书记关于扶贫的重要论述为指导，全面贯彻落实党中央、国务院关于脱贫攻坚、定点扶贫工作的决策部署，坚持精准扶贫、精准脱贫的基本方略，坚持把提高脱贫质量放在首位，贯彻落实教育部提出的"把高校特色优势与定点扶贫县发展短板相结合，把先进的理念、人才、技术、经验等要素传播到贫困地区"的指示精神,把定点扶贫结对单位作为服务国家、服务社会、服务人民的重要阵地,把做好定点扶贫工作作为扎根中国大地办大学的重要途经。坚持发挥学科优势与立足定点石泉县实际相结合,深入落实"节水优先、空间均衡、系统治理、两手发力"的治水方针,准确把握水利基础功能定位和生态发展定向,优化资源供给,创新帮扶方式,统筹资源配置,下足绣花功夫,大力推动石泉县水利基础设施能力升级,大力推进石泉县的水利改革,为精准扶贫、精准脱贫提供精准的水利保障,为石泉县有序推进小康建设和乡村振兴夯实水利基础,努力提升人民群众在脱贫攻坚工作中的获得感、幸福感和安全感。

按照中央精准扶贫、精准脱贫的工作要求,陕西省水利厅于2017年印发的《深度贫困地区水利扶贫行动计划》指出,在全省统筹推进农村饮水安全、农田水利建设、防治水灾害体系、水土保持与生态建设、水库移民和渔业特色产业、水资源保护利用吸纳贫困劳动力就业六大行动,采取更加集中的支持、更加有效的举措、更加有力的工作,加快深度贫困地区精准扶贫脱贫步伐。

2017年11月,河海大学郑金海副校长提出科技扶贫石泉县的构想,面向石泉县实际需求,发挥学校在水资源、水工程、水安全、水环境、水生态、水信息、水管理和水文化等方面的学科和科技优势,在中央高校基本科研业务费中设立科技扶贫专项,持续支持教师针对石泉县水利公益性需求开展科技服务,助力地方高质量发展,实现规划更科学、灾患更少、环境更美、生态更优,努力把石泉县的绿水青山变为金山银山,助力实现脱贫攻坚目标。截至目前,河海大学已累计资助17项石泉县科技扶贫项目,本书正是基于其中部分科技扶贫项目的研究成果。

本书分九章,分别为绪论,水利科技扶贫内涵、特征与影响机理,水利科技扶贫经验借鉴,石泉县农村污水治理措施及保障,石泉县推行河长制措施与保障,石泉县小型水利工程管理机制创新,石泉县汉江沿江特色旅游带发展规划,石泉县河长制信息化建设和水利科技扶贫的对策与建议。

本书第一章由王溪泉、禹纪奎、李小华、李忠华、任三强、刘静负责撰写,第二章由许航、张亚群、丰景春、诸裕良、李旭杰负责撰写,第三章由许航、张亚群、丰景春、诸裕良、李旭杰负责撰写,第四章由许航、丁明梅、郭艳、胡凯负责撰写,第五章由张亚群、李晓华、马乐军、余亚丽负责撰写,第六章由丰景春、张可、薛松、王龙宝、王钢钢、颜祥、张鑫、李晟负责撰写,第七章由诸裕良、黄莉、王伟、钱莎负责撰写,第八章由李旭杰、张云飞、张亚轩、孙颖负责撰写,第九章由许航、张亚群、丰景春、诸裕良、李旭杰负责撰写。郑金海、陈刚负责中央高校基本科研业务费中科技扶贫专项的策划、调研、选题、立项和验收,郑金海提出全书的编写要求、修改审定编写大纲,丰景春和陈刚具体负责书稿写作、提纲拟定、初稿研讨和集中统稿等工作。

感谢石泉县有关部门和人员在项目研究和本书编写过程中的积极参与并提供宝贵的意见和资料。感谢河海大学相关部门和人员付出的努力,尤其是河海大学科技处原处长吉伯海教授、社科处原处长史安娜教授、科技处原副处长王建教授所给予的大力支持。

对书中和书后所列参考文献资料的专家和作者表示衷心的感谢,感谢关心本书出版的所有单位和人员。

本书适用于水利行业政府部门、科研机构和有关单位中从事水利科技扶贫的人员,高等院校从事水利科技扶贫科研、教学、社会服务的人员。同时,本书也可作为高等院校相关专业研究生、本科生的教材及学习参考书。

因时间和水平所限,书中难免有疏漏、不尽完善之处,敬请各位读者、专家、同行批评指正。

编　者

目 录

第一章　绪论 ………………………………………………………… 001

　1.1　石泉县水利基础设施情况 ……………………………………… 001

　1.2　石泉县水利基础设施作用 ……………………………………… 002

　　1.2.1　防汛抗旱能力显著提升 …………………………………… 002

　　1.2.2　农田水利建设成效明显 …………………………………… 003

　　1.2.3　城乡供水安全稳步提升 …………………………………… 003

　　1.2.4　水土保持治理成效显著 …………………………………… 004

　　1.2.5　水污染防治步伐加快 ……………………………………… 005

　1.3　石泉县水利科技扶贫成效 ……………………………………… 006

　　1.3.1　农村饮水惠万家 …………………………………………… 006

　　1.3.2　疏溪固堤保平安 …………………………………………… 008

　　1.3.3　农田水利兴产业 …………………………………………… 008

　　1.3.4　水保治理换面貌 …………………………………………… 008

第二章　水利科技扶贫内涵、特征与影响机理 ……………………… 011

　2.1　水利科技扶贫的内涵与意义 …………………………………… 011

　2.2　水利基础设施的特征分析 ……………………………………… 013

　2.3　水利基础设施对于农村脱贫的影响机理 ……………………… 015

　　2.3.1　农村污水治理对农村脱贫的影响 ………………………… 015

2.3.2 推行河长制对农村脱贫的影响 ·································· 016

2.3.3 小型水利工程管理机制创新对农村脱贫的影响 ·········· 017

2.3.4 特色旅游带发展对农村脱贫的影响 ····················· 019

2.3.5 河长制信息化对农村脱贫的影响 ························· 021

第三章 水利科技扶贫经验借鉴 ·· 023

3.1 农村污水治理措施及保障案例经验借鉴 ····················· 023

3.1.1 村庄污水治理的背景 ··· 023

3.1.2 村庄污水治理的主要做法 ··································· 025

3.1.3 村庄污水治理成效 ··· 026

3.1.4 村庄污水治理借鉴案例 ····································· 027

3.2 河长制措施与保障案例经验借鉴 ····························· 029

3.2.1 推行河长制的背景与任务 ··································· 029

3.2.2 推行河长制工作的保障制度 ································· 031

3.2.3 推行河长制工作借鉴案例 ··································· 033

3.3 小型水利工程管理机制创新案例经验借鉴 ·················· 036

3.3.1 农田水利改革背景 ··· 036

3.3.2 农田水利综合改革主要做法 ································· 038

3.3.3 农田水利改革成效 ··· 042

3.4 "旅游＋水利"融合发展案例经验借鉴 ····················· 043

3.4.1 国外特色旅游带发展的经验借鉴 ··························· 043

3.4.2 国内特色旅游带发展的经验借鉴 ··························· 048

3.5 河长制信息化建设规划案例经验借鉴 ······················· 054

第四章 石泉县农村污水治理措施及保障 ······························ 057

4.1 石泉县农村污水治理现状与问题分析 ······················· 057

4.1.1 农村污水排放现状 ··· 057

4.1.2 农村污水治理现状 ··· 058

4.1.3 农村污水治理存在问题及分析 ······························ 062

4.2 石泉县农村污水治理总体目标 ······························· 064

4.2.1 农村污水治理指导思想 ······································ 064

4.2.2 农村污水治理目标 ··· 064

  4.2.3 农村污水治理出水排放标准 ·················· 065

 4.3 **石泉县农村污水处理适宜处理技术** ············· 067

  4.3.1 A^2/O＋人工湿地组合工艺 ················· 067

  4.3.2 滴滤池＋人工湿地组合工艺 ················· 067

  4.3.3 一体化粪池＋微型人工湿地组合工艺 ········ 069

  4.3.4 隔油池＋小型人工湿地组合工艺 ············ 070

 4.4 **石泉县农村污水处理运维和管理机制建设** ······ 071

  4.4.1 污水处理站智能控制管理系统 ·············· 071

  4.4.2 长效运行管理机制的构建 ·················· 076

第五章 石泉县推行河长制措施与保障 ················· 081

 5.1 **全国推行河长制背景与内容** ················· 081

  5.1.1 总体要求 ····························· 082

  5.1.2 主要任务 ····························· 083

  5.1.3 保障措施 ····························· 085

 5.2 **石泉县推行河长制现状与问题** ··············· 086

  5.2.1 管理保护现状 ························· 086

  5.2.2 河长制工作进展 ······················· 090

  5.2.3 河长制工作存在问题 ··················· 091

 5.3 **石泉县推行河长制措施与建议** ··············· 095

  5.3.1 水资源保护 ··························· 095

  5.3.2 水域岸线管护 ························· 096

  5.3.3 水污染防治 ··························· 097

  5.3.4 水环境治理 ··························· 102

  5.3.5 水生态修复 ··························· 102

  5.3.6 执法监督 ····························· 103

 5.4 **池河流域(石泉段)河长制"一河一策"实施方案编制** ········ 104

  5.4.1 编制重要遵循 ························· 105

  5.4.2 编制要求和目标 ······················· 107

  5.4.3 编制基本要素 ························· 120

  5.4.4 方案落实措施 ························· 131

第六章　石泉县小型水利工程管理机制创新 ······ 135

　6.1　石泉县小型水利工程管理现状与问题分析 ······ 136

　　6.1.1　石泉县经济社会发展概况 ······ 136

　　6.1.2　小型水利工程建设管理现状 ······ 143

　　6.1.3　小型水利工程建设存在问题 ······ 144

　　6.1.4　工程运行管护存在问题 ······ 145

　6.2　国内外水利工程管理经验借鉴 ······ 146

　　6.2.1　国外水利工程建设管理体制典型案例 ······ 146

　　6.2.2　我国水利工程建设管理体制改革近况 ······ 148

　　6.2.3　政府主导投资建设管理模式——江苏泗洪案例 ······ 149

　　6.2.4　以PPP为代表的市场化模式——云南元谋案例 ······ 152

　　6.2.5　政府为主、市场参与的多元化模式——安徽定远案例 ······ 153

　6.3　石泉县小型水利工程投入和产权机制研究 ······ 156

　　6.3.1　投入产权机制类型 ······ 156

　　6.3.2　投入产权机制的自然因素分析 ······ 157

　　6.3.3　投入产权机制的社会经济因素分析 ······ 158

　　6.3.4　石泉县投入产权机制的创新 ······ 158

　6.4　石泉县小型水利工程建设和管护机制研究 ······ 160

　　6.4.1　建设与管护机制模式 ······ 160

　　6.4.2　建设管理的制约因素分析 ······ 161

　　6.4.3　管护方式的选择依据 ······ 162

　　6.4.4　石泉县小型水利工程的建设与管护机制 ······ 163

　6.5　石泉县小型水利工程节水机制 ······ 164

　　6.5.1　节水机制模式 ······ 165

　　6.5.2　节水机制使用的因素分析 ······ 165

　　6.5.3　石泉县节水奖励与约束机制研究 ······ 166

第七章　石泉县汉江沿江特色旅游带发展规划 ······ 171

　7.1　石泉县汉江特色旅游带发展现状与问题 ······ 172

　　7.1.1　特色旅游带的概念界定 ······ 172

　　7.1.2　石泉县汉江特色旅游带发展现状 ······ 172

7.1.3　存在的问题及原因 ·· 178

7.2　石泉县汉江特色旅游带发展环境分析 ····················· 181

7.2.1　汉江特色旅游带发展的基础条件分析 ··············· 181

7.2.2　汉江特色旅游带发展的环境与趋势分析 ··········· 188

7.2.3　汉江特色旅游带发展的市场定位与分析 ··········· 196

7.3　石泉县汉江特色旅游带总体规划 ····························· 201

7.3.1　目标定位 ·· 201

7.3.2　规划理念 ·· 203

7.3.3　规划策略 ·· 204

7.3.4　规划思路 ·· 206

7.4　促进石泉县汉江特色旅游带发展的对策措施 ············ 214

7.4.1　加强政府组织协调 ··· 214

7.4.2　出台相关优惠政策 ··· 215

7.4.3　保障旅游资金投入 ··· 216

7.4.4　加快旅游人才培养 ··· 217

7.4.5　实施旅游市场监管 ··· 217

7.4.6　加强部门联动发展 ··· 218

7.4.7　强化绩效考核机制 ··· 219

第八章　石泉县河长制信息化建设 ······························ 221

8.1　石泉县水利信息化建设现状与问题分析 ·················· 221

8.1.1　石泉县水利信息化建设现状 ····························· 221

8.1.2　河长制信息化建设需求分析 ····························· 225

8.1.3　石泉县河长制信息化建设存在的问题 ··············· 226

8.2　河长制信息化总体思路 ··· 228

8.2.1　指导思想 ·· 228

8.2.2　发展思路 ·· 229

8.2.3　基本原则 ·· 229

8.2.4　规划范围 ·· 231

8.3　河长制信息化目标与总体布局 ································ 232

8.3.1　发展目标 ·· 232

  8.3.2　建设原则 ·· 233

  8.3.3　总体布局 ·· 235

  8.3.4　关键技术 ·· 238

8.4　河长制信息化重点建设项目 ······················ 249

  8.4.1　数据采集体系 ·· 249

  8.4.2　视频监视系统 ·· 251

  8.4.3　传输网络设计 ·· 255

  8.4.4　数据中心 ·· 256

  8.4.5　系统访问界面 ·· 259

  8.4.6　业务应用系统 ·· 259

  8.4.7　运行环境 ·· 262

  8.4.8　保障体制 ·· 266

第九章　水利科技扶贫的对策与建议 ················ 269

9.1　石泉县农村污水治理对策与建议 ················ 269

9.2　石泉县河长制对策与建议 ······················· 272

9.3　石泉县小型水利工程管理机制创新对策与建议 ·········· 276

9.4　石泉县"旅游＋水利"融合发展对策与建议 ·········· 279

9.5　石泉县河长制信息化建设对策与建议 ············ 285

参考文献 ·· 287

第一章 绪论

1.1 石泉县水利基础设施情况

纵观石泉县几十年水利基础设施建设史,在县委、县政府的正确领导下,在上级业务部门的指导支持下,石泉县水利建设依靠科技进步和体制机制创新,一个个润泽农田园林的小型农田水利工程逐步建成,境内汉江及支流等中小河流得到基本治理,水畅岸绿、安澜度汛,一层层梯田一片片水保林生机勃勃,农村安全饮水进村入户,流进村民院内锅头。尤其近年,各级政府加大投入力度,全县水利建设进入了一个崭新的发展阶段,为促进县域经济快速协调发展、脱贫攻坚全面建成小康社会,提供了强有力的支撑和保障。

截至 2019 年,石泉县已建成水库 15 座(含水电站),总库容 72 042 万 m^3,兴利库容 30 780 万 m^3。按规模分:大型水库 2 座,小(Ⅰ)型水库 10 座,小(Ⅱ)型水库 4 座。按功能分:以发电为主兼具供水、防洪功能的水库 10 座(含汉江石泉县水库、喜河水库),总库容 71 790 万 m^3,兴利库容 30 595 万 m^3,防洪库容 17 000 万 m^3;以灌溉为主水库 1 座,总库容 133 万 m^3,兴利库容 106 万 m^3;以滞洪为主水库 1 座,总库容 64 万 m^3,兴利库容 49 万 m^3;其他综合功能水库 3 座,总库容 55 万 m^3,兴利库容 29 万 m^3。防洪工程已累计建成堤防长度 95.97 km,其中达标长度 85.47 km,堤防工程等级均在Ⅳ等至Ⅴ等之间。

农田水利设施:拥有两个中型灌区(打捆灌区),即池河灌区和饶峰河灌区,灌溉总面积 1 346.67 万 hm^2,有效灌溉面积 1 280 hm^2。其他堰闸渠道引水工程(灌 3.33 hm^2 以上的)278 条;堰塘 160 口,蓄水量共计 84 万 m^3,窖池数量 1 530 口,蓄水量 4.02 万 m^3;机电井数量 664 眼(含农村饮水),总装机容量 3 261 kW,抽水泵站数量 84 处,总装机容量 975 kW;石泉县总灌溉面积 4 500 hm²,其中耕地有效灌溉面积 4 180 hm²,旱涝保收面积 2 526.67 hm²,节水灌溉面积 2 566.67 hm²,基本农田面积达 9 760 hm²。

建成日供水 1 万 t 县城供水工程 1 处,县城备用水源工程 1 处,日供水能力约 6 000 t 左右,日处理能力 1 万 t。建成各类农村饮水工程 884 处,全县自来水普及率达到 97% 以上,基本实现全县人口自来水全覆盖。

全县共计建成农村小水电站 12 座,总装机 3.01 万 kW,年均发电量 10 014 万 kW·h。

1.2 石泉县水利基础设施作用

1.2.1 防汛抗旱能力显著提升

自"十二五"以来,在上级业务部门的大力支持下,石泉县坚持工程治理和非工程措施相结合,防洪保安工作取得明显成效。特别是启动了汉江整治和中小河流以及贫困村堤防等工程建设,促进了全县经济社会快速发展,为提高县城、集镇以及安置点的防洪标准,改善其基础设施,拓展其发展空间和脱贫摘帽打下了坚实基础。

(1) 汉江整治。根据《陕西省汉江综合整治规划实施方案》,"十二五"先期启动实施沿江县城及后柳集镇段 2 处防洪工程,新修、加固堤防和护岸 3.16 km,下达投资计划 8 415 万元,其中中省投资 3 900 万元。石泉县城防洪工程已完工,新修堤防护岸 2 246 m,新建防汛交通桥一座,长 167.7 m。该工程采取挡墙和护坡相结合,堤防和桥梁相结合,防洪和景观建设相结合,增加土地 3.33 hm²,拉大了城市骨架,使县城江南新区面貌一新,提升了城市品位。石泉县后柳集镇段防洪工程,汉江干流段已完工,建成生态堤防 916 m。该段堤防的建成,也为加快后柳古镇片区开发进程,促进区域旅游发展奠定了基础。"十三五"相继建成县城饶峰河口物流园段和喜河王家庄段防洪工程,建成堤防 1 406 m,完成投资约 4 707 万元。

(2) 中小河流治理。按照"河道畅通、堤固路通、抵御洪水、水清岸绿"的治理思路,"十二五"期间,开展饶峰河、池河、汶水河等 3 条中小河流重点河段治理,建设防洪工程 5 处,治理河长 22.23 km,新修、加固堤防和护岸 16.64 km,完成投资 9 000 余万元。经过治理,中小河流重点河段行洪能力得到增强,沿河池河、中池、迎丰、两河、城关等 6 镇集镇段和重要农田保护区的防洪标准得到提高。"十三五"期间,规划实施富水河、饶峰河 2 条中小河流两个重点段防洪工程,为支持脱贫攻坚涉农资金整合,实施重点工程 1 个,即中小河流富水河熨斗镇段防洪工程,完成投资 1 423 万元,新修堤防护岸 2 055 m,新建及加固护脚 1 565 m,有效解决了熨斗集镇段防洪保安,以及先联、沙湾两个贫困村农田的防护。

(3)贫困村堤防工程建设。"十三五"是我国全面建成小康社会的攻坚时期,石泉县不断加强涉农资金整合力度并争取扶贫贷款资金,累计投入各类资金 6 000 余万元,实施贫困村堤防工程 47 个,建成堤防超过 21 km,有效解决了贫困村集中安置点、农田集中区的防护,减少洪涝灾损失,加快了贫困村、贫困户的脱贫致富步伐。

(4)群测群防体系建设。巩固完善了"镇自为战,村组自救,院户联防,预警到户,责任到人,提前转移"的山洪灾害防御机制,持续开展防汛包抓"三到户"(情况掌握到户、信息预警到户、责任落实到户)工作,按照"五有"标准(有防汛机构、有制度预案、有专职人员、有物资储备、有应急抢险队伍),大力加强镇办基层防汛组织能力建设,提高了应急处置能力和水平。累计投入资金 30 万元,制作山洪灾害防御各类警示牌、宣传栏 92 块,宣传标语 154 处,开展业务培训 168 人次,发放宣传光碟、U 盘 80 个,组织预警演练 2 场次,对现有 13 处雨量站、18 处水位站进行了维护更新,极大地增强了镇村在山洪灾害预警、抢撤等方面的科学决策、实施能力,群防群策体系初步形成。

1.2.2　农田水利建设成效明显

依托新增小水重点县和省级小水、中央小型农田水利设施维修养护等项目,累计完成投资约 2 658 万元,建成塘坝 7 口,窖池 75 口,小型抽水站、机电井 3 眼,衬砌渠道 19.6 km,发展高效节水灌溉面积 913.33 hm²;特别是围绕县特色农业园区,大力推行管灌、滴灌、喷灌等高效节水灌溉方式,实现了用水效率提高、用水量节省、农业增产、农民增收的目标。

1.2.3　城乡供水安全稳步提升

让老百姓喝上放心水,是最基本的民生保障。自 1996 年起石泉县先后争取实施了国家"甘露工程""人饮解困工程""农村安全饮水工程""农村饮水安全巩固提升工程",全县城镇、农村发生了显著变化,最引人注目的是自来水流进千家万户,改变了祖祖辈辈挑水吃、等水吃、吃浑水和坑塘水的现状,实现了从"无水吃"到"有水吃"再到"吃安全水"的历史性跨越,彻底改变了人们的生活习惯和生活方式,农村自来水普及率提高到97%以上。

"十三五"期间,农村饮水作为脱贫攻坚"两不愁、三保障"中脱贫摘帽达标认定标准之一,不漏一户、不漏一人作为解决农村饮水的新时期目标,石泉县创新财政涉农财政整合试点工作,积极寻求财政整合资金、扶贫专项资金、扶贫贷款资金等,累计争取项目计划投资 6 700 余万元,专项用于农村安全饮水项目建设。其中:中省落实资金 2 318 万元,县级整合财政资金及国开行贷款等 4 384 万元。建成百吨千人以上集镇社区供水提升工程 8 个,千人以下村级集中供水工程 342 处,安装饮水消毒设备 273 台,新建水窖 89 口,解决分散户饮水管材 60.1 万 m,解决饮水不安全人口 7.9 万人。

在工程建后运行管理中,按照"三个责任"要求,全面落实了政府的管理主体责任、行业部门的监管责任和运行管理单位的管理责任,悬挂农村安全饮水落实"三个责任"公示牌 160 块,明确了具体职责任务。对近年来实施的 632 处脱贫攻坚农村安全饮水工程和消毒设备进行了管护移交,层层落实了管护责任,共落实村级运行管护责任单位 150 个,镇级管护主体责任单位 12 个,县级监管责任主体 1 个,落实农村供水工程管护人员 160 名。石泉县农村供水工程管护能力显著增强。

1.2.4 水土保持治理成效显著

石泉县自通过实施丹江口库区"十一五"水土保持规划及"十二五"规划,开展了以小流域为单元的水土保持综合治理,累计治理小流域 31 个,新增水土流失治理面积 621 km²,分别争取国家投入资金 6 635 万元和 6 492 万元,县域内水土流失状况得到有效改善,治理成效得到基本巩固,汉江水质得到有效保护。同时石泉县紧紧依托清洁小流域项目以及"丹治"二期水保治理项目,重点打造"杨柳水保生态科技示范园",初步形成一个集休闲观光、生态清洁、水保科普于一体的水保治理新模式,于 2014 年底获得省级命名,2015 年 3 月 20 日在"全国水土保持工作视频会"上受邀就清洁小流域建设作了交流发言。2017 年以"生态清洁"为治理特色的杨柳水保示范园被正式命名为国家级水保示范园。示范园命名后,持续开展了以"完善整改、创新探索"为核心的巩固提升工作。同时也为石泉县实施精准产业脱贫奠定了坚实的基础。

近年来,石泉县依托国家水土保持重点工程、省水利发展资金生态清洁流域治理项目,开展了 2 项小流域综合治理、2 项生态清洁小流域治理工程,累计治理水土流失面积超过 34 km²、面源污染防治 10 km²,实施投资约 1 900 万元。

1.2.5　水污染防治步伐加快

随着《国家丹江口库区及上游水污染防治和水土保持规划》全面启动实施,石泉县率先在全市建成日处理能力 1 万 t 的污水处理厂,项目建设法人为:石泉县县城污水处理厂工程建设指挥部。工程于 2011 年 12 月 10 日开工建设,2012 年 10 月投入试运行,2013 年 6 月正式运行,完成投资 6 780 万元(争取到 2011 年中央预算内投资 2 830 万元),建成后排放出水设计达到《城市污水厂污染物排放标准》一级 B 标准。2014 年,陕西省政府以国家《丹江口库区及上游水污染防治和水土保持"十二五"规划》(以下简称《水污染防治规划》)为依据,制定下发了《陕西省汉江丹江流域水质保护行动方案(2014—2017 年)》(以下简称《水质保护行动方案》),坚持政府主导与多元化投入相结合,推行清洁生产与强化末端治理相结合,全面提高水污染防治水平,确保"一江清水永续北送"。按照省市县《水质保护行动方案》抓好各类治污项目实施的总体部署要求,石泉县将城镇污水厂建设管理工作交由县水利局牵头负责组织实施。为有序推进水污染治理各项任务的落实,将任务逐项分解到各单位、各部门,并纳入各部门年度考核内容。其中城镇污水处理设施建设纳入水利局年度综合目标考核任务中。先后启动建设县城城西污水提升泵站、县城江南污水处理厂、后柳集镇污水处理厂,至 2015 年末,县城城西污水提升泵站建成投运,江南及后柳集镇污水处理厂在建中。

进入"十三五",石泉县为全力保护汉江水质,县政府逐年制定《水污染防治年度工作方案》,自 2016 年相继启动县城污水处理厂二期扩容改造和提标升级工程、汉江沿江 5 个重点镇(城关、池河、后柳、喜河、曾溪)两河、熨斗、饶峰、云雾山、中池、迎丰等 11 个镇污水处理厂建设,至 2019 年末,已建成县城污水处理厂二期改扩建及 B 升 A 工程、城西污水提升泵站和后柳、曾溪、池河、江南、喜河污水处理厂,其余正在扫尾和建设中,总体形象进度在 75% 以上。

至"十三五"末,全县共建成运行 12 个污水处理厂站(含 11 个乡镇污水处理厂(站)、县城污水处理厂扩改、提标升级以及配套的城西污水提升泵站、县城红花沟污水泵站改造提升等工程),总占地面积 6.22 hm²,总污水处理能力近期(到 2020 年)3 万 t/d,远期(到 2030 年)3.7 万 t/d,完成投资约 2.13 亿元。这些工程的建设完成,对汉江水质保护,助力环境保护,确保南水北调水源涵养起到了极其重要的作用,同时也提高了城镇周边居民生活环境。

1.3 石泉县水利科技扶贫成效

站在"十三五"暨打赢脱贫攻坚战的历史新起点上,县水利局按照"扶贫水利先行,脱贫水利保障"的总体思路,坚持"精准扶贫、精准脱贫"工作方法,充分发挥水利行业优势,紧盯贫困村的水利薄弱环节,从群众最关心、最紧迫的现实问题入手,聚焦农村安全饮水,统筹推进小型农田水利、堤防建设、水保治理等重点项目,着力解决贫困边远地区的民生水利问题;加大投入,扑下身子,以实打实的工作打开了脱贫攻坚的突破口,为全面打赢脱贫攻坚战提供了强有力的水利支撑和保障。

1.3.1 农村饮水惠万家

"十三五"期间,共解决不安全饮水人口 7.9 万人,其中贫困人口 1.6 万人,实现全县脱贫摘帽、74 个贫困村(深度贫困村 5 个)、全部建档立卡贫困人口的农村安全饮水达标脱贫退出,有力确保了全县农村安全饮水全面达标。通过对全县农村供水工程管网末梢水水样送检,水质检测合格率达到了 100%。全县自来水普及率达到 97% 以上,供水保障率和人均用水量四项指标全部达标,农村安全饮水质量显著提升,群众生产生活用水更加便捷。同时强化工程建后管理及运行维护长效机制,确保农村广大群众都能喝上安全达标的"放心水"。加强和保障全县 5 个深度贫困村饮水工程建设,仅 2018—2019 年两年间,我县在城关镇东风村、板长村、麦坪村、中河村共实施 8 处安全饮水工程,总投资 449.85 万元,使 5 个深度贫困村饮水达标率达到 100%。

板长村地处石泉县熨斗镇一个叫"干沟河"的穷山沟里,顾名思义河里常年干枯,与本镇一条"富水河"形成鲜明对比。该村属于典型的喀斯特地貌,水资源极度缺乏,全村 247 户 804 人中,就有建档立卡贫困户 142 户 453 人,是全县 5 个深度贫困村之一。

多年来,水资源匮乏一直是制约板长村经济发展的瓶颈。村上方圆几条沟都看不到流淌的地表水。村民们平时都是靠下雨积的屋檐水和坑塘里的积水来维持生计。条件好一点的还可以吃上山隙间的一小股泉水，但是一遇干旱天气，全村几乎无水可吃，村民们不得不到离家几公里的地方找水吃。由于长期找不到可靠水源，从国家实施"甘露工程"到"人饮解困工程"再到"农村饮水安全"工程，该村都受到制约，一直未得到彻底解决。

为了全力打赢脱贫攻坚农村饮水安全攻坚战，2018 年石泉县水利局提出了"宁大不小，能联不单，优化水源、合理布局"的工作思路，争取到县脱贫攻坚财政整合资金 250 余万元，倾力支持深度贫困村基础设施改善。为彻底解决板长村的饮水安全问题，技术人员克服炎热酷暑和复杂的地理环境，翻山越岭，寻找水源。通过论证分析，最终选定后柳镇长兴村五组果园沟山泉水作为饮用水源，面对近 15 km 的远距离引水，工程技术人员针对水源距水厂 14.2 km，高差只有 30 m，一方面做好铺设引水管线的技术难题前期设计会审，另一方面在跨镇跨村水源环境协调上，提前与镇、村、组沟通，化解水源引调而产生的矛盾分歧。

通过不懈努力，工程于 2018 年 7 月开工，面对山高水远、高温酷暑、荆棘毒虫等复杂环境，技术人员克服施工条件恶劣的困难，精心测量管线。在施工材料无法用机械设备运输的情况下，施工队伍采用肩挑背扛、骡驮马运，确保施工材料按计划运至施工现场。在技术人员和施工人员共同努力下，工程最终于 2018 年 10 月底建成，并通水试运行。全村人总算吃上了自来水，彻底结束了板长村多年吃水难的历史。五组的贫困户邹应成感慨地说："这么多年我们这最老火的是没有水，祖祖辈辈吃的是坑塘水，夏天蚊虫飞舞，秋天落叶满塘。有时候水都成了绿色，吃了几十年的'绿色食品'啊。现在总算有自来水吃了，不用天天早上起来就到几里外的地方去挑水吃了，吃的水也卫生了，多亏了党的政策好啊……"

2019 年 7 月，安康市水利局局长吴平到板长水厂调研时说道："板长水厂和麦坪水厂无论是从地理条件还是从建设难度，以及建成后的运行管护模式，在全市都具有一定的代表性和示范性，为全市饮水安全工程树立典范，值得运用和推广。"建成后的板长村水厂，日供水能力 82.4 m³，建设内容为取水枢纽 3 处、蓄水池 3 座、铺设引水管线 14.2 km，供、配水管网 39.97 km，净化水厂 1 处、工程总投资 250 万元。同时按照农村供水工程管护"三个责任"落实的要求，该水厂工程管护权、使用权已移交熨斗镇政府板长村村委进行管理，并逐步进入规范化轨道。通过近年的运行，板长水厂水源充足，管线及供水设施运行状况良好，全村 80% 以上的村民常年都用上了清冽甘甜的自来水,群众好评如潮,都说"党的政策好,祖祖辈辈都想吃的自来水如今总算变成现实了,真是让大家想都不敢想"。

1.3.2 疏溪固堤保平安

在统筹推进中小河流、汉江综合治理的同时,水利部门和各项目乡镇齐抓共管,实施县财政脱贫攻坚整合基础设施堤防工程、国开行贷款贫困村堤防等项目,累计建成堤防约 21 km,完成投资 5 200 余万元,保护了多个集镇、镇村安置点、扶贫产业企业及农村敬老院等重点单位和院落群众生命财产安全,工程保护人口约 1 万人,保护农田 200 余 hm²,其中受益贫困人口近 3 000 余人。工程建成后,保护范围内群众生命财产安全得到保障,可享安居,农田减少洪灾损失,可享乐业,助力扶贫产业企业,加快了当地土地流转,带动当地农户就近就业。

1.3.3 农田水利兴产业

为确保水利扶贫取得实效,依托行业农田水利各类项目,从编报项目起就将解决贫困村的农田水利设施配套作为申报条件,优先编报、优先倾斜实施。累计新修和改造小型水利工程 115 处。特别是围绕我县 8 个农业园区,对特色产业茶叶、中药材等,发展高效节水灌溉面积 913.33 hm²。大力推行管灌、滴灌、喷灌等高效节水灌溉方式,实现了用水效率提高、用水量节省、农业增产、农民增收的目标,同时带动贫困人口就近就业,实现部分土地流转,加快农村"三变"改革进程。

1.3.4 水保治理换面貌

一项项水土保持综合治理工程,就像一条条涓涓细流,让山坡披绿、百姓致富,农村面貌焕然一新。脱贫攻坚关键时期,聚焦水保生态综合治理,以民生水保为基础,践行"绿水青山就是金山银山"的理念,围绕贫困村项目储备和前期工作,积极申报国家水土保持重点建设项目,发展有一定经济效益、具有一定规模的水保经济林园,通过此项举措提高群众脱贫致富的造血功能,实现贫困户家家都有脱贫致富长效增收产业链,最终达到稳得住、不返贫的效果,让贫困户走上脱贫致富路。

2019 年争取到国家水土保持重点建设项目,实施富水河右岸小流域综合治理工程,项目重点倾斜扶持石泉县南部偏远镇熨斗镇的先联村、长岭村、板长村、沙湾村及刘家湾村等 5 个贫困村,其中深度贫困村 2 个。在治理措施布局上,结合各村实际立地条件因地制宜,形成"一点、二区、三带"的生态脱贫建设格局。即刘家湾脱贫攻坚示范点,沙湾水保综合治理示范区、板长环境整治示范区,板长村-熨斗镇拐枣特色林果产业带、刘家湾-熨斗镇吴茱萸与李子特色林果产业带、先联村-熨斗镇茶园经济产业带。累计栽植李子 1.74 万余株、柿子 1.58 万株、桑苗 11.1 万株、吴茱萸 7.41 万株、拐枣 4.96 万株,共计约 366 hm²,配套建设坡改梯、排灌沟渠、生产道路、生态河堤、引水渠首、塘坝窖池及配套村容环境整治工程等。

项目实施后,小流域内水土流失得到有效治理,群众生产生活条件得到极大改善,贫困村旧貌换上新颜,工程直接受益贫困户 513 户,贫困人口 1 452 人,仅有的耕地平整了,生产道路贯通了,沟渠灌排流畅了,中长期产业稳固了,村容村貌变样了,充分发挥了水保生态综合治理项目助推脱贫攻坚、服务产业发展、促进乡村振兴和农村环境综合整治的功能作用。

第二章 水利科技扶贫内涵、特征与影响机理

扶贫是为帮助贫困地区和贫困户开发经济、发展生产、摆脱贫困的一种社会工作,旨在扶助贫困户或贫困地区改变穷困面貌。自中华人民共和国成立以来,中国政府一直致力于发展生产、消除贫困的工作[1]。目前,我国正不断加快现代化强国建设,而水利工程的建设在其中占有非常重要的地位以及发挥不容忽视的作用,水利建设直接关系到我国国民经济的可持续发展[2]。水利科技扶贫作为一项有效的专业性扶贫措施,已在全国范围内得到了广泛重视,各地的实践也表明,发展水利是一条根本性的扶贫措施。

2.1 水利科技扶贫的内涵与意义

纵观水利科技近几十年的研究历史与当前的热点动态,在水文水资源研究、水利水电工程建设研究、防洪减灾研究、节水灌溉和区域开发治理研究、水土保持研究以及河流泥沙与河道整治研究方面,均取得了重大成果,对水利科技扶贫工作的深入开展具有重要意义。水利一直是国民经济的基础设施和基础产业,在中国有着重要地位和悠久历史,水利工作涉及人民群众最切身的利益[3]。水利扶贫是脱贫攻坚行业扶贫十大行动之一,做好水利扶贫工作,确保农村贫困人口饮水安全,保障和促进贫困地区加快发展,是贯彻党中央脱贫攻坚决策部署的必然要求,也是水利系统坚定"四个意识",不忘初心牢记使命的现实体现[4]。由此可见,水利科技扶贫是解决贫困问题众多方法中的一种,而且是极其重要的一种,在扶贫战略中占有重要地位。

(1)水利作为人类社会文明和经济发展的重要支柱,其发展对国民经济,特别是农牧业起着不可估量的作用。水是一切生命的源泉,是人类生活和生产活动中

必不可少的物质,在农业生产上,"有收无收在于水"。大多贫困地区的农村居民家庭收入来源为种植和养殖,其对水的依赖程度极高,若这些地区的水利基础设施建设不足,无论他们遭受旱灾还是洪灾,都会造成农作物减产,以致他们的收入减少,使他们难以摆脱贫困。即便是收入刚超过贫困线的农村家庭,遇上自然灾害,也很容易造成返贫,让脱贫攻坚任务难以完成。把水利科技扶贫纳入到扶贫经济政策框架中,有利于消除农村贫困人口规模,避免返贫现象的发生。水利科技扶贫的物质载体体现在兴建水利水电工程、兴建农田灌溉设施及加强水库的运行管理和维护等方面。农村水利基础设施网络的健全和完善,必定会为农业和牧业生产提供产前服务,为农牧业的发展提供良好的基础,为农牧民的生活带来福祉。同时,对于有待开发或有开发潜力的地区,无疑为农牧民的就业提供了机遇,为其家庭增加了收入来源。

(2)水利科技扶贫还有利于改善当地的生态环境,提高环境质量,促进经济、社会和生态进入良性循环的轨道,形成良好的生态经济发展模式。在贫困地区,因缺乏资金支持,水利设施年久失修,旱洪灾害频繁来袭,对环境造成极大的破坏。针对水土流失严重、土地贫瘠化的地区,通过采取水利科技扶贫的方式,例如修建小型水利工程、修梯田和陡坡退耕等,与生物措施(植树种草)相结合,使已破坏的生态环境尽快恢复[5]。凭借水利科技的独特优势,加快水利建设的步伐,不仅让贫困群众的温饱问题得到解决,使其走上富裕的道路,同时让当地的生态环境得到有效的保护,促进人与自然和谐共生。

(3)水利科技扶贫机制的建立可促进扶贫模式由生活救济式扶贫向开发式扶贫的转变。许多返贫现象的出现,与相关领导干部急于完成扶贫任务而未采取实质性扶贫措施有关,他们仅给予贫困户资金支持,使其家庭收入超过贫困线标准,实现短暂性的脱贫。水利科技扶贫方式属于生产开发型,水利设施一旦建成,只要有配套的维修管理,便能长期发挥效用,遇上自然灾害或其他意外情况,贫困地区群众能够依靠自己的力量渡过难关,而不是再度陷入需要国家扶持的贫困状态。目前水利事业正在从工程建设向景观塑造方向发展,以水域(水体)或水利工程为依托,设计水利景观,建成水利风景区,可开展观光娱乐、休闲度假或科学、文化、教育活动,由此吸引大量游客,为当地群众创造收入。建成的水利设施既为当地群众生产生活提供保障,又使其开发旅游业成为可能,在有稳定收入的前提下,增强了贫困户的致富信心和造血功能,帮助他们改变和走出"贫困—扶持—再贫困"的怪圈。

（4）推进水利科技扶贫工作有助于改善贫困群众的生活质量,保障其饮水安全[6]。位于山区和边远贫困地区的贫困人口,交通不便,居住比较分散,管网延伸工程难度大,若当地水源条件不好,生活于此的居民用水得不到保障,存在水质超标问题,会严重影响他们的身体健康。通过实施农村饮水安全巩固提升工程,充分发挥水利行业专业优势,对贫困村涉水问题开展针对性的帮扶工作,加强水源保护、水质检测能力建设,全面改善群众生产生活条件,可从根本上改变贫困地区水利建设滞后的局面,全力推进贫困地区水利发展新跨越。

2.2 水利基础设施的特征分析

中华民族文明史就是一部可歌可泣的治水史,自古便有很多关于水的故事,如大禹治水、李冰父子建造都江堰、隋炀帝兴修大运河,等等。水利基础设施建设一直是决定国家兴衰存亡的头等大事。如今水利基础工程遍布全国,大到三峡大坝、小浪底大坝,小到村庄小闸、扬水站,在保证人民用水用电的同时,为我国的经济发展提供了很大的动力。在当今的工业化、城市化进程中,水利基础设施建设仍然是全社会共识意义上的生命线工作,在促进经济发展,保持社会稳定,保障供水和粮食安全,提高人民生活水平,改善人居环境和生态环境等方面均作出了巨大贡献。作为公共产品的一个重要组成部分,水利基础设施在经济发展中占据十分独特的地位,具有基础性、公益性、投资规模大和先行性等特征。

（1）基础性。水利基础设施所提供的公共服务是从事各类生产活动所必不可少的,它是国民经济各项事业发展的基础[7]。在我国或在世界上不少地区,水资源已成为国民经济和社会发展的重要制约因素。开发利用水资源和防治水害,关系到国民经济的一切部门(生产部门与非生产部门)。水利是国土整治开发和国家生产力合理布局的一个基本前提,是经济和社会稳定发展的重要条件。水利这个基础如果不适应国民经济和社会发展的需要,经济建设和社会稳定发展就得不到保证和保障,就难以实现国民经济的持续、稳定、协调发展。尤其是在我国特定的自然地理环境和社会经济条件下,水利的基础保证和保障作用更加重要。我国地域辽阔,人口众多,人口不断大量增加,水资源人均或亩均数量较少;水资源地区分布很不均匀,与人口、耕地的分布和经济发展不相适应;降水量年内、年际变化较大,水旱灾害频繁,水土流失和泥沙淤积严重等。这些都表明:如果没有重视水利基础设施的建设与管理,人民就不能安居乐业,国民经济建设就难以正常进行。

(2)公益性。目前水利作为公益性事业,投资基本以财政投入为主。中华人民共和国成立后,党和国家一直将水利建设视为保障经济社会发展的重要环节,对水利投入力度较大。我国水利建设资金总体上来说逐年增加,并且随着市场化程度的提高,水利建设资金来源逐步实现了多元化。水利事关老百姓生产生活,与民生息息相关,诸如排涝、防洪、灌溉等水利工程项目,在现行条件下没有收费机制、无资金注入,是保障社会安全和国民经济发展的公益性项目,一般由政府投资建设并管理。水利基础设施以社会公共产品的性质对社会提供服务,具有明显的社会效益、生态效益和经济效益,为农业发展和工业生产提供了基本保障,具有广泛的公益性。

(3)投资规模大。水利产业是资金密集型产业,其对国民经济和社会发展的基础作用,决定了水利产业需要相应的大量投入(财力、物力、人力)。特别是巨型的多目标综合利用水利工程和跨流域调水工程,如长江三峡工程和南水北调工程等,更需要全国统筹集中大量的投入,必须具备相应的综合国力才能进行。水利产业的主要生产资料即水利基础设施,其建设一般涉及面广,规模较大,工程技术较复杂,建设周期较长。当然,水利工程的效益也是较长期的,水利固定资产在保持正常维修养护、更新改造的条件下,能够长期发挥效益。

(4)先行性。水利产业既然是国民经济其他产业的重要物质基础,就有一个先行和超前发展的问题。水利基础设施的建设周期较长,水利工程的兴利方面或除害方面,多数都难以做到当年投资、当年见效。对国民经济其他产业的供水、供电工程等需要超前地进行建设,对减免水旱灾害等更应防患于未然,早作安排,否则,"临渴掘井",措手不及,将会给国民经济造成很大的损失。目前我国水利产业的发展现状远不能满足国民经济和社会发展对水利的需要,在防洪方面,我国大江大河的防洪标准还较低,长江、黄河等洪水威胁仍然是我国的心腹之患。水利产业的发展滞后已经给我国国民经济和社会发展带来了很大影响,我国社会主义建设的实践充分证明,为了保证和保障国民经济持续稳健发展,必须先行和超前地进行水利基础设施建设。

2.3　水利基础设施对于农村脱贫的影响机理

2.3.1　农村污水治理对农村脱贫的影响

2018 年中央 1 号文件提出："乡村振兴,生态宜居是关键。良好生态环境是农村最大优势和宝贵财富。"国家发改委等六部委共同制定的《生态扶贫工作方案》提出生态产品供给能力增强、生态补偿与经济社会发展状况相适应的要求。2018 年 1 月 1 日起施行的修改过的《中华人民共和国水污染防治法》从国家层面深化了对于农村污水治理的支持,对于农村面源污染防治的重视。2018 年 8 月 11 日,《光明日报》再次强调"生态扶贫是脱贫攻坚的重要方式"。全国农村环境综合整治"十三五"规划及"十三五"全国改善农村人居环境规划等均表达了:迫切需要治理并改善农村突出的水环境问题。农村污水治理对农村脱贫的影响主要体现在三个方面。

(1) 提升农村整体人居环境。绿水青山就是金山银山,良好的人居环境是农村最大的优势和宝贵财富。环境与发展是融合共生的,美好的乡村环境应是农村的一张特色名片,农村的生态优势应受到较好的保护,并利用生态优势,留存青壮年劳动力,吸引资金,发展经济。农村污水是流域污染的重要元凶,是面源污染的来源之一,在新农村建设中,为全面落实"预防为主,保护优先"的方针,政府部门应加强科普教育与政策引导工作,以村镇水环境治理为主要抓手,从定点治理河道、塘坑出发,带动农民在创造美的环境的同时,革除陋习,学习科学、文明的新生活方式,帮助农民走"生产发展、生活富裕、生态良好"的文明发展道路。

(2) 保障农村饮用水安全。现阶段农村饮水依靠自来水厂净水与管网输送的程度依然有限,相当一部分农村居民需要靠地表水或地下水取水来保证日常生产和生活用水,因此农村污水治理对于防治当地水环境病菌滋生、地表水污染、渗入地下水等都具有重要影响。在致贫因素的分析中,我们看到除了经济发展滞后等客观因素,部分农民还存在着疾病致贫的被动因素情况,乡村的土地、空气和城市相比都是生态优质的,而水环境往往因为缺乏保护而较差,成为一些疾病的传播渠道,不进行农村污水治理,会对农村居民饮水、用水安全产生威胁。

(3) 辐射旅游业发展、刺激经济。农村旅游是一种形式新颖的集观光、活动、体验为一体的特殊旅游活动,它主要活动内容是观光农村的自然田园风貌,体验当地民俗活动,了解本土文化,从而使游客达到身体上和精神上的满足。石泉县具有丰厚的旅游发展基础,自然风光秀丽、人文风情多彩,安康高铁的建成通车,会带来更多的旅游业发展机遇。水环境保护对提升当地整体村容村貌、县城形象有着重要的作用,而农村污水治理对水环境保护起着关键的作用。可以基于优质的水体环境,发展示范景区,比如可以开发湿地成为美丽旅游景点,适宜植物种植地区大力种植多种植物,建立生态植物园,在花卉聚集的地区举办花展,还可以在一些山庄开温泉会馆,利用当地山地优势,发展相关副业,建生态山庄,吸引周边乃至全国在大城市生活的游客,来此放松和寻求宁静,并在当地停留、消费。

农村污水治理无论是从生态扶贫还是从产业扶贫的角度来说,都对农村脱贫有着重要的意义,是水利基础设施在农村影响的重要体现,是农村提升人居环境、释放生态红利等环境整治项目的排头兵。以习近平总书记为核心的党中央高度重视农村建设,把建设美丽乡村上升为国家战略,同脱贫攻坚捆在一起抓,下拨专项资金支持农村污水治理。这是美化村容村貌、提升百姓幸福指数的重要内容,更是全面建成小康社会的应有之义。

2.3.2 推行河长制对农村脱贫的影响

保水质、护河道、助脱贫是新时期的政治任务。目前,全面推行河长制取得了明显成效,扶贫开发工作也进入脱贫攻坚新阶段。要创新扶贫开发机制,把推进和深化河长制工作与脱贫攻坚工作有机地结合起来,使"河长制"成为实现脱贫致富的重要抓手[8]。以下从河长制推行过程中农民与政府之间的利益整合出发,发掘河长制的实行对脱贫攻坚工作的影响机理,探索河长制有效助力脱贫攻坚工作的创新机制,让河长制的实行助力打赢脱贫攻坚战,做到扶真贫、真扶贫。河长制的实施对于脱贫攻坚的影响机理主要体现在四个方面。

(1)公益专岗助力脱贫攻坚。为切实加大就业扶贫力度,推动精准脱贫工作,调动贫困户就业的积极性和主动性,形成以岗位促就业、以就业促增收、以增收促脱贫的良性发展链条,同时贯彻落实全面推行河长制,多地探索设立河长制巡河(管)员助力精准扶贫,保障河长制工作。政府部门设置非营利性公共管理和社会公益性服务岗位,是就业扶贫的重要方式之一。坚持"因事设岗、以岗定人、按需定员、服务脱贫"的原则,开发公益专岗安置建档立卡贫困劳动力,改变了贫困户们等、靠、要的思想,增强了他们通过自己辛勤劳动达到脱贫的信心,既满足安置建档立卡贫困劳动力就业需要,又为河长制工作提供有效的服务保障。

(2)完善乡村水利基础设施管护。通过全面推行河长制,坚持绿色发展打造生态水利,注重水利工程建设质量和安全,促进水利工程长效良性运行。乡村水利工程是关系到农业生产和农民生活的命脉工程,在社会主义新农村建设中具有十分重要的作用。但由于历史和现实的原因,现有的农村水利工程在建设和管理上仍然存在诸多的不足和弊病,与可持续发展和农村现代化的要求还有差距,这大大影响了其功能的发挥。河长制的设立可促使农民积极配合水利工程的建设和管理,倡导农民共建共管,自觉维护好这些生命工程,形成一种政府和农民齐抓共管的良性且和谐的管理体系,实现农村水利工程建设的可持续发展。将农村水利工程管理好,为农村发展、农业增收和农民生活创造良好的条件,为社会主义新农村建设、构建和谐社会提供有力的保障。

(3)提升水环境。水环境是生态环境的重要组成部分,水环境建设既是改善城乡面貌、提升城乡形象的重要工程,也是人民群众能够切身感受到的民生工程、民心工程。推行河长制过程中充分发挥河长作用,围绕水污染防治、水资源保护、水域岸线管理、水环境治理开展巡河。通过不断提升水环境保洁效果,确保"河长制"落地生根,逐步实现"水清、流畅、岸绿、景美"的目标,带动乡村振兴与发展。

(4)释放生态红利。河长制通过治水工程不仅美化了群众生活环境,而且扫除了旅游障碍。以水为媒,在全域范围内营造浓郁的"护水改变环境,环境改善生活"氛围,与民共享"治水红利"。发展水利旅游,用好的生态资源吸引游客、留住游客,既是民生工程,也是发展大计。河长制的全面推行为人民群众提供优美的休闲、娱乐、科普、观光以及居住环境,实现生态、经济、社会效益的良性互补,让人民群众更好地享有水利发展成果。

生态效益、经济效益和社会效益三者并不矛盾。治山治水齐抓,绿水青山就是金山银山。脱贫攻坚要把生态保护放在优先位置,不能以牺牲生态为代价,河长制的推行正是体现了这一点,要让更多贫困人口从生态建设和修复中得到实惠,将生态建设与脱贫攻坚有机结合,实现生态建设与脱贫攻坚互促双赢。

2.3.3 小型水利工程管理机制创新对农村脱贫的影响

水利是保障国家粮食安全、促进农业现代化的重要基础,是实施乡村振兴战略的有力支撑,深化水利工程改革是推动农田水利持续健康发展的根本保障。为此,党和国家高度重视水利工程改革工作。党的十九大报告中提出了实施乡村振兴战略、深化水利工程管理体制改革是落实党的十九大精神和实施乡村振兴战略决策部署的迫切要求,也是全面深化农村改革、激发农村发展活力的重点任务和破解农田水利组织难、投入难、管理难等矛盾的关键举措。

(1) 2017年国家发改委、财政、水利、农业、国土等部门印发了《关于扎实推进农业水价综合改革的通知》,要求各地遵循先建机制、后建工程,因地制宜、试点先行的原则,进一步协同配套推进农业水价形成、精准补贴和节水奖励、工程建设管护、用水管理等体制机制改革,要求有条件的地方率先完成改革任务。组织召开改革经验现场交流会,着力发挥典型引领作用,同时,加强绩效评价和考核激励机制建设,对各地改革推进情况进行联系督导和跟踪问效。

(2) 2018年水利部印发《深化农田水利改革的指导意见》,从创新用水方式、加快农业水价综合改革、创新农田水利多元化投融资机制、推进工程产权制度改革、创新工程运行管护机制、创新基层水利服务机制等方面提出了20条具体指导意见。

(3) 2018年11月14日全国冬春农田水利基本建设电视电话会议上,李克强总理的批示指出:“要压实各级政府责任,深化相关改革,加快构建集中统一高效的农田建设管理新体制。要建立投入稳定增长机制,加强建设资金源头整合,大力吸引社会资金投入,千方百计调动广大农民参与农田水利基本建设和日常管护的积极性,为夯实我国农业生产能力基础、更好保障粮食安全和主要农产品有效供给、促进农民增收和农村现代化建设作出新贡献。”

(4) 石泉县山大沟深,人口与耕地矛盾突出,严重的水土流失导致水资源涵蕴能力不足。自1949年中华人民共和国成立以来,为了改善农业生产条件,石泉县陆续兴建了一部分水利工程设施,但是由于多方面原因,全县的水利工程基础薄弱,工程设施少,尤其是小型农田水利工程缺乏相应的建设管护等保障措施。此外,石泉县属省级贫困县,地方财政收入少,农村人口高达67%,且农民收入较低,人口老龄化程度偏高,水量的计量及水费的收取难度大,目前镇一级水利站缺失,镇村小型水利工程管护力量薄弱,在人力财力都相对薄弱的贫困山区推进小型水利工程管理体制改革工作,是保证农业经济持续发展的关键,也是石泉县打赢脱贫攻坚战的重要环节。

(5) 水利基础设施薄弱一直是制约石泉县部分农民增收的瓶颈。小型农田水利的建设、运行不仅是提高生活质量的基本保障,也是脱贫帮困成效的重要体现。石泉县把改善现有生产条件作为发展村域经济的根本保障,依托水利项目,及时解决群众生产生活所需。主要围绕饮水困难、出行不便、农田灌溉、村活动室设施配套等问题加强农村水利基础设施及村容村貌建设。

(6)小型农田水利改革工作是确保水利工程安全运行和发挥长期效益的保障。石泉县加快推进小水体制改革工作进度,逐步建立健全适应经济社会发展要求的小型水利工程管理体制与运行机制,实现小型水利工程管理规范和有效运行[9]。按照陕西省和安康市的要求在 2020 年完成全县小型水利工程管理体制改革任务,确保小型水利工程安全、良性运行和长期发挥效益,为脱贫攻坚贡献力量。

2.3.4 特色旅游带发展对农村脱贫的影响

旅游产业是一个具有极强的关联带动功能的产业,能够拉动区域经济和社会的发展,优化区域的产业结构,有利于区域经济健康可持续的发展[10,11]。旅游产业通过吃、住、行、游、购、娱等各个环节的活动在全县范围内为社会生产和生活提供必需的旅游商品、信息和服务,其本身就是一项社会性的经济活动[12],涉及区域社会经济生产、生活的各个方面,同时也为社会提供了更多的就业岗位、更好的基础设施、更强的文化认同和更优的制度环境[13]。

近年来,石泉县把发展全域旅游作为主导产业,构建了大旅游带动骨干产业的体系,实体经济逐渐做大做强做优。全域旅游是以旅游业为优势主导产业,对区域内经济社会资源进行全方位、系统化的优化提升,实现区域资源有机整合、产业深度融合、全社会共同参与,推动经济社会全面发展的一种新的区域旅游发展理念和模式[14,15]。加之石泉县汉江特色旅游带的构建,为县内旅游资源的整合提供了依托。石泉县旅游产业通过以汉江特色旅游带的形式在地域内的集中,可使旅游企业之间联系更强、社会分工更细和区域资源配置更高效。石泉县内各个旅游企业、旅游景点之间的合作,有利于企业间的抱团取暖,容易形成规模经济,促进旅游业以及整体经济的发展。

(1)石泉县旅游产业的发展,有利于当地特色文化的保护和传承。石泉县旅游产业发展主打文化品牌,颇具特色的汉水文化为石泉县旅游的发展注入底气,成为沿汉江旅游带发展的文化依托。汉水文化又孕育了鬼谷子文化、桑蚕文化等享誉国内的石泉县特有文化,"智圣之乡""鎏金铜蚕出土地、丝路之源"已经成为石泉县名片,吸引众多慕名而来的游客,带动了当地旅游产业的发展。以汉水文化为纽带连接各个旅游景点,为景区注入了独特的文化气息。反过来,正是这些独特的文化成为石泉县旅游发展的推动器,使得政府越来越重视当地的文化保护与推广,加强了对鬼谷子文化、桑蚕文化等旅游资源的保护性开发。随着政府的重视和旅游产业发展带来的实实在在的效益,石泉县的百姓也会提升对当地独有文化的重视程度,积极参与文化建设、传承与保护,增强认同感和归属感。这种旅游与文化正面积极的互动,为当地特色的优秀传统文化的宣扬和保护、当地人民对文化的认同感的提升提供了现实的动力。

(2) 旅游产业的发展对石泉县经济的发展以及质量的提升具有很强的推动作用。首先,石泉县旅游综合收入不断增长。旅游综合收入反映的是游客在旅游目的地的综合消费情况,是一定时期内旅游目的地销售旅游产品或者提供旅游服务过程中所获得的货币收入,包括交通费、住宿费、餐饮费、门票、旅游商品销售等费用。2016 年石泉县全年旅游综合收入为 22.68 亿元,增长率为 17.82%;2017 年旅游综合收入为 30.68 亿元,增长率为 35.27%;2018 年旅游综合收入达到 39.24 亿元,增长率为 27.90%。近三年来石泉县旅游综合收入逐年增长,且增长率都维持在较高水平,为石泉县经济总量的增加作出了极大的贡献。其次,旅游产业收入的不断增加,可以优化石泉县产业结构,推动石泉县第三产业的发展,提高石泉县的经济发展质量。另外,旅游产业的不断发展,对外地游客吸引力越来越强,外来游客人数逐年增长。游客流量的增大对石泉县的经济发展起到很强的推动作用,促进石泉县的经济发展。

石泉县旅游产业的发展还充分带动了当地的就业水平。石泉县旅游产业的发展带动了相关产业的发展,为社会提供了大量的就业岗位,可以有效缓解"就业难"这一社会问题。旅游业属于服务业,它的产业链较长,对服务人员的需求量也很大,能够为百姓提供多种直接就业的岗位。旅游产业也是一个劳动密集型产业,其快速发展的显著效果之一就是为社会提供大量的就业机会[16]。此外,旅游产业的发展带动了石泉县基础设施建设。近年来石泉县寻求产业转型发展,而旅游业作为经济转型的推手得到大力支持。政府为了补齐旅游业存在的短板,投入大量资金进行旅游基础设施的建设与完善。石泉县对县内的交通、公共厕所、停车场等进行了大力开发投资,极大地改善了基础设施建设落后的状况,为石泉县的对外开放提供了更好的基础设施条件。

2.3.5　河长制信息化对农村脱贫的影响

目前,保水质、护河道、助脱贫是新时期的政治任务。有了安全用水,才有生存的保障。中共中央办公厅、国务院办公厅于 2016 年 12 月 11 日印发并实施了《关于全面推行河长制的意见》,进一步加强河湖管理保护工作,落实属地责任,健全长效机制,就全面推行河长制提出指导性意见。这是落实绿色发展理念、推进生态文明建设的内在要求,是解决我国复杂水问题、维护河湖健康生命的有效举措,是完善水治理体系、保障国家水安全的制度创新。中共中央办公厅、国务院办公厅于 2017 年 11 月 20 日印发并实施了《关于在湖泊实施湖长制的指导意见》,进一步加强了湖泊管理工作。针对水安全问题,《中华人民共和国国民经济和社会发展第十三个五年规划纲要》第三十一章中明确提出强化水安全保障,加快完善水利基础设施网络,推进水资源科学开发、合理调配、节约使用、高效利用,全面提升水安全保障能力。

习近平在 2018 年两院院士大会上的重要讲话指出:"世界正在进入以信息产业为主导的经济发展时期。我们要把握数字化、网络化、智能化融合发展的契机,以信息化、智能化为杠杆培育新动能。"这一重要论述是对当今世界信息技术的主导作用、发展态势的准确把握,是对利用信息技术推动国家创新发展的重要部署。人类社会、物理世界、信息空间构成了当今世界的三元。这三元世界之间的关联与交互,决定了社会信息化的特征和程度。感知人类社会和物理世界的基本方式是数字化,联结人类社会与物理世界(通过信息空间)的基本方式是网络化,信息空间作用于物理世界与人类社会的方式是智能化。数字化、网络化、智能化是新一轮科技革命的突出特征,也是新一代信息技术的聚焦点。数字化为社会信息化奠定基础,其发展趋势是社会的全面数据化;网络化为信息传播提供物理载体,其发展趋势是信息物理系统的广泛采用;智能化体现信息应用的层次与水平,其发展趋势是新一代人工智能。近几年,信息技术得到了质的飞跃,新的理念不断出现,如数字流域、智慧水利等,新的技术层出不穷,如无线传感器网络、物联网、智能数据处理、云计算、三维可视化、人工智能、边缘计算、第五代移动通信、虚拟现实技术和增强现实技术等,有力地推动了水利方面信息化建设的进程,为河长制信息化建设奠定了强大的基础支撑。随着依托信息化的乡村水利基础设施建设,逐渐转变产业发展模式,带动区域经济,从而确保按期完成脱贫攻坚目标任务,并全面建成小康社会。

第三章 水利科技扶贫经验借鉴

3.1 农村污水治理措施及保障案例经验借鉴

3.1.1 村庄污水治理的背景

十八大以来,党中央治理农村污水的决心进一步加强,国家相继出台了污水处理相关政策。"十三五"规划提出了"围绕城乡发展一体化,深入推进新农村建设"的重大历史任务,并明确了"全面推进农村人居环境整治,加大农村污水治理"的建设目标。2018 年中央 1 号文件提出:"乡村振兴,生态宜居是关键。良好生态环境是农村最大优势和宝贵财富。"国家发改委等六部委共同制定的《生态扶贫工作方案》提出生态产品供给能力增强、生态补偿与经济社会发展状况相适应的要求。2018 年 1 月 1 日起施行修改过的《中华人民共和国水污染防治法》从国家层面深化了对于农村污水治理的支持,体现了对于农村面源污染防治的重视。8 月 11 日,《光明日报》再次强调"生态扶贫是脱贫攻坚的重要方式"。2019 年 9 月,《关于推进农村生活污水治理的指导意见》指出,立足我国农村实际,以污水减量化、分类就地处理、循环利用为导向,加强统筹规划、突出重点区域、选择适宜模式、完善标准体系、强化管护机制,善作善成、久久为功,走出一条具有中国特色的农村污水治理之路。2020 年的 1 号文件就村庄污水问题提出,梯次推进农村生活污水治理,优先解决乡镇所在地和中心村生活污水问题,鼓励有条件的地方对农村人居环境公共设施维修养护进行补助,各项政策与规划均表达了:迫切需要治理并改善农村突出的水环境问题。2017—2019 年 3 年农村污水处理国家政策见表 3-1。

表 3-1   2017—2019 年农村污水处理国家政策

2017 年 2 月	《全国农村环境综合整治"十三五"规划》	提出到 2020 年新增完成环境综合整治的建制村 13 万个,累计超过全国建制村总数的 1/3 的规划目标,重点整治领域包括农村饮用水水源地保护、生活垃圾和污水治理等领域
2018 年 2 月	《农村人居环境整治三年行动方案》	提出积极推广成本低、能耗低、易维护、效率高的污水处理技术,鼓励采用生态处理工艺。加强生活污水源头减量和尾水回收利用
2019 年 1 月	《中共中央国务院关于坚持农业农村优先发展做好"三农"工作的若干意见》	对农村厕所革命整村推进等给予补助,对农村人居环境整治先进县给予奖励
2019 年 9 月	《关于推进农村生活污水治理的指导意见》	立足我国农村实际,以污水减量化、分类就地处理、循环利用为导向,加强统筹规划、突出重点区域、选择适宜模式、完善标准体系、强化管护机制,善作善成、久久为功,走出一条具有中国特色的农村污水治理之路
2020 年 1 月	《中央一号文件》	梯次推进农村生活污水治理,优先解决乡镇所在地和中心村生活污水问题。鼓励有条件的地方对农村人居环境公共设施维修养护进行补助

为扎实推进全省生态脱贫工作,坚决打赢生态脱贫攻坚战,陕西省印发《陕西生态脱贫攻坚三年行动实施方案(2018—2020 年)》,根据方案,到 2020 年,陕西省贫困地区生态屏障进一步筑牢,生态补偿兑现机制进一步完善。据悉,陕西省将实施深度贫困地区生态脱贫攻坚行动,持续加大深度贫困地区林业生态建设力度,提升贫困人口生态建设和保护参与度;要求摸清贫困底子,打好攻坚基础,要摸清生态效益补偿扶贫家底,做到底数清、情况明。要坚持改革创新,激发攻坚活力,着力解决脱贫工作中的体制瓶颈、机制障碍等深层矛盾,激发改革创新对扶贫的引擎带动作用。

随着社会经济的快速发展,农民经济收入不断提高,农民的生活方式也发生了巨大变化,自来水的普及,卫生洁具、洗衣机、沐浴等设施也走进平常百姓家,使得农村人均生活用水量和污水排放量增加,同时由于化肥的大量应用,减少了传统农家肥的使用,造成农村生活污水失去了重要消化途径。农村生活污水的无序排放,未经处理、利用的粪便和各种污水严重污染了土壤、地表水和地下水,成为农村环境的重要污染源,这种情况造成了农村河道水体变黑变臭、鱼虾绝迹、蚊蝇滋生的现象,污水中病菌虫卵引起的疾病传播,使群众的身体健康受到极大威胁,就民生来说农村生活污水治理也已经迫在眉睫。

3.1.2 村庄污水治理的主要做法

基于农村污水处理站点分散、管理难度大、村镇无力运营的特点,未来农村污水处理的商业模式必然是新建项目采取"区域打捆"的 BOT、PPP 等模式,也有部分 EPC+O 的模式,已建项目采取第三方运营的专业化运营模式。通过 PPP 模式与第三方运营的结合,能够极大地发挥专业环境服务商的技术、服务优势,同时也能较大幅度减少费用,降低成本。

(1) PPP 模式治理村庄污水的特点

"十三五"期间,政府鼓励采取 PPP 模式进行农村污水治理,一方面可以吸收社会资本,解决政府财政赤字问题,拉动内需,另一方面可以减轻政府责任。PPP 模式是指政府与私人组织之间,为了合作建设基础设施项目,或是为了提供某种公共物品和服务,以特许权协议为基础,彼此之间形成一种伙伴式的合作关系,并通过签署合同来明确双方的权利和义务,以确保合作的顺利完成,最终使合作各方达到比预期单独行动更为有利的结果。在农村污水治理项目中,PPP 模式拥有更高的经济效率和时间效率,可增加基础设施项目的投资,提高公共部门和私营机构的财务稳健性,使基础设施和公共服务的品质得到改善,实现长远规划,树立公共部门的新形象等。但是,PPP 模式也存在着私营机构融资成本较高、特许经营导致的垄断性、复杂的交易结构带来的低效率、长期合同缺乏灵活性、成本和服务之间的两难选择等问题[17,18]。

PPP 模式缺乏风险评估,以 PPP 模式进行村庄污水治理往往具有投入资金多、发展周期长、交易结构复杂的特点,政府将项目风险与责任承担一起推给私营部门,而私营部门力量薄弱,抵抗风险冲击能力弱,最后可能面临亏空风险,导致项目炸雷,这对一项民生工程来说是不适宜的[19]。

(2) EPC+O 模式治理村庄污水的特点

EPC+O 模式充分发挥了市场机制的作用,充分实现经济效益最大化,工程总价包干,投资风险可控。EPC+O 模式下,设计和施工由承包商统筹,可以将施工经验融入设计过程,提高工程的可建造性。总承包商从工程前期设计至工程竣工合格交付,全过程负责,只用一次招标,而且项目建成后的专业管理能够真正发挥生活污水治理的作用。

农村污水项目专业性较强，从设计、施工到后期运营维护需要大量的专业人员，通过EPC＋O模式能够加强项目建成后的专业管理，能够有效确保建成后发挥作用，减少业主单位在管理中由于专业化程度不足而导致的问题，EPC＋O模式非常符合我国当前的农村污水处理需求。EPC＋O模式与PPP模式均含有施工、运营一体化的内容。除此之外，EPC＋O模式还涵盖了设计、勘察工作，而PPP模式对于这部分工作是否必须由社会资本方承担并无硬性要求[20,21]。

3.1.3 村庄污水治理成效

（1）积极响应了国家政策、满足了保护水资源的需要

党的十八大以来把水环境放在生态文明建设的突出位置，对水资源节约保护、水生态修复保护、水生态补偿机制等做出了战略部署，为推进生态文明建设指明了方向。陕西省委十二届四次全会做出了全面建设"富裕陕西、和谐陕西、美丽陕西"的决定，对加快水生态文明建设赋予了新的丰富内涵，提出了新的更高要求。以系统化思维搞好水生态的恢复和利用，用与发展相适应的眼光看待石泉县水库饮用水水源保护问题，让水资源真正成为造福人民群众的宝贵财富。

（2）为保护南水北调中线工程水质发挥了重要作用

汉江流域属于南水北调中线工程重要的汇水区域，是南水北调工程水源涵养区和保护区的重要组成部分。优良水质是保证南水北调中线工程长期运行和发挥效益的必备条件，必须结合生态治理工作的特点，坚持典型引路、示范先行，通过建设一批高质量的治理样板，带动提高重点防治工程的整体水平，更好地服务于南水北调中线工程。

（3）为石泉县生态环境保护发挥了中坚作用

石泉县北依秦岭，南接巴山，长江最大的支流——汉水由西向东横贯全境，南北重峦叠嶂，中部河流纵横，呈"两山夹一川"之势，是秦巴山地的重要组成部分。北部秦岭山高坡陡，南部巴山山势稍缓，多呈浑圆状山脊，中部沿汉江两岸及池河下游为石泉县水库水源地。汉江流域在调节径流、维持生物多样性、蓄洪防旱、控制污染等方面对石泉县具有其他生态系统不可替代的作用。石泉县水库水源地保护区沿线分布有12个自然聚居点，排水设施不健全，生活污水不经收集处理直接排放，导致库区水体污染，同时滋生臭味和蚊虫，对周边环境构成不利影响，并威胁

周边群众的身体健康。石泉县建有县城供水工程一处,具有日产 1 万 t 的供水规模。项目建设改善了库区的整体环境,有效保护和恢复了周边环境因子。石泉县水环境质量水平对石泉县整体人居环境影响具有最重要作用,汉江流域生态环境保护与水污染防治是保护石泉县生态环境的需要。

(4) 为县域社会经济可持续发展提供了保障

石泉县是国家南水北调工程重要的水源涵养地、西部重要的电力能源基地,也是陕南的旅游胜地,县内独特的"山、水、洞、峡、滩、城"等自然景观和人文景观,为世人泼染了一幅色彩斑斓的山水人文画卷,成为秦巴汉水生态旅游重要目的地。生态环境保护是促进生态旅游产业可持续发展必不可少的要素。因此,农村污水治理项目建设对保障和促进县域社会经济可持续发展具有重要意义。

3.1.4 村庄污水治理借鉴案例

丹徒区位于江苏省西南部,西距南京 60 km,东距上海 230 km,地跨东经 119°15′~119°45′,北纬 31°49′~32°16′。隶属镇江市,东邻镇江新区、丹阳市,西接句容市,南连常州金坛区,北与扬州市仪征区和邗江区隔江相望。整个区域呈火炬状,环绕镇江市京口区、润州区,辖区面积 617.08 km²,其中土地面积 430.35 km²,水域面积 70.5 km²。丹徒区行政管辖范围内的 8 个乡镇(街道),包含辛丰镇、谷阳镇、高资街道、上党镇、宝堰镇(含荣炳资源区)、高桥镇(含江心洲生态农业观光园区)、世业镇和宜城街道。

丹徒区规划发展村庄 172 个(其中重点村 146 个,特色村 26 个),一般村 544个(其中被撤乡并乡镇集镇区所在地村庄 15 个),被合并村庄 46 个。COD 浓度变化范围基本保持在 110 mg/L~250 mg/L 之间,处理设施出水浓度范围 24 mg/L~80 mg/L;氨氮浓度变化范围基本保持在 8 mg/L~30 mg/L 之间,处理设施出水浓度范围 2 mg/L~20 mg/L;TP 浓度变化范围基本保持在 1.2 mg/L~7 mg/L之间,处理设施出水浓度范围 0.2 mg/L~1.5 mg/L;SS 浓度变化范围基本保持在 20 mg/L~70 mg/L 之间,处理设施出水浓度范围 5 mg/L~22 mg/L;大部分出水水质指标达到《城镇污水处理厂污染物排放标准》(GB 18918—2002)一级 B 标准。根据《城市居民生活用水量标准》(GB/T 50331—2002)、《农村生活饮用水量卫生标准》(GB 11730—89)、江苏省建设厅文件(苏建村〔2008〕154 号)《农村生活污水处理适用技术指南(2008 年试行版)》,农村居民的排水宜根据实地调查结果确定,在没有调查数据的地区,总排水量可按照总用水量的 60%～90% 估算。各分项排水量可采取如下方法取值:洗浴和冲厕排水量可按相应用水量的 70%～90% 计算;洗衣污水为用水量的 60%～80%(洗衣污水室外泼洒的农户除外);厨房排水则需要询问村民是否有他用(如喂猪等),如果通过管道排放则按用水量的 60%～85% 计算。

重点村、特色村和被撤乡并镇所在地村庄总村庄数量为 187 个,其中 4 个被撤乡并镇所在地村庄被纳入镇江中心城区和高校园区规划范围,因此规划期末目标为 183 个村庄,其中重点村 146 个,特色村 26 个,被撤乡并镇所在地村庄 1 个。

目前 187 个村庄已全部建成污水处理设施及配套管网,19 796 户,总工程建设费用为 36 650.4 万元,为确保试点工作顺利实施,整治办以组织、协调、衔接、资金"四保障"为立足点,扎实推进。

(1) 组织保障

区委、区政府主要领导高度重视试点工作,在 2013 年年底就召开了专题会议,部署前期工作,决定把试点工作作为全区近几年为民办的实事之一,形成常态化的运行机制。2014 年下半年正式启动试点工作,先后召开了三次专题会议进行研究部署,9 月 26 日召开动员部署大会,同各镇(街道、园区)签订了目标责任书,全面推进该项工作。构建了区、镇、村(社区)三级管理体系,成立了以分管区长为组长,财政、环保、住建、审计等部门和各镇(街道、园区)分管领导为成员的试点工作领导小组,全面负责对试点工作的组织领导、协调推进、考核管理等工作。同时,各镇(街道、园区)也建立了相应领导小组,并围绕各自的目标任务,建立完善责任体系;出台实施方案、资金管理办法、项目管理办法等配套文件。

(2) 协调保障

试点工作牵涉面广,涉及责任部门和乡镇多,我们对任务进行细化、责任进行明确,充分整合各部门力量,各司其职,协同推进,形成高效、有力、顺畅的运转机制。领导小组负责试点工作的专项资金计划安排,各项工作协调、督促、检查及考核工作,确保各项工作的有效落实;环保部门负责领导小组办公室日常工作,方案的编制、上报及联络,对试点工作统一协调管理;财政部门负责专项资金的管理;住建部门负责农村生活污水处理工程项目的招投标,以及工程的具体推进;审计部门负责工程项目资金、管理指导及绩效审计工作;各镇(街道、园区)负责管网建设以及工程征地、青苗、杆线等附属物的赔偿兑付,并及时协调工程建设中地方矛盾。

2015年4月1日召开专题会议,从部门职责、设计要求、工程选址、招标形式、资金拨付、督查考核、监察审计、后期运维等8个方面作了进一步明确和细化。

(3) 衔接保障

为巩固区内村庄环境整治成果,进一步优化和提升全区农村环境质量,充分整合这次试点工作的资源,加强同全区村庄环境综合整治工作和美丽乡村建设的衔接,对照全省试点工作责任书目标要求,按照"缺什么,补什么"的原则确定整治内容。2014、2015两年共在44个规模较大的规划布点保留行政村开展了试点工作,其中有24个村与住建部门的村庄环境整治进行整合,3个村与美丽乡村建设进行衔接,并重点打造。为配合美丽乡村建设,向省整治办申请将上党镇上会村整治工作提前至2015年。同时,整合部分资金,对个别镇生活垃圾转运系统进行更新和置换。

(4) 资金保障

此次试点工作的资金来源由中央、省级专项资金和地方配套资金组成。中央和省财政补助50万元,地方财政作相应配套,其中区财政每年安排每个开展试点工作的行政村不低于50万元配套资金,作为方案设计、科研、补助主要工程设施投入,并纳入财政预算。各镇(街道、园区)也按照要求,积极安排好各整治村在管网建设过程中涉及的征地、拆迁、青苗补偿等配套资金。在资金使用方面,一是严格资金使用程序。由区住建局负责收集整理主体工程、污水管网等相关招投标文件、协议、合同和票据后报区整治办,区整治办审核后送交区审计局进行审计,区财政局根据审计结果拨付相应资金给施工单位和乡镇支付。二是规范资金拨付方式。施工合同签订并进场施工后拨付总工程款的10%作为启动资金,竣工后拨付至50%,设施调试完成后拨付至70%,主体工程通过省整治办验收拨付至90%,留10%质量保证金,在质保期到期后拨付到位。

3.2 河长制措施与保障案例经验借鉴

3.2.1 推行河长制的背景与任务

(1) 全面推行河长制的背景

江河湖泊具有重要的资源功能、生态功能和经济功能,随着经济社会快速发展,我国河湖管理保护出现了一些新问题,严重制约经济社会的发展。党中央、国务院高度重视水安全和河湖管理保护工作。习近平总书记强调,保护江河湖泊,事关人民群众福祉,事关中华民族长远发展。李克强总理指出,江河湿地是大自然赐予人类的绿色财富,必须倍加珍惜。党的十八大以来,中央提出了一系列生态文明建设特别是制度建设的新理念、新思路、新举措。一些地区先行先试,在推行"河长制"方面进行了有益探索,形成了许多可复制、可推广的成功经验。在深入调研、总结地方经验的基础上,2016 年 11 月 28 日,中共中央办公厅、国务院办公厅印发了《关于全面推行河长制的意见》(以下简称《意见》),标志着河长制从局地应急之策正式走向全国,成为国家生态文明建设的一项重要举措。《意见》明确提出,全面建立省、市、县、乡四级河长体系。各省区市设立总河长,由党委或政府主要负责同志担任;各省区市行政区域内主要河湖设立河长,由省级负责同志担任;各河湖所在市、县、乡均分级分段设立河长,由同级负责人担任。县级及以上河长设置相应的河长制办公室,具体组成由各地根据实际确定。《意见》体现了鲜明的问题导向,贯穿了绿色发展理念,明确了地方主体责任和河湖管理保护各项任务,具有坚实的实践基础,是水治理体制的重要创新,对于维护河湖健康生命、加强生态文明建设、实现经济社会可持续发展具有重要意义。

(2) 河长制的主要任务

全面推行河长制,是中央明确的重大改革任务。2016 年 12 月 10 日,水利部、环境保护部联合印发了《贯彻落实〈关于全面推行河长制的意见〉实施方案》,目的是确保全面推行河长制各项目标任务落地生根、取得实效。河长制主要任务可概括为六方面的内容。

1) 水资源保护:①实行水资源消耗总量、强度双控行动;②落实最严格水资源管理制度;③全面提高用水效率;④严格水功能区监督管理。

2) 水域岸线管理保护:①严格水域岸线等水生态空间管控;②落实规划岸线分区管理要求;③强化规则约束和监督管理。

3) 水污染防治:①全面落实《水污染防治行动计划》;②加强源头控制,统筹污染治理;③实施入河排污口整治。

4) 水环境治理:①强化水环境质量目标管理;②切实保障饮用水水源安全;③加强河湖水环境综合整治;④因地制宜治理城市河湖;⑤综合整治农村水环境。

5) 水生态修复:①推进河湖生态修复和保护;②加强回复河湖水系的自然连

通；③积极推进建立生态保护补偿机制；④加强水土流失预防监督和综合整治。

6）执法监督：①建立健全法规制度；②完善执法机制和日常巡查监管机制；③加大河湖管理保护监管和执法力度。

3.2.2 推行河长制工作的保障制度

在全面推行河长制工作时，各地区积极探索实践河长巡查、重点问题督办、联席会议等制度，有力推进了河长制工作的有序开展。各地可根据本地实际，因地制宜，选择或另行增加制定出台适合本地区河长制工作的相关制度。

（1）河长巡查制度

通过各级河长履行河长职责，对河道进行全面巡查，重点以清除河道垃圾、提高河流水质为目的。坚持以问题为导向，以务实抓推进，以责任促落实，进一步强化工作措施，协调各方力量，形成"河长总牵头，层层抓落实"的工作合力，加快推进河湖水生态治理工作。

例如，瑞安市河长日常巡查工作由河长牵头，巡查人员包括镇街级河长、督查长、河道警长、驻村干部、村干部等。镇街级河长对挂钩联系河道的巡查不少于每旬（十天）一次。除日常巡查外，河长可以结合挂钩联系河道实际情况进行不定期巡查，并记好巡查记录和《河长工作日志》。此外，河长要督促河道保洁员、网格化监管员结合保洁、监管等日常工作，每天开展巡查，发现问题及时报告。

（2）工作督办制度

需明确对河长制工作中的重大事项、重点任务，以及群众举报、投诉的焦点、热点问题进行督办的主体、对象、方式、程序、时限以及督办结果通报等。例如，江西省河长制办公室负责协调、实施督办工作。省级责任单位负责对职责范围内需要督办事项进行督办。督办主要分为：日常督办，"河长制"日常工作需要督办的事项，主要采取"定期询查""工作通报"等形式督办；专项督办，"河长制"省级会议要求督办落实的重大事项，或者省级"总河长""副总河长""河长"批办事项，由有关省级责任单位抽调专门力量专项督办；重点督办，对河湖保护管理中威胁公共安全的重大问题，主要采取会议调度、现场调度等形式重点督办。

（3）联席会议制度

强化部门间的沟通协调，需明确联席会议制度的主要职责、组成部门、召集人、部门分工、议事形式、责任主体、部门联动方式等。例如，阆中市"河长制"联席会议由市"总河长"负责牵头召集责任单位召开。会议定期或不定期召开。定期会议原则上每半年一次或根据需要适时召开。会议议定事项主要包括：协调调度"河长制"工作进展情况；协调解决"河长制"工作中遇到的问题；协调督导河库保护管理专项整治工作；研究协调解决跨部门、跨行业的水环境污染和水环境破坏的防治工作；其他需要在联席会议上讨论、解决的议题。会议议定事项由有关市级责任单位及责任人分别落实。市河长办将对会议精神执行落实情况进行督查，并将督查结果报市"总河长"。

（4）重大问题报告制度

就河长制工作中的重大问题进行报告，需明确向总河长、河长报告的事项范围、流程、方式等。例如江西省设立信息专报制度，具体内容如下。

专报信息报送方式。各责任单位和市、县（市、区）应将重要、紧急的"河长制"相关政务信息第一时间整理上报至省河长制办公室。省河长制办公室负责信息的整理选取、编辑、汇总、上报。

专报信息处理。各责任单位和市、县（市、区）责任人或联络人应事先将上报信息梳理清楚，确保重要事项表述清晰、关键数据准确无误，省河长制办公室对上报信息进行校对、审核。专报信息实行一事一报，由省河长制办公室主任签发。

专报信息内容。包括需立即呈报省委、省政府和省级"总河长""副总河长""河长"的工作信息，需专报省委、省政府的政务信息。主要事项：贯彻落实省委、省政府决策、措施和工作部署；省级"总河长""副总河长""河长"批办事项；河湖保护管理工作中出现的重大突发性事件；跨流域、跨地区、跨部门的重大协调问题；反映地方创新性、经验性、苗头性、问题性及建议性等重要政务信息；舆情信息（新闻媒体、网络反映的涉及河湖保护管理和"河长制"工作的热点舆情）；其他专报事项。

（5）部门联合执法制度

部门联合执法制度需明确部门联合执法的范围、主要内容、牵头部门、责任主体、执法方式、执法结果通报和处置等。江西会昌设立了河流保护管理联合执法工作领导小组。组长由县政府分管领导担任，副组长由县水利局局长担任，成员由县水利局、县环保局、县委农工部、县规划建设局、县矿管局、县农粮局、县果业局、县交通运输局、县海事处、县国土局、县水保局、县林业局、县城管局、县工信局、县公安局等部门组成。

联合执法联席会议在联合执法工作领导小组领导下组织召开，主要负责研究解决全县河流保护管理联合执法工作中的重大问题和难点问题,协调解决涉及相关部门在执法中的协作配合等问题。各成员单位要按照职责分工,主动担当涉及河流保护工作的有关执法工作,认真落实联席会议布置的工作任务,按要求及时向联席会议办公室报送工作情况。

(6)公示牌制度

各级河长办要负责在省、市、县、乡级河道流经的显要位置设置河长公示牌,标明河长职责、整治目标和监督电话等内容,接受公众监督。为规范河长公示牌的制作,各地河长制办公室研究确定了公示牌的规范和参考格式,

(7)其他辅助性制度

各地在实践过程中,还结合实际工作需求,及时组织制定相关制度,作为主要工作制度的辅助,进一步推动了河长制工作的开展。例如水质监测制度、举报受理制度、河道保洁长效管理制度、河道警长工作制度以及其他基于地方管理特点制定的各项制度,以保障河长制工作顺利实施。

3.2.3 推行河长制工作借鉴案例

江苏淮安市洪泽区被农业部等 13 部委联合批准为全国第二批农村改革试验区。在改革试点过程中,洪泽区整合水利、交通、林业等部门资源,探索创新建立了农村公共服务"五位一体"管护模式。2018 年,洪泽区创新性地将河长制湖长制工作与"五位一体"村庄环境长效管护工作相融合,初步打造出具有洪泽特色的河湖管护新模式。

(1)淮安市洪泽区河湖概况

洪泽,素称"水乡泽国",西依洪泽湖,东携白马湖,内拥河塘沟渠,水域面积 733.16 km^2,占全区总面积的 56.88%。

洪泽境内河流、湖泊属淮河流域水系和高邮湖水系,过境水量大。主要湖泊有洪泽湖部分水域和白马湖部分水域。淮河经老子山镇流入中国第四大淡水湖洪泽湖后,经二河、三河(淮河入江水道)、苏北灌溉总渠、淮河入海水道等河流分道流入长江和东海。境内的河流主要有:淮河、苏北灌溉总渠、淮河入江水道、老三河、草泽河、张福河、洪金排涝河等过境河流,以及浔河、砚临河、贴堆河、往良河、花河等境内河流。洪泽湖周桥灌区和洪泽湖洪金灌区为区境内的主要农田灌溉河系。

（2）洪泽区河长制工作亮点

1）强化顶层融合，注重协调统筹

融合维护河湖健康生态理念，集聚水利系统在河湖管理上"统"的功能，出台《洪泽区全面推行河长制实施方案》（洪办发〔2017〕43号），全面统筹农村小型水利管护和河湖常态管理，在推进"五位一体"管护模式基础上，构建河湖长效管理机制，保障河湖沟渠监管责任落实到位。因地制宜建设浔河、大荡河等9条亲水生态岸线，强化河湖水域的河道保洁、堤岸养护以及河道疏浚等项目建设，打造整洁优美、水清岸绿的河湖水环境，全面构建有责任、有协调、有监管、有保护的河湖管理保护新机制。

2）强化资源整合，提升管护实效

① 力量联合。区级河长办与农村公共服务"五位一体"管护办公室（简称五管办）进行整合，抽调环保、卫生、规划、交通、水利等部门12名技术骨干集中办公，镇级河长办也与镇级"五管办"进行整合，稳步推进河长制与"五位一体"管护资源统筹。

② 督查联手。区河长办与五管办成立2个巡查组，一个巡查组、2辆车每天巡查河道日常保洁情况，另一巡查组、1辆车每月一个轮回巡查区内重要河道，开展水质分析，以便掌握河道水质变化情况，发挥两办的协作互补作用，确保督查强度。今年以来，区河长办与五管办联合下达河道常规管护交办单418份，对区管河道向政府相关部门下发交办单109份、催办单28份，保证了发现问题及时落实责任主体。

③ 整改联动。对河道保洁等常规问题，直接由"五位一体"管护人员直接整改，对河道沿线违章种植、违章建筑、河道范围内污染源等问题，及时通知相关河长、单位开展整改。巡查人员发现乱占、乱排、乱建、水质变化等较大问题时，及时通知相关河长协调处理，形成巡、护一体化长效机制，全面提升巡查实际效果。

3）强化职能聚合，化解现实难题

以往五管办只能够开展河道的日常管护工作，遇到企业污染排放、黑臭水体治理、岸线违规建设等重大问题，往往力不从心。今年以来，洪泽区积极发挥河长办与五管办的整合优势，突破河道管理瓶颈。一是职能取"合集"。各级河长按规定完成巡查任务，平时日常巡查工作由"五位一体"管护人员担任。"两办"整合后，河道管理职能扩展到日常管护、污染防治及岸线管理等环节，实现管理职能全覆盖。

二是力度做"加法"。发挥区级河长的牵头整合作用,突出抓好河长专项突击行动,全面提升管理力度。今年以来,针对河道管理重点难点问题,由区级河长湖长牵头,全力开展专项整治。已经召开专题会办会会 15 次,涉及洪泽湖大堤与总渠沿线环境整治、洪泽湖与白马湖两个渔民避风塘建设、入江水道平坟、样本河道建设、黑臭水体整治等众多疑难杂症。目前,绝大多数整改事项均已基本完成,个别事项正按序时进度稳步推进。三是效果求"多赢"。洪泽区创新明确河长制+"五位一体"管护模式,取得了"三减少三提升"效果,管护人员由原来的 4 158 人减少到 818 人、经费由原来的 3 823 万元减少到 1 695 万元,管护环节由原来的 4 级减少到 2 级,工程完好率由 88% 提升到 95%,水资源利用率由 65% 提升至 74%,群众满意度由 80% 提升至 98.52%。通过以上措施,有效解决了洪泽区河湖巡查人手不够、工作经费不足和管理效果不优等问题,实现了巡查人员、经费和违章侵占率"三减少",达标排放率、环境舒适度、群众满意度"三提升"。

4)革新管护机制,振兴农田水利

2014 年,洪泽区被批准为全国第二批农村改革试验区后,承担农田水利设施产权制度改革和创新运行管护机制试点任务(全国仅有洪泽区、安徽定远县、四川巴中市巴州区三家)。努力探索出一套产权明晰、管护规范、考核科学的管理体制和良性运行机制,破解农村小型水利工程管理上存在管护主体不明晰、管护责任不落实和管护经费难筹集等难题。一是创新实施"建、管、护"分离机制。按照"谁投资、谁所有,谁受益、谁负担"原则,对全区圩堤、沟渠等逐一摸底调查、登记造册,明确产权、载明工程管理与保护范围等基本信息。明确区级职能部门负责资金统筹与管护督查,镇级负责资金兑现和管护考核,村级负责管护组织实施和初步考核,实行"建、管、护"分离。二是创新整合"四点合一"项目资金渠道。整合项目资金统筹一点,将村级卫生保洁、农村道路保洁等资金整合统筹使用;财政资金补助一点,区镇财政按每公顷 45 元、30 元标准,安排奖补;村级集体筹集一点,工程受益村集体筹集相应管护资金;水利开发收益支持一点,将农村资源性水利工程开发收入全部用于水利工程管护。三是创新确定三种管护责任主体。一是竞争承包主体,由村居通过公开招标,选择报价合理的专业公司、合作组织或承包人为管护责任单位。二是用水协会,负责村域范围内小型水利工程管护、工程维修养护等事项。三是流转土地经营主体,承担相应区域内水利工程管护。四是创新明确"五位一体"管护模式。创新将小型水利工程管护与农村环卫保洁、交通设施管护、公共绿化设施管护、公共活动场所管护等五方面的人员、资金、事项有机整合到一个"管家"手中,实现公共设施管护"一个龙头出水"。

5) 强化五位一体,助力脱贫攻坚

2018 年,洪泽区创新将河长制湖长制工作与"五位一体"村庄环境长效管护工作相融合,多渠道整合和筹集资金 1 695 万元,公开招聘 818 名"五位一体"管护人员,将其纳入河长制管理范畴,兼具河长制巡查职责。在公开招聘管护人员过程中,区委、区政府充分关心贫困家庭,将有一定劳动能力的贫困家庭成员纳入招聘范围,从贫困户中遴选管护员,让贫困户在投身河长制工作中获得经济收入,由以往的"发点钱"式的输血向"挣点钱"式的造血扶贫转变,激发贫困户自主脱贫的内生动力,贫困户通过自身劳动获得劳务收入,增强了贫困户脱贫的稳定性和长效性。此举既提升了社区内公共服务水平,又帮助了贫困户就近就业,有效促进了贫困户增收。2018 年,全区共招聘 11 名贫困人员为管护员,2019 年实现全部脱贫。

(3) 主要工作成果

洪泽区创新推进小型水利工程管理体制改革入选"中国改革(2015)十大改革案例单位""2016 中国十大民生决策",并获得"水利部'沃原杯'2016 年基层十大治水经验荣誉称号"。2018 年 12 月 27 日,洪泽区该项改革成功入选中国经济体制改革杂志社主办的"改革开放 40 年地方改革创新 40 案例"单位,为淮安市唯一入选案例,江苏省共 3 个。2018 年 8 月 27 日,洪泽区委书记朱亚文就洪泽区河长制+"五位一体"工作在全省河(湖)长制工作推进会议上作典型交流发言。洪泽区的河长制工作还代表淮安市接受淮河水利委员会代表水利部对江苏省河长制工作的督查,得到淮河水利委员会伍海平副主任的高度肯定。

3.3 小型水利工程管理机制创新案例经验借鉴

3.3.1 农田水利改革背景

(1) 基本情况

定远县地处安徽省东部,淮河南岸。本次农田水利综合改革试点选在定远县城东部的青春水库中型灌区。灌区范围涉及池河、桑涧、三和三个镇,灌区总面积 2 066.67 hm²,灌区中心位置距县城约 16 km。项目区分自流灌区和提水灌区两个试验片,分别位于青春水库枢纽工程的东南部和东北部,总面积 2 066.67 hm²。

(2)改革前定远县农田水利存在的主要问题

1)农田水利工程存在的问题

一是农田水利"最后一公里"问题亟待解决[22]。改革前,定远县中、小型水库灌区配套建筑物工程状况不佳。除蔡桥、桑涧、岱山、双河等重点中型灌区有部分配套建筑物外,其他水库灌区基本没有配套建筑物,不能满足农业生产发展需求。

二是农田水利设施老化失修严重。定远县灌区设施大都建于20世纪六七十年代,由于年代久远并缺乏维修经费和有效管理,很多已经毁坏,不能正常使用,相当部分建筑物已经废弃。已有机电设备大多超期服役,损毁严重,效率低下,严重影响工程效益正常发挥。

2)农田水利建设存在的问题

一是农田水利建设投融资机制有待完善。投入不足是制约农田水利设施建设管理的"瓶颈",同时,吸引农民和社会资本投入不足。

二是农田水利建设组织体系有待健全。定远县农田水利工程建设主要是由政府部门负责,通过采取招标投标的形式,确定设计、监理、施工、检测、审计等单位。由于农田水利工程点多面广,这种建设组织形式在一定程度上降低了工程建设的效率。同时,农田水利工程项目建设管理组织机制和管理制度仍有待健全。

3)工程运行管护存在的问题

一是农田水利管护组织不健全。定远县中型水库及灌区工程由各中型水库工程管理处负责管理,小型水库由所在乡镇负责管理。小型水库溪区、村级集体泵站、塘坝等农田水利工程由受益村组负责管理,但由于管护组织不健全,管护责任不明确,存在农民分散经营和农田水利设施集体受益之间的矛盾。虽然部分乡镇成立了农民用水者协会,但仍存在会员参与积极性不高的情况,对水利工程维护意识淡薄,发挥作用不明显。

二是运行管护经费保障程度低。定远县小型水利工程众多,所需管护经费投入较大。上级财政拨款和县级财政配套经费难以满足运行维护的需要。同时,定远县水价标准较低,远未达到供水成本,造成水利管理单位难以维持正常运行管理。

三是基层水利专业人才缺乏。基层水利人员结构不合理,年龄偏大,高学历人才缺乏。基层水管单位工作、生活条件较差,职工工资待遇偏低,造成专业技术人才部分流失。由于受机构编制、组织人事政策以及大学生就业取向等因素的制约,引进高端专业人才较困难。

四是公众参与程度不高。村内事务实行"一事一议"后,农村基层政府组织农民兴修水利的能力削弱,部分农村开展小型水利基础设施建设出现了"事难议、议难成、成难办"的现象,加上全县劳务输出量大,农田水利基础设施投资、建设及管护受到较大影响。

3.3.2 农田水利综合改革主要做法

(1) 政府主导、投资多元的投入机制

近年来,定远县抓住国家农田水利建设的政策机遇,利用政府与社会资本合作等方式,充分发挥政府主导与财政引领作用,广泛吸引和调动各种社会资本参与农田水利建设的热情,有力撬动社会资本参与农田水利建设管护,解决了财政投入不足的问题。同时进一步推行农田水利设施所有权、使用权抵押贷款融资模式,通过制度创新,把金融资本吸引到水利建设中来,拓宽水利工程融资渠道,缓解水利工程建设和农业扩大再生产资金短缺问题,取得了显著成效。

一是明确参与范围与方式。包括三个方面:第一,规范项目建设程序。定远县农田水利改革工程按照国家基本建设程序组织建设。及时向社会发布鼓励社会资本参与的项目公告和项目信息,按照公开、公平、公正的原则,明确项目参与范围,通过招标方式择优选择投资方。第二,拓宽社会资本进入领域。除法律、法规、规章特殊规定的情形外,农田水利工程建设运营一律向社会资本开放。第三,合理确定项目参与方式。盘活现有农田水利工程国有资产,通过股权出让、委托运营、整合改制等方式,吸引社会资本参与,筹得资金用于新工程建设。

二是落实多元投入、利益共享。包括三个方面:第一,充分发挥政府统筹与引导带动作用。定远县编制了全县农田水利规划,按照规划,县农田水利规划委员会统一整合各类涉水资金。对于试点项目区,县水务局编制了《安徽省定远县农田水利综合改革试点项目实施方案》,经省(市)相关部门批准后,县农田水利规划委员会按批准概算整合各类涉水资金进行建设。第二,推行农田水利工程所有权、使用权证抵押贷款模式。定远县通过制度创新,将公益性基础设施变为经营性资产,把金融资本吸引到水利建设中,拓宽水利工程融资渠道,解决了水利工程建设和农业扩大再生产资金短缺问题。制定了《定远县农田水利工程系统治理奖补办法》,建立了农田水利建设奖补投入机制。第三,建立健全优惠扶持政策。为了提高多元主体投入的积极性,增强其投资能力,经定远县政府同意,县水务局商定远民丰村镇银行出台了"两权"抵押贷款办法。此外,对于已确定的投资主体(企业、流转大户、农业合作社种养大户、农民用水合作组织、个人等),根据章程约定进行投资建设,投资主体可按有关规定办理抵押贷款。第四,加强信息公开和责任监管。定远县在开展农田综合改革的过程中,发展改革、财政、水利等部门,及时向社会公开发布了水利规划、行业政策、技术标准建设项目等信息,充分保障了社会资本投资主体及时享有相关信息。县行政主管部门依法加强对工程建设运营及相关活动的监督管理,维护公平竞争秩序。同时,政府有关部门还建立了社会资本退出机制,开展了社会资本参与重大水利工程项目后评价和绩效评价。

(2)产权明晰、流转有序的产权机制

项目区农田水利工程建设年代久远,工程权属不清,镇与村、村与组、组与组之间为争夺小型水库、塘坝、泵站等小型水利工程产权的矛盾纠纷时有发生;没有建立和完善产权流转交易和退出机制。2014年定远县被列为国家级第二批农村改革试验区,以农田水利设施产权制度改革和创新运行管护机制试点为试验任务。近年来通过健全制度、明确"所有权"+"使用权"、探索产权抵押融资、创新工程管护模式、对小型农田水利设施维修管理养护进行奖补等措施,推动了小型农田水利设施产权制度改革[23]。

一是按照"谁投资、谁所有、谁管理、谁受益"原则确定所有权和使用权。对于原有的水利存量资产,其所有权归属于乡镇、村集体或国有水管单位。对于新建水利资产,财政投入部分所有权归属于乡镇、村集体或国有水管单位,社会投资部分所有权归属于投资主体,由投资主体取得工程使用权并承担工程全部管护责任。通过发放小型农田水利工程"两证一书"(所有权证、使用权证、管护责任书),明晰产权,落实管护主体和责任。在此基础上,不断推进全县农田水利工程产权确权登记发证工作,规范农田水利工程产权、经营权流转,明确农田水利工程经营管理责任。

二是制定了《定远县小型水利工程所有权登记、发证、流转办法》,建立了小型农田水利工程所有权和使用权登记、发证机制,以及权属的交易流转和退出机制,并逐步建立和完善权属交流转电子商务平台。

三是保障经营权、收益权和处置权。定远县水行政主管部门受县政府委托向经营管理者颁发小型水利工程经营权证并登记造册,确立承包经营权;承包期内发包方不得随意调整和收回承包经营权。依法保护小型水利工程经营管理者的合法权益,任何组织和个人不得侵犯[24]。

四是流转交易。本次试点项目实施的农田水利工程主要包括电灌站工程、自流灌区工程等,当发生流转交易时,可通过市场化交易实现有序进退,按照《定远县小型水利工程所有权登记、发证、流转暂行办法》采取买卖、租赁、承包、抵押、股份合作等方式进行流转交易。流转交易时,社会投资部分形成的资产可由流转交易双方协商价格,也可由双方共同认可,或由具有一定资质的评估机构评估资产价值按评估价值确定流转价格。

(3)公开透明、监管有序的建设机制

定远县农田水利建设一直以来主要由政府投资建设,工程建设模式主要是政府部门负责,采取招标投标的形式确定设计、监理、施工、检测、审计等单位。由于农田水利工程点多面广,数量众多,规模较小,结构简单,传统的工程建设组织形式严重制约了农田水利工程建设的快速发展。通过深化项目实施管理方式改革,鼓励和支持种粮大户、养殖大户、村集体等新型主体作为"项目法人"参与小型农田水利自主建设,实现小型农田水利工程建设管理一体化,充分调动广大群众的水利建设积极性,进一步加快定远县小型农田水利建设管理步伐。

一是规模以上项目实行公开招标。根据《安徽省实施〈中华人民共和国招标投标法〉办法》、安徽省政府皖政〔2013〕66号、《定远县农田水利工程自主建设管理暂行办法》等法律、法规和文件精神,对于投资100万元以上(含100万元)的农田水利工程,一是工程投资全部由财政投入的,工程建设由"定远县小型农田水利工程建设管理处"作为项目法人采取公开招标的方式选择施工单位,按照"项目法人制、招标投标制、建设监理制"的建设程序进行建设和管理;二是工程投资有社会资本参与的,由于社会资本投入占1/3,财政投入占2/3,财政投入占主要部分,因此工程建设也由"定远县小型农田水利工程建设管理处"采取公开招标方式选择施工单位,按照"项目法人制、招标投标制、建设监理制"的建设程序开展建设和管理,其中社会投资主体全过程参与工程的建设管理、质量监督、审计结算等。

二是小型项目实施自主建设。包括三个方面:第一,确定自主建设工程类型。对于符合定远县农田水利建设总体规划的塘坝、泵站串塘、水闸河沟清淤、末级渠系、水电站、中小型灌区等小型农村水利新建和改造提升工程,根据实际生产需求和意愿,群众可以实行自主建设;坚持"政府引导、行业指导、主体明确、管理规范、先建后补、多干多补"的原则,调动广大群众参与水利建设的积极性。第二,完善申报、监管程序。自主建设的工程项目必须符合定远县农田水利建设总体规划,由项目申报人向当地人民政府申请,批准后方可实施自主建设。自主建设工程项目的建设管理和工程质量均由项目申报业主负责,县水务局负责督查检查,各水利水产技术服务中心站负责提供技术指导和工程量核准、组织竣工验收、委托具有资质的单位进行竣工审计。第三,建立工程建设补助制度。自主建设项目的资金一般由项目申报人自筹加上政府补助资金组成,按照"先建后补,多建多补"的原则由政府补助建设资金对于塘坝扩挖、河沟清淤、泵站更新改造、小水闸等工程进行补助,原则上按工程审计工程量的 2/3 予以补助;而对于中小型灌区,则按照每公顷 3 000元标准予以补助,补助资金由县财政直接支付给项目业主。

三是农民参与质量监督。定远县出台了《小型水利工程农民质量监督员工作制度》,规定农民质量监督员由农民所在村民委员会推选产生,在所在乡镇的水利员技术指导下开展质量监督工作。农民质量监督员有权要求施工单位严格按照工程质量标准建设,发现并指出工程建设中存在的质量问题,并及时上报水利中心站或质量负责人;农民质量监督员有权对可能存在质量问题的检测结果进行复检,或要求有关人员重新检测[25]。

(4)管理到位、运行长效的管护机制

按照不同工程类型、不同投资类型分别确定相应的工程管理主体,明晰农田水利工程管护责任,发挥基层农民用水合作组织参与工程管护的积极性。明确农田水利工程运行维护职责,建立健全运行维护制度,加强对农田水利工程的日常巡查、维修和养护,保障农田水利工程正常运行。完善运行维护经费保障机制,建立农田水利工程管护经费的合理负担机制,使农田水利工程建得成、管得好、长受益。健全农村水利基层服务组织和服务体系,发挥基层水利服务机构的监督和管理作用,培育和壮大社会化的专业服务队伍,为工程管护提供技术指导和支撑[26]。

一是明确管护主体。水库干渠工程由青春水库工程管理处管理,灌区内由投资主体投资建设、政府财政补助的工程交由投资主体使用并自行管理,其他水利工程由灌区用水合作社管理。

二是鼓励群众参与。通过成立青春灌区用水合作社,协助水库管理处对灌区内国有集体资产进行监管,在灌区自主建设和运行管理过程中,用水合作社参与对工程的质量监督、建设管理和竣工验收,协调灌区内用水及水费收缴等事宜。

三是加强运行维护。青春水库工程管理处,青春灌区用水合作社通过建立健全项目区农田水利工程运行维护制度,加强对农田水利工程的日常巡查、维修和养护,并按照有关规定进行水量调度,保障农田水利工程正常运行。同时,加强基层水利业务骨干培训,制订管护培训计划,不断提升基层管护能力。

四是保障管护经费。定远县人民政府建立了农田水利工程运行维护经费合理负担机制,定远县县级财政设立了农田水利维修养护专项资金,每年从土地出让金净收益中提取部分资金作为农田水利管护专项资金,建立专户,实行专项管理,用于水利工程的维修、养护和管理,列入年度财政预算。项目区内社会投资主体投资建设的水利工程管护经费由投资主体负责筹集,管护经费主要来源以供水水费、经营收入为主,政府补贴为辅,其中,投资主体筹集 2/3,政府补贴 1/3。对符合标准的农田水利工程,每年年底按照《定远县农田水利综合改革工程管护考核办法》考核验收后支付管护经费。如对于青春泵站工程,县财政每年补助管护经费 3 000 元,并按实际提水所耗费的用电量补助 0.2 元/kW·h。

五是严格考核奖罚。定远县人民政府负责加强对小型农田水利工程管护工作的领导,将农田水利工程管护工作纳入年度考核目标。对于青春灌区试验片区,按照《定远县农田水利工程建后考核奖补暂行办法》,制定了考核办法实施细则,并对照奖罚。

3.3.3 农田水利改革成效

定远县作为全国第二批农村改革试验区农田水利设施产权制度改革和创新运行管护机制 3 个试点县之一和全国农田水科工程管理体制改革 55 个试点县之一,通过改革,在试验区建立和完善了以下六大机制:政府主导、投资多元的投入机制;产权明晰、流转有序的产权机制;公开透明、监管有序的建设机制;管理到位、运行长效的管护机制;成本科学、负担合理的水价机制;激励节水、约束耗水的节水机制。

定远县农田水利综合改革试点涉及范围广泛,充分结合了定远县农田水利工作实际,以推动农田水利设施提档升级,解决农田水利发展不平衡不充分的问题,促进农业农村水利现代化建设为目标,探索了一系列具有推广价值的经验做法。

如"一金一费"奖补政策,减轻了投资主体投资压力,实现了政府、社会、投资者三方共赢:财政实补 2/3 标准充分体现了政府主导作用,可以作为中小型灌区改造、田间工程、沟渠整治、拦河坝等类型项目的补助参考标准。"两证一书"技术创新模式在全国范围内推广。在此基础上的"两权"抵押贷款形式也具备较好的推广价值。"泵站串塘"实现了"水系相连、把水连通,以丰补歉、把水用活",成为成功解决江淮分水岭地区缺水易旱问题的有效路径和小型水利工程建管新模式。这一模式适合在江淮分水岭地区及全国范围丘陵地区普遍推广,群众建设需求很高。"三员四级"基层水利服务体系是国家水利政策在基层贯彻落实的重要保障,为人民群众提供了"零距离"的服务前沿平台,适合在全国范围内推广。

3.4 "旅游+水利"融合发展案例经验借鉴

3.4.1 国外特色旅游带发展的经验借鉴

（1）澳大利亚"大洋路"旅游带[27-29]

"大洋路"旅游带形成于 20 世纪 30 年代,位于澳大利亚维多利亚州的西海岸,从吉隆（Geelong）延伸至波特兰（Portland）,全程约 260 km,是世界著名的旅游胜地。沿途地貌特征类型十分丰富,景观壮丽多彩,有多处冲浪沙滩、绿色雨林、帆船港口、海难遗址、海边高尔夫球场、渔家餐厅、沿海牧场等不同种类的景点及运动休闲度假场所,特色鲜明、游人如织。20 世纪 80 年代初大洋路沿线区域正式被定为国家自然公园。经过 30 多年的开发和推广,现在已成为澳洲境内最具代表性旅游产业带。

1）发展模式

建设初期,政府出资修建基础设施,沿着海岸线修建公路,串联市镇和村庄,建设基础配套设施;中期,成立统一管理机构,由政府主导逐步完善旅游带旅游服务基础设施,构建有利于旅游业发展的管理机制,出台严格的生态保护和文物古迹保护规章制度;后期,进一步完善提升旅游配套设施质量,持续性创新开发丰富的旅游产品。

2）成功经验

① 发挥自然风光优势,挖掘地方人文,旅游产业与地方文化互动融合。

"大洋路"旅游带的旅游资源开发以自然风光为重点,辅以冲浪沙滩、海边高尔夫、游艇码头、滨海度假旅馆等运动休闲度假场所,加上海事博物馆、渔村小镇等人文景点,整个旅游线路自然景观壮丽、人文风情浓郁。

② 配套设施建设注重人性化。

"大洋路"旅游带的配套设施建设十分人性化。在"大洋路"沿线,冲浪沙滩、游艇码头、度假村等均匀分布,度假村具有海岸风光、风土人情及原始森林等不同主题特色,旅行者可以很方便地根据个人爱好进行选择。

③ 环保法规非常严厉,并在各类大型旅游相关活动中进行宣传。

首先,该旅游带制定了严厉的环保法规,设立多个保护区域,并为保护区配套设置系列宣传标语、警示标志;其次,政府通过科学规划在"大洋路"沿线设置多处允许狩猎、垂钓、露营、野炊等活动的场所,既最大限度地防止环境破坏,也满足了游客的各种需求。

(2) 美国黄金海岸带[30]

黄金海岸旅游带位于美国西部加利福尼亚州,是世界著名的海岸风光游览胜地,总长约 17 英里,也被称为"十七英里黄金海岸"。加州一号公路贯穿其中,该公路始建于 20 世纪 20 年代,从北向南,始于旧金山蒙特利湾,止于洛杉矶南部橘镇,途经加州太平洋海岸 200 多个自然和人文景点。沿一号公路行驶,游客可以领略一边是湛蓝大海,一边是碧绿草地的自然美景。欣赏由几间破旧木头房组成的农庄,以及周边农场的耕作场景,还有类似"金门大桥"等壮丽的人文景观。

1)发展模式

建设初期,政府主导修建交通基础设施,整合旅游资源以及串联旅游节点;中期,招商引资,在政府统一规划下,充分利用市场力量来建设完备的旅游基础设施,丰富旅游产品;后期,突出主题概念,使旅游产品更加丰富,能够满足游客的多样化需求,差异化的旅游产品确保了旅游市场竞合的顺畅。政府出巨资保护生态环境,检查和维护旅游景观。

2)成功经验

① 整合资源,突出主题概念

黄金海岸旅游带通过旅游主题对旅游资源进行整合性开发,划分出不同主题的旅游区域来满足各类型游客的不同需求。该旅游带设置了自驾游、海滩冲浪、家庭度假、农庄体验、科学考察及人文景观参观 6 大主题概念旅游区。

② 政府引导,充分利用市场力量来完善配套设施

如今,加州黄金海岸具有十分商业化的旅游配套设施,其完善程度很高。在旅游带开发过程中,当地政府积极引导,吸引投资,利用市场力量来完善配套设施。餐饮和住宿方面,旅游带上分布着众多世界连锁酒店和上千家汽车旅馆。当地很多企业积极建设农庄、酒庄和特色风情饭店,向游客提供各类特色美食,并宣传推广自身产品。交通方面,旅游带内海岸上建有多个游艇码头,加上发达的陆路交通网络,与一号公路紧密连接,游客前往黄金海岸带旅游十分方便。同时旅游带的租船、租车等服务也非常发达。

③ 不断创新开发旅游产品,并采取多元化的方式有针对性地进行市场开发

加州黄金海岸带从政府到企业都十分重视旅游产品的创新开发,并为此绞尽脑汁,这也是该地区旅游产业知名度不断提高的重要途径。加州黄金海岸旅游带利用多种媒体进行广泛宣传,且注重对特定人群的宣传,比如对年轻人群体重点宣传其运动娱乐方面的资源,对中老年人重点宣传其养生度假方面的资源。

(3) 法国"蔚蓝海岸"景观路[31]

法国蔚蓝海岸位于法国南部地中海沿岸,西起土伦,经尼斯、戛纳和摩纳哥,东到法国与意大利边境,以它的灿烂的阳光、蓝色的海岸和宜人的气候著称于世。蔚蓝海岸地区是现代首批发展起来的旅游度假区。18 世纪末,英国上层阶级发现并将其作为冬季疗养胜地。19 世纪中期,随着铁路时代的到来,蔚蓝海岸地区逐渐发展成为英国及俄国王公贵族诸如维多利亚女王和威尔士王子(即后来的爱德华七世国王)的游乐场及度假胜地。20 世纪前半叶,艺术家、作家频繁造访此地,包括毕加索、亨利·马蒂斯、伊迪丝·华顿、毛姆、赫胥黎,当然这其中不乏富有的美国人、欧洲人。第二次世界大战后,法国蔚蓝海岸地区成为最负盛名的旅游胜地和大赛举办地。目前已经成为大众化的旅游胜地,具有非常浓厚的历史文化气息。从土伦到芒通的 115 km"蔚蓝海岸"沿线修建了 4 条景观公路,成为该地区旅游一大亮点。

1) 发展模式

完善乡村基础设施,提升服务业发展水平。参照法国乡村的发展经验,自光辉30 年之后,法国的乡村地区已由农业生产地变为多元产业的产出地,这也为乡村经济的复兴奠定坚实基础。因此,基础设施的建设与产业的多元化发展将成为乡村经济振兴的关键因素,这也将为从城市流入的返乡创业人群提供基础保障与产

业条件,实现城乡统筹发展。

改善建筑环境风貌,提升特色小镇"颜值"。主题特征是特色小镇区别于其他小镇的亮点。通过鲜花、彩色房子、木筋屋等小景观来装饰小镇的建筑风貌,有助于小镇形成个性鲜明、特色突出的景观环境,吸引城市游客。

打造高品质居住地,带动小镇的经济发展。小镇度假旅游已经成为法国中产及以上人群追求的理想生活方式,特色小镇与大城市最大的区别就在于其独特的田园景观与生态环境。法国"蔚蓝海岸"则充分结合小镇的田园生态、资源禀赋、文化优势,打造高端的居住地,带动小镇服务产业的发展。同时,为小镇属地百姓提供就业岗位,比如建筑师、装饰设计师、酒窖管理员、花店老板等,带动百姓的致富增收。

2)成功经验

① 人文景观体现厚重的历史文化内涵

大量的教堂、壁画、古城和博物馆分布在沿线的 30 多个自然村镇里,这些村镇虽然规模很小,但是旅游的功能性极强,历史古迹、文化艺术、阳光沙滩、帆船码头、休闲高尔夫、自然风光、民俗风情、美食等旅游资源既能够使游人领略到自然风光、享受休闲度假,又能了解当地乃至整个法国的历史和文化。

② 优质的服务配套设施

"蔚蓝海岸"景观路沿途建有 18 个高尔夫球场、14 个游艇码头和 3 000 多个饭店。"蔚蓝海岸"每年停靠世界一半的豪华游艇编队,世界 90%的豪华游艇在服役过程中至少访问过其游艇码头一次;另外,别具特色的餐馆旅店令人赏心悦目,这就使"蔚蓝海岸"配套设施本身成为了一种景观。

③ 以庆典活动引导客流和业态集聚

法国"蔚蓝海岸"旅游度假区每年有许多旅游节庆活动,比如:金合欢花节、芒通的柠檬节、尼斯狂欢节、夏季的烟花燃放活动,为游客在蔚蓝海岸地区的逗留涂抹节日的色彩。夏纳国际电影节是系列知名的文化和艺术盛会的开场舞,还有从尼斯的爵士音乐节到瑞昂的爵士音乐节这些经典的节会活动。

(4)国外特色旅游带发展的经验启示

旅游业是驱动经济增长的重要引擎,是各国提升综合竞争力的核心产业。虽然国外特色旅游带与汉江特色旅游带的发展有内外条件和环境差别,但是,通过对世界上一些著名旅游带的研究对比发现,不同地区旅游带的发展规律上,既有各自的特殊性,也拥有许多共性。在汉江特色旅游带开发建设过程中,国外旅游带的不少普遍性经验值得借鉴。

1) 特色旅游带的有序发展离不开完善的公共服务配套设施

旅游配套服务设施建设是发展旅游产业的基础性工程,也是改善旅游流通能力的重要手段,是向外界展示旅游地旅游产业软环境的重要窗口,对旅游地旅游形象的生成与传播具有十分重要的作用。

要完善公共服务配套设施,一要建立完善的公共交通及配套设施,交通是实现旅游活动的必要手段,是旅游发展的命脉。以瑞士阿尔卑斯山地区为例,旅游巴士、山地列车和登山缆车等多样化的公共交通设施高效联动,深入每个旅游小镇、村落和滑雪度假区。四通八达的绿道小径体系配合便捷的问询、补给、营地等服务设施,令游客交通的经济性和安全性达到最优水平。此外,建设完善游客服务中心、旅游厕所、旅游标识系统、游客休息站、自驾车营地等旅游配套设施。完善旅游带内景观公路、加油站、汽车租赁服务、旅游服务中心等基础设施建设,促进旅游配套服务,如餐饮、住宿等产业化发展。二是科技驱动,大力建设智慧旅游系统。早在 2006 年,新加坡就推出了"智能城市 2015"计划,并于 2014 年升级为"智慧国家 2025",智慧旅游借此得到充分发展。其主要措施和推进项目有:借助生物身份识别技术的一站式注册服务、着眼于优化游客在新加坡旅行体验的智能化数字服务系统、几乎无处不在的免费无线网络服务以及可为游客及时推送各方面旅游信息并提供个性化行程定制的交互式智能手机应用程序等。

2) 进行统一规划、合理布局,突出主题

国外著名旅游带十分注重资源整合,突出主题概念。根据旅游带内不同地区的区位条件、产业基础和城镇结构等特征,进行统一规划、合理布局,完善不同区域发展的旅游化主题功能,定位培育功能互补、特色各异、层级不同的主题概念旅游区。同时,深入挖掘旅游带内各个区域的资源特色进行差异定位,实现错位发展。推动形成旅游产业带的整体网络效应,在开发上明确重点景区、景点,做到有主有次。

3) 提高旅游资源和产品的开发创新力度

旅游产业与其他产业融合发展是国外著名旅游带发展的一个明显特征。以旅游业为纽带,发展交叉融合的地方产业体系。例如,瑞士一方面利用地理优势大力发展高山旅游,通过旅游带动当地的消费集聚和置业;另一方面又大力促进旅游业与当地精细制造、生物医药、绿色健康食品等产业的融合发展。

通过旅游产业与文化互动融合发展,与文化娱乐、文艺演出、餐饮住宿、休闲度假等进行无缝对接,结合旅游文化活动化、文化体验化,延伸旅游产业链,丰富旅游业态,提高旅游产业的品质。例如巴黎的旅行社推出了各种以艺术、建筑等为主题的徒步之旅或以食在旅途为核心的美食之旅,供游客选择,设计、美食、体育等领域丰富的体验活动更是加深了游客对当地文化的理解与热爱。旅游与农业互动发展,产生一批乡村旅游产品,法国蔚蓝海岸大区拥有原汁原味的传统农渔产业,例如南欧渔港马赛、世界香水原料供应地格拉斯小镇、葡萄酒产区普罗旺斯等,这些特色农产门类与旅游业高度结合,既促进餐饮乃至度假经营,又以旅游业作为农产品展销平台,实现了产业叠加的增值效应。旅游与工业互动发展,形成一批烟草工业旅游等新业态。旅游与林业互动发展,助推一批森林公园、国家公园等生态旅游产品开发。

4)加强市场开发力度,提高旅游带知名度

国外著名旅游带的市场宣传方式多元化并注重创新,且有针对性,着力突破基于传统媒体的推广度。首先,整合资源,多元推广。把传统的营销方式与现代营销方式相结合,在应用广告、报纸、交易会等营销方式的同时,与在线营销及高铁时代所带来的高铁营销等手段相结合,并灵活运用节庆营销、创新节庆内涵,突出旅游带主题形象,使线上和线下有机结合。其次,深挖内涵,品牌营销。深度挖掘各地区的旅游文化内涵、走品牌化道路,塑造和传播品牌形象,通过整合当地资源促进整体性营销。再次,提炼主题,树立形象。旅游带宣传、推广的关键,就是要把各种要素资源通过多种方式作用于旅游者,并在旅游者心中形成独特旅游目的地形象。最后创新渠道、数字推广。建立旅游带数字旅游信息库和旅游信息数据中心,全面地收集、整理旅游带内各地区信息、旅游企业信息、旅游产品信息、旅游活动信息、旅游促销信息以及其他信息。在此基础上,针对旅游企业搭建旅游营销信息数据库,建立旅游带旅游推广数据库,为各类营销应用系统提供基础数据支持。

3.4.2 国内特色旅游带发展的经验借鉴

(1)长江国际黄金旅游带

长江国际黄金旅游带涵盖上海、江苏、浙江、安徽、江西、湖北、湖南、重庆、四川、云南、贵州 9 省 2 市范围,总面积约 205 万 km^2,占全国 21.35%。长江国际黄金旅游带地处地球北纬 30 度地区,是高品位的人类自然和文化遗产主要集中分布地。以长江和中国景观大道 318 国道为主线,沿线集聚了西湖、黄山、庐山、张家界、武陵源、峨眉山等一大批世界自然文化遗产,分布着青藏、云贵、巴蜀、荆湘、赣皖、吴越及沪上文化等特色地域文化区,发育形成了长三角、环鄱阳湖、长株潭、武汉、成渝、黔中、滇中等处于不同发展阶段,形态各异的城市群,这也使得长江国际黄金旅游带成为最能展示中国国家形象,感受中国发展活力的黄金旅游带。

长江国际黄金旅游带集中了我国东、中、西部地区旅游业最为发达的省份,它既是我国重要的国际旅游目的地,也是主要旅游客源发生地。一直以来,长江旅游在中国旅游业发展中地位举足轻重。2014年,区域旅游接待人次和旅游收入均超过全国40%。现阶段,长江国际黄金旅游带又成为中国旅游业改革发展的先行示范区、旅游业对外开放的前沿区。

1)发展模式

① "1廊、9区、5群、6轴"的空间布局

长江国际黄金旅游带建设以沿线国家级和区域性城市群为支撑,以长江流域综合性交通网络为依托,全面推进以"大山、大水、大文化、大乡村、大城市(群)"为核心的旅游目的地体系建设,形成"一廊东西牵引、九区纵深拓展、五群互动支撑、六轴南北延伸"的空间格局,形成流域一体、江海联动、江河联动、水陆联动、跨国联动的整体推进大格局。

② 跨区域旅游合作

长江国际黄金旅游带存在很多跨区域旅游资源,如武陵山脉、罗霄山脉、乌蒙山脉、大别山脉等,这些地区资源品位高、生态环境好,由于离核心城市远,其开发程度较低,同时又大多是老少边穷地区。这些地区既具有旅游开发潜力、又是新常态下加快脱贫、全面小康的主战场,统筹这些地区的旅游发展,一是可以将旅游系统要素在地区之间进行重新配置、整合与优化,形成规模更大、结构更佳、品牌更高的旅游目的地;二是会避免省际同质化竞争、旅游壁垒等消极影响。

主要考虑到国家战略、地区典型性和类型差异三个方面,并适度考虑区域均衡,在选取跨区域旅游目的中筛选出长三角城市群旅游区、古徽州文化旅游区、大别山红色旅游区、三峡山水画廊旅游区、武陵山生态文化旅游区、罗霄山红色文化旅游区、乌蒙山民族文化旅游区、香格里拉生态旅游区、大湄公河旅游区等九个片区,针对其区域的具体条件提出发展方向和发展重点。

③ 特色旅游目的地建设

以"特色化、品牌化、国际化、系列化"为目标,构建"中国国际旅游目的地"体

系。重点打造九个古镇特色旅游目的地,整合提升三大红色旅游目的地,建设十一个特色城市旅游目的地,建设培育四个乡村旅游目的地,建设五个避暑旅游目的地,扩展提升八个宗教旅游目的地,建设四个森林特色旅游目的地,培育五个湖泊旅游目的地,建设四个温泉特色旅游目的地,全面提升六个山地旅游目的地。

④ 重点旅游线路规划

依托长江经济带地处北纬 30 度带的优质生态,横跨中国地形 3 大阶梯的多样地质地貌景观、52 个民族的多彩文化和 5 大城市群的发展基础,打造 4 条全流域旅游线路和 8 条主题旅游线路,内部贯通长江南北两岸、上中下游和东中西部旅游区,外部对接南亚、东盟、"丝绸之路"和"21 世纪海上丝绸之路"4 大旅游带。

2)成功经验

① 构筑旅游交通大通道,打造旅游集散体系,完善旅游交通大网络

根据国家区域发展总体战略规划及长江经济带等战略部署,结合《长江经济带综合立体交通走廊规划(2014—2020 年)》《国务院关于依托黄金水道推动长江经济带发展的指导意见》《国家新型城镇化规划(2014—2020 年)》《全国主体功能区规划》,推进跨省市水路、公路、铁路、航空等重大基础设施建设,加强交通基础设施建设对接,实现各种旅游交通方式的有效衔接和联合运营,系统化构筑互联互通的旅游交通体系。积极对接环渤海、北部湾、海峡西岸、东盟等地,构筑南连"一带"、北接"一路"的区域性交通纽带。

形成以交通大通道为重点,以交通大枢纽为中心,以交通大网络为支撑的旅游交通体系。以高等级航道、铁路、公路为骨架,加快推进重点旅游线路建设,提升交通干线的畅达性,网络化构筑快进慢游的旅游交通"网—核"。提升旅游交通供给能力和辐射功能,统筹长江上、中、下游三大区域协调发展,促进基础公共设施均等化和标准化,加强区域性客源互送,推进以城市群为主体的客源地、跨区域旅游合作区、特色旅游目的地、重点旅游线路等为核心的旅游综合交通一体化进程。

② 品牌建设与国家营销

立足长江国际黄金旅游带具有世界代表性的山水人文景观、多彩民族风情与厚重历史文化,突出长江流域整体的地脉与文脉特征,打造"长江旅游"目的地总体品牌,塑造成为长江国际黄金旅游带统领品牌。以"长江旅游"主题为统领,打造 9 大跨区域旅游目的地品牌,8 条主题旅游线路品牌,11 个特色旅游城市品牌和一批旅游企业品牌、节庆品牌和商品品牌,推动长江旅游品牌体系化。

在"长江旅游"总体品牌统领下,立足长江旅游品牌体系,坚持特色化、精准化、国际化、体系化的原则,全面开展长江国际黄金旅游带市场营销和推广工作,重点实施6大国家营销工程。包括:国家营销保障工程、目的地营销平台建设工程、媒介推广工程、长江旅游文化年工程、长江国际黄金旅游带节庆营销工程、国际合作营销工程。

③ 文旅融合

文化是旅游的灵魂。四川省积极推动长江国际黄金旅游带"旅游＋文化"融合发展,打造富有特色的文化旅游景区、创意园区、文旅综合体,实施四川历史名人文化传承创新工程,打造寓教于乐的红色旅游产品。安徽省依托厚重的皖江文化、优美自然风光,串联城镇、乡村和优势旅游要素,持续打造欢乐皖江、诗仙李白寻踪游、渡江战役遗址公园之旅等精品旅游线路,连点成线、带动一片,既促进了线路沿线生态环境改善,又促进了优秀文化保护、展示与传承。重庆市万州区挖掘长江两岸丰富的巴渝文化、三峡文化、移民文化、抗战文化,植入文化元素,丰富景区景点文化内涵,不断丰富旅游业态,促进文旅融合发展。

(2)西江沿江特色旅游带

1)发展模式

西江沿江特色旅游带贯穿广西大部分地市,东接广东、香港、澳门,西连大西南,南临北部湾,北接湖南、贵州两地,面朝东南亚,具有良好的地理区位条件。

① "一轴五带九区五城"的旅游空间格局

一轴:以西江、浔江、郁江、邕江、右江等西江水系主干道和广昆高速公路(百色至梧州段)为纽带,发挥南宁、梧州、百色等旅游集散城市旅游辐射功能,将百色至梧州打造成为西江旅游发展的主要集散通道,承载西江重要的旅游交通、旅游组织、旅游集散等功能,将"一轴"打造成为对接广东、大西南和东盟等重要市场的旅游大通道。

五大精品沿江旅游带:以左江(崇左—龙州—宁明)、红水河(东兰—巴马—大化—都安—马山—忻城)、黔江大藤峡(武宣—桂平)、桂江(阳朔—平乐—昭平)、浔江(梧州—藤县)为重点,打造"左江边关风情沿江旅游带""红水河长寿养生沿江旅游带""黔江峡谷风光沿江旅游带""桂江山水生态沿江旅游带""浔江岭南风情沿江旅游带"五条沿江特色旅游带,形成西江水陆联动发展的精品沿江旅游带。

九大沿江旅游区:重点建设南宁百里邕江沿江旅游区、柳州百里柳江沿江旅游区、百色右江都市沿江旅游区、梧州鸳鸯江沿江旅游区、来宾蓬莱洲沿江旅游区、天峨红水河沿江旅游区、横县西津湖沿江旅游区、扬美古镇—美丽南方沿江旅游区、玉林北流河沿江旅游区,推进九大沿江旅游区开发。

五大旅游节点城市:以西江沿江重点城市为依托,建设西江五大旅游节点城市,包括南宁、梧州、柳州、百色、贵港,打造成为西江沿江特色旅游带重要的旅游集散城市。

② 旅游配套设施和公共服务体系建设

围绕"一轴五带九区五城"的空间布局,推进旅游交通网络和旅游交通服务设施的建设,形成快速便捷的旅游交通体系。完善西江旅游公共服务体系,提升旅游服务水平。配套建设西江沿江旅游带旅游道路、旅游码头、旅游驿站、汽车旅游营地,加强水上旅游航线、重点旅游景区景点与陆上交通干线的连接,形成沿江旅游带(区)便捷的旅游交通网络。以水陆结合为原则,构建以机场、高速公路、高速铁路、西江航道以及(市)县级高等级公路为骨架的水陆空对外交通网络,形成四通八达的对外旅游线。重点建设旅游集散中心、旅游驿站、旅游交通标识等旅游交通服务设施。

2)成功经验

① 市场宣传推广与品牌打造

打造"绿色西江、风情西江"两大旅游品牌,通过品牌推广和重点客源市场营销迅速提高西江旅游知名度,提升旅游市场竞争力,推进旅游市场深度开发。

根据西江旅游资源特色,综合对西江的地脉、文脉、经脉、媒体关注度和市场感应分析,打造"绿色西江、风情西江"两大旅游品牌,根据不同的主题策划旅游项目,加强旅游品牌的建设,提升旅游品牌的形象力、竞争力、文化力、亲和力和吸引力。

品牌开发"绿色西江"旅游品牌:坚持低碳绿色原则,加强西江沿岸岸线的保护,通过沿岸植树造林,丰富沿岸景观层次,营造生态优美的岸线景观。全面推进资源保护型旅游开发方式、资源节约型旅游经营方式和环境友好型旅游消费方式,依托西江良好的生态环境,营造沿江生态景观带,大力推进一批生态旅游景区建设,发展生态旅游,构建绿色、低碳的旅游服务体系,打造西江生态旅游风景道。在保护生态环境的前提下,适度开发山水观光、休闲度假、健康养生等系列旅游产品,完善水上和陆地基础设施和旅游公共服务设施,形成水陆联动开发模式。加强西江绿色旅游宣传,提升"绿色西江"知名度,使之成为中国江河生态旅游开发的典范。

"风情西江"旅游品牌：按照规模化、品牌化的要求，以独特的西江文化、浓郁的民族风情、厚重的历史人文、滨江的城市民俗为依托，推进建设一批文化旅游景区和项目，挖掘旅游景区的文化内涵，开发宗教历史文化、民族风情、红色旅游、长寿养生等文化旅游产品，打造宁明花山民族文化、边关探秘文化、长寿养生文化、左右江红色文化等旅游品牌。

根据西江资源特色，针对目标旅游市场，提出以下宣传口号："山水画廊、风情西江""畅游西江——走进山水画卷""山水天成，魅力西江""相约西江——与山水同醉"等，并通过整合推广、媒体推广、人员推广等进行品牌推广。

② 旅游信息服务

旅游互联网基础设施建设，以物联网、现代通信技术为基础，推动建立大数据信息平台。建设智慧江河旅游示范基地，构建旅游咨询服务网络，完善旅游咨询服务网络，以沿江城市为重点，构建以市级旅游咨询中心、县级旅游咨询中心和旅游咨询服务点三个层次的旅游咨询体系，形成布局合理、数量充足、功能齐备的旅游信息咨询服务网络。

旅游相关信息互动终端建设，在旅游集散中心、车站、码头、宾馆饭店、景区景点、旅游购物店等主要旅游场所提供 PC、平板、触控屏幕、SOS 电话等旅游信息互动终端，使旅游者更方便地接入和使用互联网信息服务和在线互动。

以南宁、柳州、梧州、百色、贵港五大西江节点城市为试点，推动信息技术在旅游消费、旅游生产经营过程、旅游服务管理过程的应用。加强旅游服务机构与大型互联网企业的合作，鼓励西江沿江城市和旅游企业通过综合性门户网站、网络论坛、博客、微博、定位服务、社会性网络服务等互联网应用模式开展旅游宣传和营销活动。重点发展智能终端技术在数字化导览、电子地图、定位识别、移动支付、多点通信等领域的应用，物联网技术在电子票证、旅游一卡通、景区资源管理等领域中的应用。

（3）江苏环太湖旅游带

"江苏环太湖旅游带"指江苏境内的太湖旅游区，辖有苏州、无锡、常州三市，均为省重点旅游城市，历史悠久，文化发达，自古就是我国知名的旅游胜地。目前三市拥有国家级太湖风景名胜区的全部 13 个景区，苏州枫桥、虎丘山，常熟虞山和茅山 4 个省级风景区及苏州西山、宜兴国家森林公园等 7 个国家级公园。国家级、省级和市级文物保护单位 163 个,6 个国家级和省级旅游度假区,12 个中国旅游国线景点和"江南水线游"国家级专项旅游线路。

(4) 国内特色旅游带发展的经验启示

1) 重视文化和旅游合作[32]

旅游带空间跨度大,涉及省份多,社会经济和旅游业发展不平衡,加强区域旅游合作发展尤为重要。文化和旅游交流合作可以为旅游带建设提供源源不断的新动力,可借此加强多区域文化旅游合作,扩大文化旅游交往规模,创新推出文化旅游产品,有力地促进了政策沟通、设施联通、贸易畅通和资金融通,为特色旅游带的建设注入新的活力。

2) 交通旅游融合发展[33,34]

旅游交通规划是旅游交通业协调、有序发展的基本保障。交通行业本身不仅是旅游的工具,也正在成为重要的旅游资源和旅游方式。先进的交通工具,不仅是构成现代旅游的第二场地,也是增强旅游吸引促进旅游发展的重要因素。交通与旅游捆绑促进了旅游招商,打消了投资者对旅游开发基础设施方面的顾虑;拓展了旅游服务功能,依托服务区,建设旅游和农特产品展示馆等,对旅游景点景区进行推介;加快了文化资源挖掘力度,旅游文化资源,因交通条件的改善得以挖掘、整合。

3) 智慧化服务

通过智慧化服务平台,不仅可以服务游客,更提升相关部门、景区等的运营效率。可以通过景区视频监控系统和售检票系统实时掌握景区在园人数和各类突发情况。通过电话呼叫系统及信息咨询系统了解游客需求、满意度、意见建议等,倒逼景区提档升级。通过电子商务系统了解各个商家的经营情况和产品的市场认知度。通过电子票务系统、携程等主流 OTA 平台的售票数据、网站及微信端的售票数据、线下售票数据、旅行社管理系统等进行客源市场统计分析,为政府决策提供数据基础。以智慧旅游推动特色旅游带发展,是"旅游+"战略的重要突破,是旅游服务提档升级的应有之意,是特色旅游带建设的创新之举。

3.5　河长制信息化建设规划案例经验借鉴

(1) 水利信息化可以提高信息采集、传输的时效性和自动化水平,是水利现代化的基础和重要标志。为适应国家信息化建设、信息技术发展趋势、流域和区域管理的要求,大力推进水利信息化的进程,全面提高水利工作科技含量,是保障水利与国民经济发展相适应的必然选择。水利信息化的目的是提高水利为国民经济和社会发展提供服务的水平与能力。《2019—2025年中国水利信息化市场现状全面调研与发展趋势分析报告》是在大量的市场调研基础上,主要依据国家统计局、商务部、发改委、国务院发展研究中心、水利信息化相关行业协会、国内外水利信息化相关刊物的基础信息以及水利信息化行业研究单位提供的翔实资料,结合深入的市场调研资料,立足于当前中国宏观经济、政策、主要行业对水利信息化行业的影响,重点探讨了水利信息化行业整体及水利信息化相关子行业的运行情况,并对未来水利信息化行业的发展趋势和前景进行分析和预测。该报告以严谨的内容、翔实的分析、权威的数据、直观的图表,帮助水利行业企事业单位准确把握行业发展动向、正确制定企业竞争战略和投资策略。

(2)早在2003年,由水利部信息化工作领导小组办公室组织,水利部水利信息中心、北京金水信息技术有限公司、河海大学联合编制的《全国水利信息化规划》(即"金水工程"规划)由水利部正式颁布。其中提及水利信息化是国家以信息化改造和提升传统产业思路在水利行业具体体现,是促进水利现代化的重要措施之一,水利信息化的核心是为实现水利现代化、全面建设小康社会提供支撑。该规划重点建立和完善水利信息化综合体系,基本完成重点工程建设,部署其他业务应用,有效解决信息资源不足和资源共享困难问题。同时,以重点应用工程建设为基础,初步构建水利信息化综合体系。该规划也明确提出了国家水利数据中心、国家防汛抗旱指挥系统、水资源管理决策支持系统、水土保持监测与管理信息系统、水质监测与评价信息系统、水利行政资源管理系统的建设内容及其体系的支撑作用。

(3)石泉县河长制信息化建设规划根据《全国水利信息化规划》《2019—2025年中国水利信息化市场现状全面调研与发展趋势分析报告》等资料,结合石泉县水利信息化建设现状,详细分析了石泉县河长制信息化建设存在的共性及特性问题,以需求为导向,以创新为动力,以应用促发展,坚持统筹规划,统一技术标准,强化资源整合,促进信息共享,完善体制机制,保障良性管理,全面提升石泉县河长制信息化水平。

第四章 | 石泉县农村污水治理措施及保障

党的十九大提出了"实施乡村振兴战略""改善农村人居环境三年行动"等一系列宏伟蓝图。农民生活水平稳步提高,农村面貌日新月异。现代化村庄与传统村落并存,常用的城镇污水收集处理模式难以完全适应村庄排水,经常出现水量与负荷平日不足和节日式脉冲,运行不稳定的现象。同时,农村生活污水处理设施还存在只建不管、建而不运的现象,极可能带来河湖污染风险,还会导致病菌粪口传播危害公共卫生安全。石泉县的村庄布局和农民生活方式发生了巨大变化,随之而来的生活污水充分收集与有效处理问题也迫在眉睫。

4.1 石泉县农村污水治理现状与问题分析

4.1.1 农村污水排放现状

农村污水主要包括生产废水和生活污水。农村生产废水,包括畜禽养殖业、水产养殖业、农产品加工等小作坊加工产生的高浓度有机废水。农村生活污水主要包括:(1)厨房用水。多为洗锅碗水、淘米水、洗菜水等,含有米糠、菜屑等有机物以及油脂、醋酸等。(2)洗涤用水。含有大量洗涤剂等化学成分,尤其是磷污染的问题。(3)冲厕废水。在冲水厕所普及地区,会产生大量的"黑水",而仍使用旱厕的村镇,冲厕废水产量较少。此外,一些农户饲养家禽,也会产生混有牲畜粪便的污水。冲厕废水中 N 元素、P 元素、BOD(生化需氧量)等浓度很高。与城市生活污染以及工业点源污染相比,农村污水污染面广且分散、难以收集,同时污水处理设施缺乏、污水处理率低[35]。

总体而言,石泉县农村污水水质比较稳定,主要含纤维素、淀粉、糖类、脂肪、蛋白质等有机类物质,还含有氮、磷等无机盐类,一般不含有毒物质,污水中常含有合成洗涤剂以及细菌、病毒、寄生虫卵等,水量则因地区性差异而不同。石泉县居民的生活方式和城镇居民相似,排放的污水大部分为厨房污水和洗衣废水。但由于污水处理设施匮乏、运维管理不善、村民环保意识薄弱等原因,部分污水未经处理直接排入地表水体,加剧了农村地区水体污染,村民健康和生态环境受到极大威胁,已成为当地农村环境污染的主要方面。

4.1.2 农村污水治理现状

目前,石泉县已建成污水处理厂(站)16座,总设计污水处理能力为 27 630 t/d。其中,设计规模小于 1 000 m³/d 的生活污水处理设施有 12 座,其余四座污水处理厂包括石泉县污水处理厂(20 000 m³/d)、石泉县池河镇污水处理厂(2 000 m³/d)、石泉县后柳镇污水处理厂(1 500 m³/d)和石泉县江南污水处理厂(3 000 m³/d)日污水处理量均超过了 1 000 m³/d。石泉县集中式污染治理设施分布情况见图 4-1。

近年来,石泉县农村污水治理工作也在逐步推进,共建成 10 座农村污水处理站,污水处理主要工艺是"厌氧+人工湿地"和"A^2/O+人工湿地"。石泉县农村环境综合整治项目污水处理站统计表如表 4-1 所示。

表 4-1　石泉县农村环境综合整治项目污水处理站统计表

站名	规模	工艺	建成时间
光明村污水处理站	50 m³/d	厌氧+人工湿地	2016.10
兴坪村污水处理站	90 m³/d	A^2/O+人工湿地	2017.12
共和村污水处理站	30 m³/d	厌氧+人工湿地	2017.12
黄荆坝污水处理站	80 m³/d	厌氧+人工湿地	2017.12
双桥村污水处理站	50 m³/d	厌氧+人工湿地	2017.12
良田村污水处理站	50 m³/d	厌氧+人工湿地	2016.10
中坝村污水处理站	150 m³/d	A^2/O+人工湿地	2016.10
麦坪村污水处理站	30 m³/d	厌氧+人工湿地	2017.12
新喜村污水处理站	60 m³/d	A^2/O+人工湿地	2017.12
晨光村污水处理站	90 m³/d	A^2/O+人工湿地	2017.12

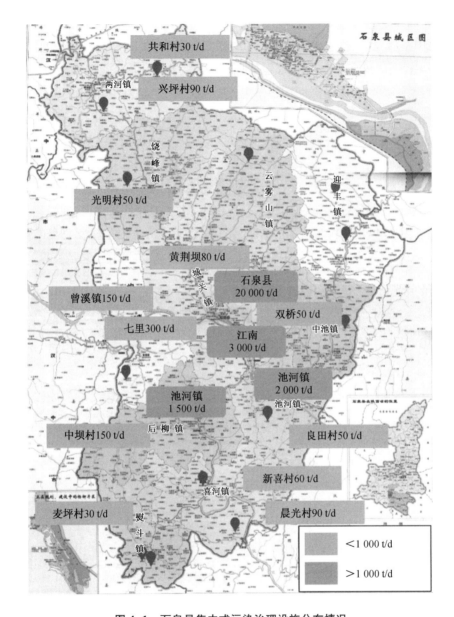

图 4-1　石泉县集中式污染治理设施分布情况

（1）厌氧＋人工湿地处理工艺

"厌氧＋人工湿地"处理工艺是农村生活污水处理工程常见的污水处理手段之一。

在厌氧处理过程中，废水中的有机物经大量微生物的共同作用，被最终转化为甲烷、二氧化碳、水、硫化氢和氨等。经过厌氧生物处理的污水再流入人工湿地,利用湿地中基质、水生植物和微生物之间的相互作用,通过一系列物理的、化学的以及生物的途径净化污水,其作用机理包括吸附、过滤、氧化还原、沉淀、微生物分解及转化、植物养分吸收,以及各类动物的作用。生物厌氧技术无需搅拌和供氧,动力消耗少,且能产生大量含甲烷的沼气,含甲烷的沼气是很好的能源物质,可用于发电和家庭燃气。而人工湿地是一种低投资、低能耗、低处理成本的废水生态处理技术,并具有较好的氮磷去除功能[36]。其中,饶峰镇光明村污水处理站即采用此工艺。

饶峰镇光明村污水处理站 2016 年 9 月建成,见图 4-2,由饶峰镇人民政府实施,投资 100 万元,占地 860 m²,污水站厌氧池、渗滤池见图 4-3,光明村污水站人工湿地见图 4-4,光明村污水站出水图见图 4-5,设计污水处理规模 50 m³/d,其出水标准为《城镇污水处理厂污染物排放标准》(一级 B 标准),其工艺流程见图 4-6。

图 4-2 光明村污水处理站

图 4-3 光明村污水站厌氧池、渗滤池

图 4-4 光明村污水站人工湿地

图 4-5 光明村污水站出水

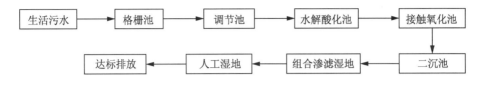

图4-6 光明村污水站污水处理工艺流程图

（2）A^2/O＋人工湿地

"A^2/O＋人工湿地"处理工艺也是农村生活污水处理工程常见的污水处理手段之一。

A^2/O工艺利用不同需氧类型的微生物进行污水脱氮除磷，该工艺的除磷过程，依靠聚磷菌在厌氧状态充分释磷，在好氧状态过分吸磷，并将吸收的磷以剩余污泥的形式排出系统。该工艺的脱氮过程，依靠脱氮细菌，在缺氧状态下，利用水中BOD_5作为氢供给体（有机碳源），将好氧池混合液中的硝酸盐及亚硝酸盐还原为N_2。A^2/O工艺厌氧/缺氧/好氧交替运行，有利于抑制丝状菌增殖，无污泥膨胀现象，无需投加化学药剂，运行费用相对较低。在其后接低投资、低能耗、低处理成本的人工湿地生态处理技术，进一步净化水质。后柳镇中坝村污水处理站即采用此工艺。

中坝村污水处理站是后柳镇人民政府于2016年9月组织实施的污水处理工程建设项目（见图4-7），场站占地760 m^2，投资270万元。污水站调节池见图4-8，污水站组合渗滤湿地见图4-9，污水站人工湿地见图4-10，设计污水处理规模150 m^3/d，出水标准采用《城镇污水处理厂污染物排放标准》一级B标准，其工艺流程见图4-11。

图4-7 中坝村污水处理站

图4-8 中坝村污水站调节池

图 4-9　中坝村污水站组合渗滤湿地

图 4-10　中坝村污水站人工湿地

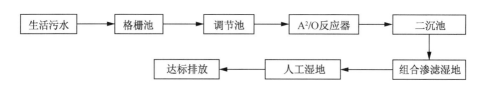

图 4-11　中坝村污水站污水处理工艺流程图

4.1.3　农村污水治理存在问题及分析

通过现场实地踏勘及与相关工作人员、当地村民座谈,目前石泉县农村经过统一规划、新建整治,一些村容村貌大大改善,但有部分人未充分意识到水环境的重要性,农村污水处理仍存在缺乏技术资金保障、配套设施不完善等问题。

（1）水环境保护意识不够

长久以来,全社会把工作的重点放在促进经济发展上,增产增收是农民唯一关心的事情,环境的承受能力却无人问津。农民为提高粮食产量,滥用化肥农药,养殖场将大量动物粪便随意倾倒入河流。短短几十年,农村水环境不堪重负,河流、水塘水质变黑变臭,鱼虾死绝,蚊虫大量滋生,疾病肆虐。即使到了如此地步,农民的环保意识依然淡薄,不愿改变长期以来养成的不良生产生活方式和习惯;对建设污水处理设施、接入污水管网占地持抵触情绪。部分基层干部认为农村几千年都是这样,污水无需治理。

（2）建设资金紧张、缺口较大

农村污水处理设施建设与运营管理维护缺乏可靠的资金来源,这是阻碍农村水污染治理的一大难题。农村人口居住分散,建设污水收集设施,管网敷设等需要大量资金;居民家中多为旱厕,洗浴、洗涤和厨余污水均随意泼洒或排放,管网接入千家万户,首先要改变农民的生活习惯,改造厕所排水设施,需要的大量资金增加农民负担,引起农民抵触情绪。污水处理设施管理运营成本多数需要基层政府自行解决,这对经济发展水平较低的农村而言,财政包袱比较重。

(3) 设计未完全透明、淡化内容

虽然农村污水处理设施的建设都是通过专业的设计单位设计,但目前国家还没有出台针对农村地区污水处理工程的设计和施工相关规范,工程设计和施工往往只能参照其它相关规范进行。同时,由于受工程总承包等相关利益的驱使或对知识产权的保护等影响,或因农村污水处理设施单个项目投资额小,设计收费较低等原因,设计单位在方案中对一些须具体明确化的设计内容往往加以淡化或模糊化,这使得设计单位的设计文件内容深度不足,比如涉及到人工湿地(生态绿地)等工程时,对水力负荷的论证、湿地管道的铺设、管道布水孔的设置,湿地填料的优化级配、填料的孔隙度、填料的具体要求,湿地植物的选配、种植密度、种植面积等往往没有给出明确的规定,这对后期的工程监管、工程施工、工程审计等留有较大的疏漏隐患。

(4) 污水收集难度大、管网欠缺

污水收集上存在的问题是大多数农村污水处理设施存在的共性问题。由于农村居民居住相对较分散,且地势高低不平,污水难以通过自流进入污水处理设施,管网施工难度非常大。同时,由于缺乏系统规划及农村集体经济薄弱等原因,绝大多数村庄没有完善的污水管网。已建的农村污水处理设施由于管网不够完善,收集范围小,户接入面窄,导致污水收集率低。

(5) 工程运行管理欠缺、缺乏机制

虽然农村生活污水处理设施的建设大都选用运行费用低廉、管理维护简单等技术,但并不是指所有污水处理设施不需要运行维护管理。部分农村污水处理设施的运行管理也反映出了诸多问题:有的体现在格栅前垃圾大量淤积、厌氧池内淤泥淤积严重,未能及时清掏;有的体现在电器、控制设备等损坏后未及时维修,有的体现在湿地(生态绿地)上杂草丛生或湿地植物寥寥无几,无法发挥湿地植物应有的处理效果,且严重影响了湿地所具备的景观效应;有的体现在由于运行维护不当,污水处理设施进、出水不畅,存在堵塞的现象;有的体现在工程建设时管理部门多头管理,管理权限交叉,职责不明,工程竣工后则无管理机构和人员。

专职的管理人员缺乏,甚至无管理人员。即使有专人管理但主要以兼职管理为主,受管理人员其他工作的限制,未有足够的时间和精力投入到污水处理设施的管理上,使得出现问题无法及时解决,影响处理设施的正常运行,管理人员缺乏专业技术知识,大都未经过相关的专业技术指导或培训。同时,设计单位未在设计方案中指明具体的管理内容、管理范围和管理方法,无法对其所负责的污水处理设施进行正常维护和有效管理,缺乏完善的长效管理机制。管理部门多头管理,比如涉及包括农办、环保、水办等部门,工程设计、施工、验收整个环节缺乏专门的管理部门和系统的管理程序,治理资金分散,工程运行维护和管理出现空位。

4.2 石泉县农村污水治理总体目标

4.2.1 农村污水治理指导思想

全面贯彻党的十八大、十九大决策部署,认真落实习近平总书记系列重要讲话精神,紧紧围绕2019年中央1号文件"全面推开以农村垃圾污水治理、厕所革命和村容村貌提升为重点的农村人居环境整治"指导思想,根据"十三五"规划提出的"围绕城乡发展一体化,深入推进新农村建设"目标任务,高标准、严要求、硬措施大力推进生态文明建设,以持续提升农村人居环境、建设美丽宜居乡村为目标,以村庄环境改善提升行动为抓手,按照《中华人民共和国水污染防治法》要求,在住房城乡建设部等部门的指导和支持下,加大全县农村污水治理支持,巩固县内农村污水处理设施建设成果,进一步加强对农村污水处理设施的建设及长效管理,确保所有已建设施的完整和运行正常,为建设美丽新农村提供有力保障。

4.2.2 农村污水治理目标

以"效果好、成本低、维护少、生态效益高"为导向,构建石泉县农村生活污水处理工艺技术体系;以"融"为农村生活污水设计的核心内容,因地制宜设计污水处理系统,力求融入当地人文景观和环境;以"建管并举、重在管理"为导向,构建农村生活污水远程控制运行监管平台,使石泉县农村污水治理得到有效推进,实现撤并乡镇集镇区所在地村庄、国家及省重点流域一级保护区与饮用水水源地一级保护区内规划发展村庄生活污水治理全覆盖,规划发展村庄生活污水治理覆盖率达90％以上,一般村庄生活污水治理覆盖率达85％以上。进一步完善石泉县农村污水治理工作,建立健全长效管理机制,保证处理设施正常运行,出水达标,周围水环境明显改善。

4.2.3 农村污水治理出水排放标准

为贯彻《中华人民共和国环境保护法》《中华人民共和国水污染防治法》《陕西省汉江丹江流域水污染防治条例》《陕西省渭河流域水污染防治条例》《黄河流域(陕西段)污水综合排放标准》等法律法规,改善农村水环境质量,保障人体健康,维护生态平衡,结合陕西省实际情况,制定《农村生活污水处理设施水污染物排放标准》(陕环科技函〔2018〕49号),见表4-2。

表4-2 污染物允许排放限值

《农村生活污水处理设施水污染物排放标准》陕环科技函〔2018〕49号) 单位:mg/L

序号	污染物或项目名称	一级标准	二级标准
1	pH值(无量纲)	6～9	
2	化学需氧量(COD)	60	100
3	五日生化需氧量(BOD$_5$)	20	30
4	悬浮物(SS)	20	30
5	总磷(以P计)	2	3
6	总氮(以N计)	20	—
7	氨氮(以N计)	8(15)	25(30)
8	阴离子表面活性剂	1	2
9	粪大肠菌群数(个/L)	10^4	10^4
10	动植物油	3	5

注1:括号外的数值为水温＞12℃的控制指标,括号内的数值为水温＜12℃的控制指标。
注2:动植物油仅针对含农家乐污水的处理设施执行。

上述标准规定了陕西省农村生活污水处理设施的水污染物排放限值和监测要

求,以及标准的实施与监督等相关规定。

通过将此标准与目前常用的《城镇污水处理厂污染物排放标准》加以对比,可以看出两者之间的明显不同,如表4-3所示。

表4-3 基本控制项目最高允许排放浓度(日均值)

《城镇污水处理厂污染物排放标准》(GB 18918—2002)) 单位:mg/L

序号	基本控制项目		一级标准		二级标准	三级标准
			A 标准	B 标准		
1	化学需氧量(COD)		50	60	100	120[①]
2	五日生化需氧量(BOD$_5$)		10	20	30	60[①]
3	悬浮物(SS)		10	20	30	50
4	动植物油		1	3	5	20
5	石油类		1	3	5	15
6	阴离子表面活性剂		0.5	1	2	5
7	总氮(以 N 计)		15	20	—	—
8	氨氮(以 N 计)[②]		5(8)	8(15)	25(30)	—
9	总磷 (以 P 计)	2005 年 12 月 31 日前建设的	1	1.5	3	5
		2006 年 1 月 1 日起建设的	0.5	1	3	5
10	色度(稀释倍数)		30	30	40	50
11	pH		6~9			
12	粪大肠菌群数(个/L)		10^3	10^4	10^4	

注:①下列情况下按去除率指标执行:当进水 COD 大于 350 mg/L 时,去除率应大于 60%;
BOD 大于 160 mg/L 时,去除率应大于 50%。
② 括号外的数值为水温>12℃的控制指标,括号内的数值为水温<12℃的控制指标。

由上表可见,《农村生活污水处理设施水污染物排放标准》只有一级标准和二级标准,对每级标准并没有进行再细化的分类。其一级标准的生化需氧量(COD)、五日生化需氧量(BOD)、悬浮物(SS)、氨氮(以 N 计)以及总氮(以 N 计)指标均与《城镇污水处理厂污染物排放标准》(GB 18918—2002)中的一级 B 标相同。其中变化最大的指标是总磷(TP),其一级标准限制远远大于国标的一级标准,甚至大于国标一级 A 标。由此可见,陕西省地方对于农村生活污水的排放指标放宽了限制。

4.3 石泉县农村污水处理适宜处理技术

污水处理技术工艺根据污水处理方式的选择可以分为"A²/O＋人工湿地"工艺、"滴滤池＋人工湿地"工艺、"一体化化粪池＋微型人工湿地"工艺和"隔油池＋小型人工湿地"工艺,采用远程智能化控制系统构建运维平台,构建"建得好、用得好和管得好"新型农村污水治理技术体系。

4.3.1 A²/O＋人工湿地组合工艺

"A²/O＋人工湿地"组合工艺是目前农村污水处理工程常见的污水处理手段之一。适用于石泉县相对集中的村落,同时可对水源地附近村庄污水进行处理,可达到《城镇污水处理厂污染物排放标准》(一级 A 标准)。A²/O 工艺利用不同需氧类型的微生物进行污水脱氮除磷,该工艺的除磷过程,依靠聚磷菌在厌氧状态充分释磷,在好氧状态过分吸磷,并将吸收的磷以剩余污泥的形式排出系统。该工艺的脱氮过程,依靠脱氮细菌,在缺氧状态下,利用水中 BOD_5 作为氢供给体(有机碳源),将好氧池混合液中的硝酸盐及亚硝酸盐还原为 N_2。A²/O 工艺厌氧/缺氧/好氧交替运行,有利于抑制丝状菌增殖,无污泥膨胀现象,无需投加化学药剂,运行费用相对较低。人工湿地是由人工建造和控制运行的与沼泽地类似的地面,主要利用土壤、人工介质、植物、微生物的物理、化学、生物三重协同作用,对污水进行处理的一种技术。其作用机理包括吸附、过滤、氧化还原、沉淀、微生物分解、转化、植物养分吸收以及各类动物的作用。A²/O 工艺与人工湿地工艺组合,可实现 $10\sim500\ m^3/d$ 的水处理规模,并可实现农村污水的达标处理,应用范围较广,其污水收集处理流程见图 4-12、图 4-13。

4.3.2 滴滤池＋人工湿地组合工艺

"滴滤池＋人工湿地"组合工艺适用于石泉县分散村落。滴滤池是生物湿地的最初形式,填充塔中充满滤料,并且滤料中充满空气,污水均匀地喷洒到滤料上,通过滤料上附着的微生物进行去除。滴滤池主要包含滤料床层、构筑物、布水(或注水)系统、集水系统、通风系统五部分。通过生物滴滤池微生物作用,将高分子有机

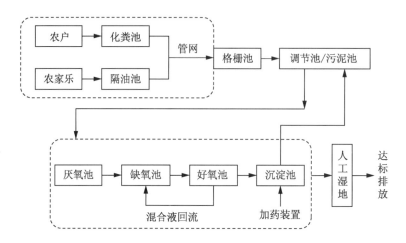

图 4-12 A²/O＋人工湿地组合工艺污水收集处理流程示意图

图 4-13 A²/O＋人工湿地组合工艺污水收集处理流程效果图

物降解为小分子有机物及无机物,再通过人工湿地的土壤滞留、过滤,土壤微生物的分解、转化,植物的吸收、吸附等过程进一步净化。在采用滴滤池工艺处理农村污水时应注意:保证滴滤池系统均匀布水,使滤料润湿均匀,能获得良好的生物膜结构,提高处理效果;滴滤池采用自然通风,供氧无需能耗,但在季节变化时需考虑温差对滴滤池通风效果的影响;滴滤池运行时,需要考虑温度的影响,特别是在冬季应加强保温措施。由于滴滤池不能彻底去除营养物质,脱落的生物膜会随出水带出,不能直接排放,需后续处理。将滴滤池出水经人工湿地系统处理,不仅能去除有机物、SS,还能去除 N、P 营养素,经济可行。滴滤池与人工湿地相结合,投资低、能耗少、运行成本低、管理简单。同时考虑了资源化处理,适合农村地区的实际情况,利于在农村推广[37]。滴滤池＋人工湿地组合工艺污水收集处理流程示意分别见图 4-14、图 4-15。

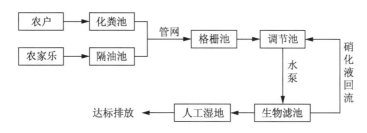

图 4-14　滴滤池＋人工湿地组合工艺污水收集处理流程示意图

图 4-15　滴滤池＋人工湿地组合工艺污水处理示意图

4.3.3　一体化化粪池＋微型人工湿地组合工艺

"一体化化粪池＋微型人工湿地"组合工艺适用于石泉县农村零散住户。一体化化粪池由相连的三个格子组成,中间由过粪管联通,主要是利用厌氧发酵、中层过粪和寄生虫卵比重大于一般混合液比重而易于沉淀的原理,粪便在池内经过发酵分解,中层粪液依次由第一格流至第三格,以达到沉淀或杀灭粪便中寄生虫卵和肠道致病菌的目的。新粪便由进粪口进入第一格,粪便开始发酵分解,因比重不同粪液可自然分为三层,上层为糊状粪皮,下层为块状或颗状粪渣,中层为比较澄清的粪液。在上层粪皮和下层粪渣中含细菌和寄生虫卵最多,中层含虫卵最少,初步发酵的中层粪液经过粪管溢流至第二格,而将大部分未经充分发酵的粪皮和粪渣阻留在第一格内继续发酵。流入第二格的粪液进一步发酵分解,虫卵继续下沉,病原体逐渐死亡,粪液得到进一步无害化,产生的粪皮和粪厚度比第一格显著减少。流入第三格的粪液一般已经腐熟,其中病菌和寄生虫卵已基本杀灭。第三格功能主要起储存已基本无害化的粪液作用。一体化化粪池出水经管道进入生物净化罐,利用生物净化罐中的生物填料净化污水。其有机物的去除和氮硝化机制与其他好氧处理工艺相同,可溶性有机物通过扩散进入位于填料表面的生物膜作为异氧菌的碳源和能源被利用,氨氮通过扩散进入生物膜,部分被异氧菌合成为微生物质,余下的被硝化菌氧化成硝酸盐氮。生物净化罐中出水进入人工湿地,在湿地床中,水中的剩余污染物质经过吸附、微生物降解、吸收等多种途径去除。一体化化粪池与微型人工湿地结合,可在处理农村生活污水的同时产生优质化肥,易被村民接受,具有良好的环境效益、社会效益和经济效益[38]。一体化化粪池+微型人工湿地组合工艺污水处理示意见图4-16。

4.3.4 隔油池+小型人工湿地组合工艺

"隔油池+小型人工湿地"组合工艺适用于石泉县无处理设施的农家乐场所的餐余及生活污水处理。隔油池利用自然上浮法分离、去除含油废水中可浮性油类物质。通过设计的停留时间,比重较大的固体物沉淀下来进行发酵分解,变成小分子易被植物吸收的养料,进入后续人工湿地处理系统。比重较低的动植物油脂,通过隔油措施停留在化粪池内进行发酵分解,逐渐变成小分子易溶于水的碳水化合物进行后续人工湿地系统的生态降解吸收。人工湿地对污水的处理综合了物理、化学和生物三种作用,其主要工作原理如下:湿地系统成熟后,填料表面和植物根系将由于大量微生物的生长而形成生物膜。废水流经生物膜时,大量的SS被填料和植物根系阻挡截留,有机污染物则通过生物膜的吸收、同化及异化作用而被去除。湿地系统中因植物根系对氧的传递释放,其周围环境中依次出现好氧、缺氧、厌氧状态,从而通过硝化、反硝化作用将污染物除去,实现达标排放。隔油池与小型人工湿地工艺结合处理农家乐场所的餐余及生活污水,具有针对性强、成本较低、简便高效等优点。隔油池+小型人工湿地组合工艺污水处理示意见图4-17。

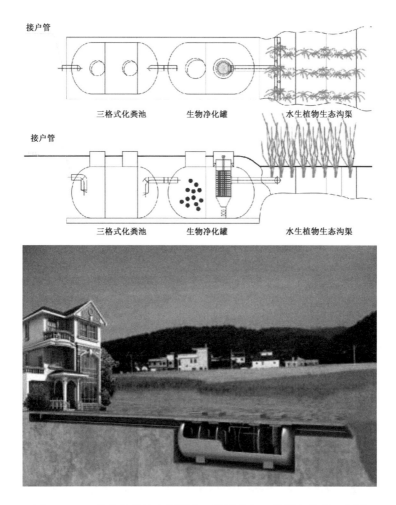

接户管

三格式化粪池　　生物净化罐　　　水生植物生态沟渠

接户管

三格式化粪池　　生物净化罐　　水生植物生态沟渠

图 4-16　一体化化粪池＋微型人工湿地组合工艺污水处理示意图

4.4　石泉县农村污水处理运维和管理机制建设

4.4.1　污水处理站智能控制管理系统

　　分散式村庄生活污水处理设施面临着站点较多,点位分散;设施监控难度大,管理不善;管理人员缺乏,没有专业经验;站点运转情况不能及时反馈,决策困难以及管理成本高,手段缺乏等问题,为此采用物联网技术远程监控,可实现对分散的

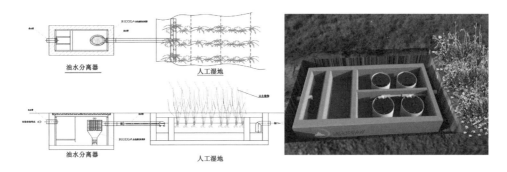

图 4-17　隔油池十小型人工湿地组合工艺污水处理示意图

处理设施的区域管理。通过远程监控系统,使现场专业保障人员值守变为无人值守模式,技术保障由一般人员服务变为专家远程服务模式,实现分散污水设施的集中管理,可最大程度减少现场对专业人才的需求。

本系统将物联网和 4G/5G 技术运用于分散式农村污水处理设施的远程管理,为用户提供生产运营、水质监测、安全管理、数据分析等关键业务的标准化信息模式管理,以及从规划、设计、施工到运营等全过程信息整合和分析,提高用户管理效率和生产水平,为节能减排、工艺改进、实现精细化和智能化管理提供支持。污水处理站智能控制管理系统工作原理见图 4-18。

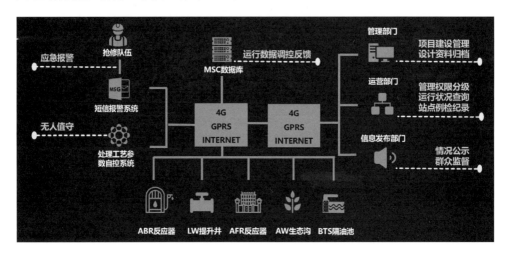

图 4-18　污水处理站智能控制管理系统工作原理

方案通过 GPRS 与 Internet 网络系统,将生活污水处理站点数据实时传递到监控室的集中监控中心,以实现对系统的统一监控和分布式管理,见图 4-19。

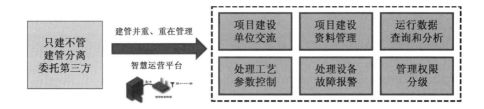

图 4-19　污水处理站智能控制管理系统功能图

多个污水处理站点通信 GPRS 网络把污水处理站的设备运行数据传输到监控中心。由服务器计算机、数据库软件、数据采集配置软件，WEB 服务器，现场传感元件及采集控制器组成，现场设备经过网络设备(有线和无线)把数据、设备状态等参数传输到平台的数据中心，用户在分级授权的前提下，不受空间和时间限制通过网络登录平台查看相关数据，并根据工艺要求设置工艺运行参数，此平台集数据采集、分析、控制、运营和档案管理为一体，实现互联网"一站式"集中监管[39,40]。平台主要功能如下：

（1）平台登陆

不同的权限用户可以通过电脑、ipad 或手机等工具登录平台，根据用户权限查看数据、下载报表或修改设施运营参数等功能。平台登录界面见图 4-20。

图 4-20　平台登陆界面

（2）地图式总控制界面

地图式总控制界面中，标识设备所有的位置，并显示颜色。红色为设备有故障；绿色为设备正常运行。进入界面后，可以迅速根据站点位置进行目的地导航设置,地图式总控制界面见图 4-21。

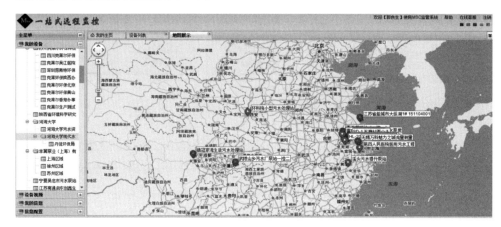

图 4-21　地图式总控制界面

（3）列表式总控制界面

在列表式总控制界面中,显示设备的基本信息与运行状态,并显示颜色。红色为设备有故障;绿色为设备正常运行;灰色为设备离线状态。列表式总控制界面见图 4-22。

图 4-22　列表式总控制界面

（4）实时监控界面—工艺示意图

在工艺示意界面中,显示工艺运行图与主要设备运行状态,生动,方便还原现场设备,关键的设备数据实时体现。实时监控界面—工艺示意见图 4-23。

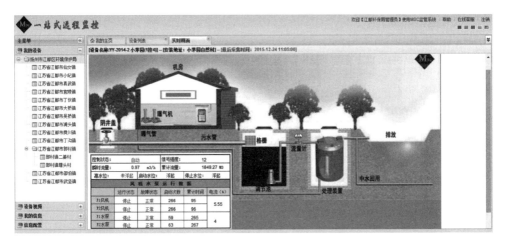

图 4-23　实时监控界面—工艺示意

（5）实时监控界面—实时数据、回控

按类划分进行数据显示，方便管理与查询。对远程设备进行开关操作或参数设置。授权的管理员，可以根据现场设施运行要求，调整设置水泵、风机等用电设备的运行参数，控制用电设备的启停等状况。实时监控界面—实时数据、回控见图 4-24。

我的主页	设备列表	实时数据	
设备名称： YY-2014-2 小茅园(1控4)		**安装地址：** 小茅园自然村	
手机卡号： 18751571282		**服务到期时间：** 2017-05-01	
最后采集时间： 2015-12-24 11:04:00			

控制模式

自动/手动：	自动

设备运行数据

低水位浮球：	浮起	中水位浮球：	浮起
高水位浮球：	未浮起	流量（m3/H）：	0.82
累计流量值(m3)：	1849.25	水泵电流（A）：	5.55
风机电流（A）：	4.05		

P1提升泵（0.00KW）

P1状态：	停止	P1远程控制：	禁止控制
P1过载：	正常	P1计时长（H）：	265
P1启动次数：	59	P1故障次数：	0

P2提升泵（0.00KW）

P2状态：	运行	P2远程控制：	禁止控制

图 4-24　实时监控界面—实时数据、回控

（6）运行数据分析

在相对的时间段内，对一个或多个数据进行曲线分析。根据需求提取历史数据并查看或导出，历史数据保存最长时间可达10年之久。运行数据分析见图4-25。

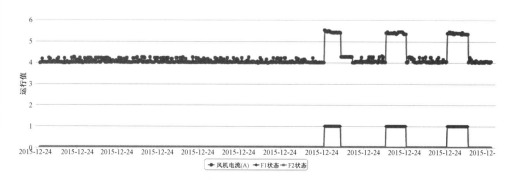

图4-25 运行数据分析

（7）报警处理及事件记录

记录设备的运行状态及所发生故障的时间与类型，并对经授权的相关管理人员及机构发送短信报警。报警处理及事件记录见图4-26。

图4-26 报警处理及事件记录

（8）站点建设、运行、维护、资料管理

平台为每座设施配置了一个特定档案空间，包括项目的介绍、设计图纸招投标材料、施工日志、项目图片及验收材料等资料。站点建设、运行、维护、资料管理见图4-27。

4.4.2 长效运行管理机制的构建

石泉县农村污水治理工程长效运行管理机制的构建应着重完善以下体系：验收及移交体系、运行管理体制（包括组织领导、制度、机构）、管理服务体系、考核评估体系、资金及政策保障体系等，见下图4-28。

图 4-27 站点建设、运行、维护、资料管理

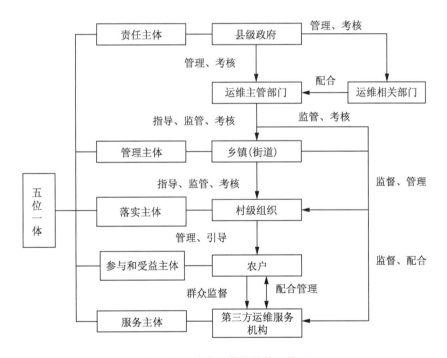

图 4-28 站点运营维护管理体系

（1）验收与移交体系

污水处理设施的验收与移交是设施由建设阶段过渡到运行管理阶段的重要过

程,其核心是施工方按照合同要求将已完成的、无瑕疵的污水处理设施交付给投资方,并由投资方按照委托运营协议将其管理和运营的特许权授予运行管理方。确定移交过程所涉及的组织形式和内容,建立具有可操作性的验收及移交流程,是农村污水处理设施从工程建设阶段顺利过渡到运营阶段的前提。

（2）运行管理体制

在农村污水处理设施运行管理工作中,应引入市场机制,政府和行政主管部门的职责主要在指导、监督、考核和奖惩等方面。石泉县农村污水治理工程运行管理体制以分级管理为原则,建立县→镇→村委会三级责任体系。县级相关行业主管部门负责本级具体工作的组织和开展,日常管理责任重心落实至镇政府,并由村委会配合实施。行政管理体系的构建以明确管理责任为主要目标,对各级政府和相关行政主管部门的职责加以界定,形成石泉县农村污水治理的行政管理体系。

（3）专业管理服务体系

现有的业主自管模式、委托第三方代管模式、政府或主管部门统一管理模式,在一定程度上存在着管理制度缺失、权责不明、程序不规范和监管不到位等问题。而专业管理服务体系是指在理顺行政关系的前提下,选择合适的管理模式和运行管理机构,完成农村生活污水治理工程运行管理和维护的具体工作。参考借鉴国外经验,有以下三种运行管理模式[41]:

1）属地化运行管理模式

属地化运行管理模式是在目前普遍采用的业主自管模式的基础上,进一步规范而形成,由处理设施产权拥有者(通常为当地镇政府或村委会)自行负责设施的运行管理。该模式适用于规模较小、工艺简单、操作简单、维护技术要求不高的农村生活污水分散式处理设施。

2）专业化社会运行管理模式

专业化社会运行管理模式是在现有的委托第三方代管模式的基础上,进一步规范发展而形成的,由处理设施产权拥有者(通常为当地镇政府或村委会)将设施委托给运营商(从事环保技术服务的专业公司)进行统一管理,并由当地镇政府负责对运营商进行监督和管理。该模式具有较强的适用性,无论在技术、经济还是运行管理方面都具有较大的优势。

3）专门机构运行管理模式

专门机构运行管理模式是在政府或主管部门统一管理模式的基础上,进一步规范发展而形成的,由处理设施所在地政府或主管部门,设立专职机构负责设施的运行管理。例如,在乡镇机关等部门和水务行政部门指导监督下,由村委会与当地基层水务组织联合,成立专门的水务基础设施管理协会,参与基础设施的建设和运营工作。协会负责制定本村的水务基础设施和保护办法,明确村民的义务和权利并设立专门账户,制定处理设备和排水设施的日常管理收费和维护费用等资金管理制度。该模式目前应用不多,运行成本也较高。

因此,农村污水处理设施运行管理模式的选择应因地制宜和综合考虑,要充分考虑本地区的经济发展情况和技术管理水平。此外,农村污水处理设施运行管理的难点主要表现在:处理设施"量大、面广、点散",支持运行管理的资金需求量较大,这是任何管理模式都无法回避的。农村污水治理工程的运行管理工作需要由县级层面建立统一平台,统筹安排,落实专项资金支持,建立因地制宜的长效管理机制,并且明确责任单位和管理主体,制定运行技术规范,加强对运营单位的监管,积极推行"统一管理、统一规划、统一建设、统一运行"模式,实现污水治理设施专业化运行、市场化运作、日常化管理,鼓励农村集体经济组织创造条件参与运营,保障处理设施的有效运行。

(4)监管体系

针对石泉县农村污水治理的现状,可建立县、镇、村三级监管体系,实行"统一领导、分级监管、部门落实、责任到人"的工作制度,以水务行政主管部门为主、其他职能部门为辅,形成职责明确、部门联动的监管工作体系。

1)构建职责明确的监管组织体系。为保证多方监管的有效实施,首先应建立各层次、各部门之间的职责明确、纵横结合的监管组织体系,明确各部门的监管目标和监管内容。

2)建立规范科学的监管操作体系。一是落实目标责任制,由水务部门制定规划和工作方案,然后通过目标责任制将职责分解落实到有关部门,在实施过程中水务部门起协调、监督和服务作用;二是通过制度进行监督,建立健全水务、环保部门联合会议制度和责任追究制度,实现优势互补和工作互动,共同发挥监督职能。

3)拓宽公众参与渠道,发挥舆论的监督作用。公众参与和舆论监督对农村污水治理长效管理监管工作具有强大的支持作用,应逐步增加农村污水治理信息公开透明度,建立健全社会和公众对农村污水处理设施运行的监督机制,拓宽公众参与和舆论监督渠道。一是鼓励公众行使议事权,明确公众参与管理的程序;二是充分发挥人大代表、政协委员及基层组织的作用,聘请专职监督员;三是建立与完善投诉制度,及时发现运行管理中存在的问题。

4）加强设施运行管理信息平台建设。在进一步完善石泉县农村污水治理基础信息库建设的基础上,建立设施运行管理信息数据库,主要用于收集维护、定期检查数据,这不仅可作为是否维护、检测的证明,也可作为评估农村污水处理系统的设计、安装是否合适的依据。目前,石泉县已收集并建立了有关农村污水及其治理的基础信息,但针对运行管理及治理效果方面的信息库尚未建立。因此,需进一步加大基础信息库的建设力度,为科学开展农村污水治理的建设及监管工作提供基础依据。

（5）考核体系

严格的考核体系是规范和加强农村污水处理设施运行维护和资金管理的重要保证,科学完善的考核体系有助于建立、健全激励和约束机制,切实提高农村污水处理设施运行管理水平和资金使用效益。因此,农村污水处理设施运行管理情况应作为各级政府工作考核的主要内容之一,纳入现行的考核体系。科学公正的考核体系应体现以下基本原则:客观公正、分级负责、突出重点、建立科学的量化指标。

（6）资金保障体系

分散式农村污水处理设施具有"量大、面广、点散"的特点,保障运行管理的资金需求量较大,保证资金投入是实现运行管理的前提。农村污水处理的公益性比较强,结合石泉县的实际情况,目前基层村委会和村民对污水处理费虽有一定的承受能力但并不愿意承担。现阶段农村污水治理工程运行管理经费可根据各治理点的服务人口数核定后从污水处理费中支出,不足部分由县和镇两级财政补足,市财政根据年终考核情况实施一定的资金奖励和优惠政策,如税收优惠和利益优惠等,引导和鼓励各种社会力量和资金的投入。此外,地方政府应与新农村建设的实践情况相结合,采取国家扶持和地方补助、企业参与和农民支持等方式,广泛筹集资金,形成多渠道动员和多元化投入的参与机制。

第五章　石泉县推行河长制措施与保障

全面推行河长制，是以习近平同志为核心的党中央从人与自然和谐共生、加快推进生态文明建设的战略高度作出的重大决策部署，是破解我国新老水问题、保障国家水安全的重大制度创新。

石泉县是国家重点生态功能区和国家"南水北调"中线工程重要水源涵养区，把一江清水保护好，一直以来是县委县政府和石泉人民的大事。为加强河湖管理与保护，进一步规范和推动"河长制"工作，贯彻落实《中共中央办公厅、国务院办公厅〈关于全面推行河长制的意见〉的通知》（厅字〔2016〕42 号）以及《陕西省全面深化河长制实施方案》等文件精神，结合石泉县发展目标，针对河湖实际，因地制宜提出治理保护措施，加快落实水资源保护、水域岸线管理保护、水污染防治、水环境治理、水生态修复和执法监管六大任务，共同促进经济社会与生态环境协调发展。

5.1　全国推行河长制背景与内容

江河湖泊具有重要的资源功能、生态功能和经济功能。近年来，各地积极采取措施，加强河湖治理、管理和保护，在防洪、供水、发电、航运、养殖等方面取得了显著的综合效益。但是随着经济社会快速发展，我国河湖管理保护出现了一些新问题，例如，一些地区入河湖污染物排放量居高不下，一些地方侵占河道、围垦湖泊、非法采砂现象时有发生，等等。

党中央、国务院高度重视水安全和河湖管理保护工作。习近平总书记强调，保护江河湖泊，事关人民群众福祉，事关中华民族长远发展。李克强总理指出，江河湿地是大自然赐予人类的绿色财富，必须倍加珍惜。党的十八大以来，中央提出了一系列生态文明建设特别是制度建设的新理念、新思路、新举措。一些地区先行先试,在推行"河长制"方面进行了有益探索,形成了许多可复制、可推广的成功经验。在深入调研、总结地方经验的基础上,2016 年 11 月 28 日,中共中央办公厅、国务院办公厅印发了《关于全面推行河长制的意见》(以下简称《意见》)。《意见》体现了鲜明的问题导向,贯穿了绿色发展理念,明确了地方主体责任和河湖管理保护各项任务,具有坚实的实践基础,是水治理体制的重要创新,对于维护河湖健康生命、加强生态文明建设、实现经济社会可持续发展具有重要意义。

党的十九大报告进一步强调了生态文明建设的地位和作用,指出:"建设生态文明是中华民族永续发展的千年大计。必须树立和践行绿水青山就是金山银山的理念,坚持节约资源和保护环境的基本国策,像对待生命一样对待生态环境,统筹山水林田湖草系统治理,实行最严格的生态环境保护制度,形成绿色发展方式和生活方式,坚定走生产发展、生活富裕、生态良好的文明发展道路,建设美丽中国,为人民创造良好生产生活环境,为全球生态安全作出贡献。""推进资源全面节约和循环利用,实施国家节水行动,降低能耗、物耗,实现生产系统和生活系统循环链接。""着力解决突出环境问题。加快水污染防治,实施流域环境和近岸海域综合治理。强化土壤污染管控和修复,加强农业面源污染防治,开展农村人居环境整治行动。加强固体废弃物和垃圾处置。提高污染排放标准,强化排污者责任,健全环保信用评价、信息强制性披露、严惩重罚等制度。构建政府为主导、企业为主体、社会组织和公众共同参与的环境治理体系。""加大生态系统保护力度。实施重要生态系统保护和修复重大工程,优化生态安全屏障体系,构建生态廊道和生物多样性保护网络,提升生态系统质量和稳定性。""坚决制止和惩处破坏生态环境行为。"这些,都为我们提供了重要遵循。

5.1.1 总体要求

(1)指导思想

全面贯彻党的十八大、十九大精神,深入学习贯彻习近平总书记系列重要讲话精神,紧紧围绕统筹推进"五位一体"总体布局和协调推进"四个全面"战略布局,牢固树立新发展理念,认真落实党中央、国务院决策部署,坚持节水优先、空间均衡、系统治理、两手发力,以保护水资源、防治水污染、改善水环境、修复水生态为主要任务,在全国江河湖泊全面推行河长制,构建责任明确、协调有序、监管严格、保护有力的河湖管理保护机制,为维护河湖健康生命、实现河湖功能永续利用提供制度保障。

（2）基本原则

坚持生态优先、绿色发展，牢固树立尊重自然、顺应自然、保护自然的理念，处理好河湖管理保护与开发利用的关系，强化规划约束，促进河湖休养生息、维护河湖生态功能；坚持党政领导、部门联动，建立健全以党政领导负责制为核心的责任体系，明确各级河长职责，强化工作措施，协调各方力量，形成一级抓一级、层层抓落实的工作格局；坚持问题导向、因地制宜，立足不同地区不同河湖实际，统筹上下游、左右岸，实行一河一策、一湖一策，解决好河湖管理保护的突出问题；坚持强化监督、严格考核，依法治水管水，建立健全河湖管理保护监督考核和责任追究制度，拓展公众参与渠道，营造全社会共同关心和保护河湖的良好氛围。

（3）组织形式

全面建立省、市、县、乡四级河长体系。各省（自治区、直辖市）设立总河长，由党委或政府主要负责同志担任；各省（自治区、直辖市）行政区域内主要河湖设立河长，由省级负责同志担任；各河湖所在市、县、乡均分级分段设立河长，由同级负责同志担任。县级及以上河长设置相应的河长制办公室，具体组成由各地根据实际确定。

（4）工作职责

各级河长负责组织领导相应河湖的管理和保护工作，包括水资源保护、水域岸线管理、水污染防治、水环境治理等，牵头组织对侵占河道、围垦湖泊、超标排污、非法采砂、破坏航道、电毒炸鱼等突出问题依法进行清理整治，协调解决重大问题；对跨行政区域的河湖明晰管理责任，协调上下游、左右岸实行联防联控；对相关部门和下一级河长履职情况进行督导，对目标任务完成情况进行考核，强化激励问责；河长制办公室承担河长制组织实施具体工作，落实河长确定的事项。各有关部门和单位按照职责分工，协同推进各项工作。

5.1.2 主要任务

（1）加强水资源保护

落实最严格水资源管理制度，严守水资源开发利用控制、用水效率控制、水功能区限制纳污三条红线，强化地方各级政府责任，严格考核评估和监督。实行水资源消耗总量和强度双控行动，防止不合理新增取水，切实做到以水定需、量水而行、因水制宜;坚持节水优先,全面提高用水效率,水资源短缺地区、生态脆弱地区要严格限制发展高耗水项目,加快实施农业、工业和城乡节水技术改造,坚决遏制用水浪费;严格水功能区管理监督,根据水功能区划确定的河流水域纳污容量和限制排污总量,落实污染物达标排放要求,切实监管入河湖排污口,严格控制入河湖排污总量。

(2)加强河湖水域岸线管理保护

严格水域岸线等水生态空间管控,依法划定河湖管理范围;落实规划岸线分区管理要求,强化岸线保护和节约集约利用;严禁以各种名义侵占河道、围垦湖泊、非法采砂,对岸线乱占滥用、多占少用、占而不用等突出问题开展清理整治,恢复河湖水域岸线生态功能。

(3)加强水污染防治

落实《水污染防治行动计划》,明确河湖水污染防治目标和任务,统筹水上、岸上污染治理,完善入河湖排污管控机制和考核体系;排查入河湖污染源,加强综合防治,严格治理工矿企业污染、城镇生活污染、畜禽养殖污染、水产养殖污染、农业面源污染、船舶港口污染,改善水环境质量;优化入河湖排污口布局,实施入河湖排污口整治。

(4)加强水环境治理

强化水环境质量目标管理,按照水功能区确定各类水体的水质保护目标,切实保障饮用水水源安全,开展饮用水水源规范化建设,依法清理饮用水水源保护区内违法建筑和排污口;加强河湖水环境综合整治,推进水环境治理网格化和信息化建设,建立健全水环境风险评估排查、预警预报与响应机制;结合城市总体规划,因地制宜建设亲水生态岸线,加大黑臭水体治理力度,实现河湖环境整洁优美、水清岸绿;以生活污水处理、生活垃圾处理为重点,综合整治农村水环境,推进美丽乡村建设。

(5)加强水生态修复

推进河湖生态修复和保护,禁止侵占自然河湖、湿地等水源涵养空间,在规划的基础上稳步实施退田还湖还湿、退渔还湖,恢复河湖水系的自然连通,加强水生生物资源养护,提高水生生物多样性;开展河湖健康评估,强化山水林田湖系统治理,加大江河源头区、水源涵养区、生态敏感区保护力度,对南水北调水源区等重要生态保护区实行更严格的保护;积极推进建立生态保护补偿机制,加强水土流失预防监督和综合整治,建设生态清洁型小流域,维护河湖生态环境。

(6) 加强执法监管

建立健全法规制度,加大河湖管理保护监管力度,建立健全部门联合执法机制,完善行政执法与刑事司法衔接机制;建立河湖日常监管巡查制度,实行河湖动态监管,落实河湖管理保护执法监管责任主体、人员、设备和经费。严厉打击涉河湖违法行为,坚决清理整治非法排污、设障、捕捞、养殖、采砂、采矿、围垦、侵占水域岸线等活动。

5.1.3 保障措施

持续发力、久久为功,确保河长制各项任务落地生根取得实效。今后一段时期,是河长制由全面建立转向全面见效、从"有名"向"有实"转化的关键期,是向河湖管理顽疾宣战、还河湖以健康美丽的攻坚期,各级要重点加强四方面工作,确保河长制各项任务落地落实。

(1) 加强组织领导

以全面深化河长制为抓手,落实石泉县河湖沿线各镇党政负责人的河流保护管理主体责任,加强领导、精心组织河湖的管理保护工作;市级河长对石泉县河湖的管理与保护工作负总责,协调解决重大问题,对跨界问题明晰管理责任,协调上下游、左右岸实行联防联控,对相关部门和镇级河长履职情况进行督导,对目标任务完成情况进行考核,强化激励问责;县级河长是辖区河湖管理保护工作的直接责任人,组织协调相关行业部门推进河湖综合治理与保护工作;镇级河长是河湖保护措施的落实者和执行者,负责将相关政策措施落实到位。

(2) 落实各项制度

按照石办发〔2017〕65 号关于印发《石泉县河长制联席会议制度(试行)》等七项工作制度的要求,坚持"党政同责、一岗双责、属地管理、分级负责、部门协作、综合施治"的原则,严格按照各部门职责和整改任务推进实施,治理过程中坚持问题导向,细化落实各项治理措施;对存在的问题紧盯不放、立行立改、逐条落实,进一步建立健全水生态、水环境保护的长效机制,严防问题反弹。

(3) 加大资金投入

要将河湖管理保护资金和河长制工作经费纳入财政预算,设立专项资金用于河湖范围确权登记、"一河一策"方案编制、水域岸线管理、水资源保护、水污染防治、水环境整治、水生态修复等工作;建立资金投入稳定增长机制,逐年增加资金投入,确保河湖水质长期稳定、水环境逐年改善、河湖长制工作顺利推进。

(4) 建立联动执法队伍

水环境执法监管往往需要公安、环保、国土、水政执法、渔政执法等多部门协调配合,为防止因交叉管理出现推诿现象,要建立环境执法部门联动机制,提升环境执法效能。建立长效执法联动机制,开展执法联动专项行动,执法联动与案件移送相结合,积极配合司法联动。

(5) 严格考核问责

对在问题整改过程中责任落实不到位、履职不到位、推诿扯皮、包庇袒护以及整改进度迟缓、阻碍整改和整改不力造成污染问题依然严重、群众反映强烈的责任单位和责任人,一经查实,将严格按照《石泉县汉江水质保护工作责任追究办法》《环境保护违法违纪行为处分暂行规定》《石泉县河长制工作责任追究暂行办法》,严肃问责,绝不姑息迁就;对考核优异的单位和个人及时褒奖和激励。

(6) 强化宣传监督

加大对河流沿岸环境污染整治行动的宣传报道,树立典型、曝光落后、强化引导,形成浓厚的舆论氛围;对于公众举报的各类向河道违法排污行为,第一时间受理,并组织核查和整治;积极引导公众既当监督者又当参与者,健全公众监督队伍,积极鼓励社区村建立义务护河队、卫生保洁员、环境监督员等队伍,动员全民积极参与治河护河;引导企业履行社会责任,自觉控制污染、推行清洁生产;邀请广大村民参与监督,进一步提高人民群众投身水环境治理的责任意识和参与意识,形成全社会关心、支持、参与和监督水环境治理的良好氛围。

5.2 石泉县推行河长制现状与问题

5.2.1 管理保护现状

(1) 水资源保护现状

1) 水资源管理

石泉县水资源丰富,质量较好,但时空分布不均,开发利用率低。区域水质整体情况良好,属Ⅱ级水质。当地政府认真贯彻落实和积极推进最严格水资源管理制度等各项工作,从狠抓水政水资源执法队伍入手,不断健全制度、落实责任、强化监管,提升管理能力和执法水平,促进了石泉县水资源的可持续利用。石泉县水资源管理控制指标见表5-1。

表5-1 石泉县水资源管理控制指标

水资源管理控制指标	2016年	2017年	2018年
用水总量控制目标(单位:万方)	5900	6130	6350
用水效率(万元工业增加值用水量控制指标)	1%	8%	11%
用水效率(农田灌溉水有效利用系数控制指标)	0.525	0.545	0.568
用水效率(万元国内生产总值用水量控制指标)	8%	13%	18%

2)入河排污口监督管理

石泉县水利局、环保局在全县范围内集中开展入河排污口调查摸底工作,基本摸清县境内入河排污口现状及清理整顿各类违法设置的入河排污口,并开展规范整治专项行动。行动中严格按照环保部门"水十条"考核责任目标所涉及的水体、住建部门列入黑臭水体整治名录的水体、水利部门实施"河长制"管理的水体等标准要求,对县境内主要河流排污口进行沿河排查,对前期未排查到的其它河流排污口将在以后的专项工作中全部纳入普查,确保应查尽查、不重不漏。调查摸底后开展规范整治,针对违法违规、布局不合理、审批不到位、监管能力不足等问题提出整改措施。限期取缔饮用水水源保护区、自然保护区等法律法规禁止设置区域内的入河排污口,集中整改违规设置入河排污口,进一步强化入河排污口规范化设置,加强监督检查和监督性检测,确保全县主要河流入河排污口基本达标排放。

3)水资源管理执法队伍

石泉县作为陕西省第一批水利综合执法改革试点县,于2003年组建了石泉县水政监察大队,将水政、水资源、河道、水保、渔政监督管理的行政审批、行政许可、行政处罚、行政征收、行政调解等职能相对集中起来,统一由水政监察大队行使执法职能。县水政监察大队主要职责为负责全县水资源、渔业资源、砂石资源的管理和保护工作;负责防洪、水政、渔政、水保监督等水行政执法工作;负责全县水利工程设施保护工作;负责协调水事纠纷;组织实施取水许可、水资源有偿使用、水资源论证等制度;组织全县水资源调查评价和监督工作;负责全县饮用水水源保护工作;负责监测江河、水库的水质,提出排污限量意见;负责河道和提防的管理;承办行政复议、普法教育工作;负责县水利局交办的其他工作。

(2)河湖污染源控制现状

1)居民聚集区污水处理设施

针对石泉县居民聚集区污水处理设施较少及处理能力不足的问题,石泉县政府秉持问题导向、目标导向、效果导向的有机统一,坚持标本兼治、依法整治、举一反三相融互动,先后建设并投入运营5座设计处理能力较高的污水处理厂,11座污水处理站,对居民聚集区污水进行处理;同时各镇对中小学校、移民安置点、河道沿线住户等人口聚集的重点地段按照标准修建了三级化粪池,有效解决了城镇居民污水回收问题,缓解污水无序排放现象,提高了河流水质,还居民一个良好的生活环境。

2)污染源处理

石泉县域污染源主要可分为工业污染源、农业污染源以及生活垃圾污染等。工业污染源集中在工业园区,石泉县工业园管委会要求园内企业工业和生活废水经预处理达到集中处理要求后,统一接入污水处理厂进行处理,杜绝了污染物排入河道的现象;农业污染源主要来自流域内大量水田和坡耕地的农业面源污染和农畜养殖污染物无序排放,石泉县农业局切实秉持中央"产业兴旺、生态宜居、乡风文明、治理有效、生活富裕"的指导方针,一方面针对养殖污染处理出台了一系列行之有效的管理措施,保证了农业种养殖污染回收利用,推动了生态种养殖行业的发展。

(3)水环境保护现状

1)水质监测站点

目前石泉县境内的国控、省控、市控水质监测点共四个。按照经济发展及水资源管理的总体要求,根据实行最严格水资源管理制度的客观需要,石泉县政府心系民生,密切关注监测站点水质情况,确保了四个断面水质达到地表水Ⅱ类水质标准。石泉县水质监测点见表5-2。

表 5-2　石泉县水质监测点

断面名称	所在水体	控制类别	目标水质	备注
小钢桥	汉江	国控	Ⅱ	汉中入安康境
高桥	汉江	省控	Ⅱ	
池河入汉江	池河	省控	Ⅱ	
饶峰河	饶峰河	市控	Ⅱ	

2）水质达标率

石泉县境内的四个国控、省控、市控水质监测点。石泉县环境保护局委托陕西华康检验检测有限责任公司对以上 4 个水质监测点进行水质监测,其中水温、pH值、电导率、溶解氧、高锰酸盐指数、化学需氧量、五日生化需氧量、总氮、粪大肠菌群、石油类、挥发酚、六价铬、总磷、硫化物、阴离子表面活性剂、氨氮、氰化物、汞、砷、硒、铜、铅、锌、镉、氟化物均符合《地表水环境质量标准》(GB 3838—2002)表 1 中Ⅱ类标准 。

3）河道保洁工作

石泉县采取了一系列措施治理农村及城镇垃圾,以保证河道清洁。建立卫生管理规范化制度,在各镇建有垃圾处理厂,对镇村社区环境卫生整治工作形成制度化、常态化,实行"户收集、村集中、镇转运"的垃圾规范管理处置模式,有效杜绝了垃圾乱堆、乱放和倾倒河流河沟的现象。

（4）水生态现状

石泉县是国家重点生态功能区和国家"南水北调"中线工程重要水源涵养区。把一江清水保护好,历来是石泉县委政府关心的大事。近年来在陕西省水保局的支持下,水保生态建设工作稳步推进,实施了丹治二期工程、国家重点水土保持工程小流域综合治理,累计治理水土流失面积约 210 km²,完成投资约 8 600 万;县域内水土流失得到基本控制,生态环境得到极大改观,汉江水质得到有效保护,同时为石泉县实施精准产业脱贫奠定了坚实的基础。在做好小流域综合治理的同时,依托丹治工程、煤油气水土流失补偿费水保项目,积极进行水源涵养地山区生态治理新模式探索试点工作;以"生态清洁"为治理特色的杨柳水保示范园于去年被正式命名为国家级水保示范园。

1）河道连通性特征

石泉县境内流域面临的主要问题是旱季河流缺水及由此引起的局部河道缺水、淤积、水质污染等问题。由于河流流经多个村庄，人为活动侵占了河流，自然河道平面形态保有率大幅度降低；加之私人投建的水电站在环保、水保、地质灾害防治措施等方面落实不到位，下泄生态基流普遍不足，河流生态水系保护和河道生态修复形势较为严峻。

2）生态流量现状

石泉县境内河流建设有大量的小型水电站，阻碍了河道连通性，严重危害河流生态系统健康。石泉县水利局联合县检察院召集电站负责人召开整改座谈会，现场下达整改通知书，要求各电站拿出整改实施方案，同时限期要求对小水电站生态流量实时监控设施安装、生态流量泄放孔预留、生态基流泄放方式及落实措施等河道生态基流保障落实措施整改到位，确保河道生态系统健康可持续发展。目前石泉县已经组织专家组对部分水电站大坝枢纽生态基流工程设计方案进行了审查，整改效果需再次进行论证。

5.2.2 河长制工作进展

（1）河长制工作进展

自推行河长制工作以来，石泉县按照"河长主导、属地管理、行业负责、社会共治"原则，创新性提出"河长＋警长＋四员"的管理保护模式，健全了河长制联席会议、巡查、督查督办、责任追究、信息报送、投诉受理、考核办法等七项工作制度体系，建立了河长制微信群、QQ群、APP等监督管理平台。目前，全县已建立起了责任明确、协调有序、监管有力的县、镇、村三级河长责任体系，江河湖泊管理保护初见成效；"河长＋警长＋四员"制响应和联查联动机制已基本形成合力；河长管理平台信息传递、上下协同、监督作用初显。全县共建成运行、在建及规划建设污水处理厂13处，共组织涉河环境专项执法行动28次，出动执法人员380人次，查处涉河案件17起，罚款14.71万元，强有力地震慑和遏制涉水违法行为。镇级组织民间志愿服务队和护河员队伍开展河道保洁已逐步形成常态化工作机制。全县12个农村小水电站生态基流已基本整改到位，河道无干枯断流现象。通过县、镇、村三级河长的共同努力，饶峰河水质明显提升，石泉县出境水质始终保持在国家饮用水Ⅱ类标准。

（2）建立湖长制工作情况

2017 年 12 月 26 日，中共中央办公厅、国务院办公厅印发了《关于在湖泊实施湖长制的指导意见》（厅字〔2017〕51 号），要求在 2018 年年底前在湖泊全面建立湖长制；2018 年 2 月 24 日，中共陕西省委办公厅、陕西省人民政府办公厅印发《关于实施湖长制的意见》的通知，要求建立区域和流域相结合、与河长制紧密衔接的省市县乡四级湖长制组织体系。2018 年 3 月 27 日，安康市委办、安康市政府办印发《安康市推行湖长制实施意见》的通知，要求将实施湖长制纳入全面深化河长制工作，2018 年 6 月底前，对常年水域面积 1 km² 以上的天然湖泊及水库（含电站水库）实施湖长制，同时对全县所有人工湖、堰塘等水体按湖长制落实属地管理责任。

5.2.3 河长制工作存在问题

（1）水资源保护

1）入河污染总量难以控制

由于河湖分散的排污口众多，农村生活污水直接排入河道，排污缺乏科学、统一的布局规划，没有建立排污口门水质实时监测设施，对排水量、实际排污量和污染物含量及成分不能有效掌握。

2）取排水管理的长效机制尚未建立

取排水管理相应的长效机制尚未建立，汛期的排放水仍会造成较大污染压力，影响区域用水质量和用水安全。

3）水资源时空分布不均且地表水开发利用率低

石泉县水资源丰富，但是水资源时空分布不均，降雨集中在 7—9 月，小沟小河陡涨陡落，雨停河干，难以利用。同时，流域内骨干型地表水蓄水工程少，径流调节能力低，调蓄能力差，加之部分已建水利工程缺乏更新改造，年久失修，导致供水量和供水保证程度偏低。

4）用水结构不合理，水资源浪费严重

由于受经济发展的制约，区域内用水不平衡，农业用水比例过大，工业用水比例偏小。农田灌溉仍以传统的大水漫灌为主，用水效率低，浪费严重；灌溉水渠渗漏严重，输水损失大。部分地区存在缺水现象，尤其是偏远山区，水利工程建设滞后，村民饮水多以自家水窖及村组自发修建的小型引水工程为主，水量及水质得不到保证，常出现"雨季水浑，旱季水少"的现象。

5）用水技术和工艺有待提高

农田灌溉是区域内用水大户。灌溉水的渠道利用系数在 0.45～0.5 之间,灌溉水利用系数小,加上工程年久失修,渠道衬砌率不足 40%,输水损失较大。虽然近几年来加强了节水措施,灌溉定额有一定的降低,但节水新技术新方法的推广速度较慢。

6）节水激励有待完善。

长期以来节水工作主要靠工程建设和行政推动,缺乏促进自主节水的激励机制和适应市场经济的管理体制,节水主体与节水利益之间没有挂钩,节水主体的利益不能体现,难以调动用水户自主、自愿节水的积极性,致使公众参与节水的程度和意识受到一定影响。

（2）水域岸线管护

1）岸线"四乱"缺乏整治

河道两旁有居民私自开垦的菜地占用岸线,河道内多有违规管网,经调查发现乡村侵占河道、焚烧垃圾、堆放垃圾、采砂等现象普遍。河流开发利用布局不合理,开发方式粗放,易造成河岸冲刷,导致河势失稳,对防洪安全及河势稳定造成不利影响。

2）违规活动缺乏管理

村庄沿河岸边有植物种植有垃圾堆放,沿村河道两旁有私立排污口,河堤边坡上植被杂乱缺乏整理,遇雨后滑坡现象频发,影响行洪,河道存在安全隐患,对防洪安全、河势稳定及生态环境保护造成一定影响。

3）河道管理范围不明确,生态空间未划定。

规定性文件对于河道的管理范围和空间界定存在宽泛定义现象,在执行和落实过程中缺乏操作依据。

4）岸线利用缺乏统一规划、功能分区不明确

目前石泉县所有河段堤防护堤地、护岸地宽度不明确,岸线保护利用规划未编制、功能分区不明确。

5）岸线利用和保护法制不健全

当前岸线开发利用和保护相关法规制度尚不健全,缺乏统一的岸线开发利用和保护规划;管理涉及行业和部门众多,存在"政出多门""各自为政"等问题;制约了岸线资源的科学利用、有效保护和依法管理。

（3）水污染防控

1）入河排污口缺乏整治

流域内基础设施建设薄弱,污水收集与处理设施、垃圾收集与处理设施建设相对滞后,人口集中区域生活污水与垃圾未能得到有效处理。除此之外,河流干支流沿线住户有随意向河道倾倒生活垃圾现象。

2）农村生活污水垃圾引起水体污染

随着农村生活条件的改善,农村生活垃圾的种类和数量不断增多;城镇化、工业化进程的加快,城镇剩余垃圾也不断输向郊区和农村垃圾填埋场,其数量之多,成分之复杂,导致处理难度与日俱增。虽实施了农村环境综合整治工程,但垃圾处理的能力未能跟上垃圾污染的"脚步"。

3）农药化肥过量使用造成面源污染

大量水田和坡耕地是造成农业面源污染的主要来源,尤其是坡耕地,大量使用的农业有机肥氮、磷、钾等残留,随着水土流失直接进入河道,一方面使土地资源退化,土地日益瘠薄,降低了农作物产量,增加了开发利用难度;一方面造成农业面源污染,影响着河道水质。农业生产过程中的化肥、农药、农膜、畜禽养殖粪便、农业废弃物、农村生活垃圾等,是造成农业面源污染的主要因素。

4）内源污染有待控制

垃圾、淤积物等进入河道中的营养物质通过各种物理、化学和生物作用,逐渐沉降至河道底质表层,积累在底泥表层的氮、磷营养物质,一方面可被微生物直接摄入,进入食物链,参与水生生态系统的循环;另一方面,可在一定的物理化学及环境条件下,从底泥中释放出来而重新进入水中,形成河道内污染负荷。

（4）水环境治理

1）河流滞缓,自净能力差,水环境容量小

区域内由于河流的流量小、流速慢,河流的流动性较差,导致河流的自净能力差,河流中的污染物不易被稀释、扩散和降解,难以消除。

2）水土流失

区域内水土流失类型以水力侵蚀为主,其中又以面蚀和沟蚀为主,在河沟岸坡和地面坡度较大地带雨季易发生滑坡和泻流。降雨特点是集中在夏季,雨量大。强降雨雨滴溅击及地面汇流使黏粒移动产生面蚀,进一步发展为在地面产生小的冲沟形成沟蚀,沟蚀进一步发展加剧,水土流失同步加剧。此外坡耕地耕作等人类活动也是水土流失的一个重要因素。坡耕地是水土流失的主要策源地,区域内坡耕地占总面积 16.6%,占水土流失量的 35.6%;其次为郁闭度差的灌木林、疏幼林和荒山荒坡。石泉县河湖大部分位于巴山北坡低山区,地貌的主要特征是山势低矮,脊、峰平缓,切割深度一般在 100 m 至 500 m 之间,坡度东南向多在 25°以下,西北向坡度较陡,多在 40°以下,剥蚀和堆积作用旺盛,河流弯曲系数大。森林多砍伐,植被覆盖率低,荒山较多,水土流失严重,呈剥蚀地貌。

3) 垃圾倾倒现象频发

河湖存在随意丢弃垃圾情况,有垃圾堆放;桥头容易聚集垃圾等漂浮物,且存在人为倾倒生活垃圾、建筑废料等问题。

4) 电、毒、炸鱼问题依然存在。

近年来,石泉县水利局对非法电鱼问题高度重视,每年都定期开展专项整治活动,特别是 2017 年以来,随着"河长制"的推行,抽调的水政、渔政、水产、水保、河长办、政办相关人员会同公安、环保、交通(海事)、住建、国土等部门,不断加大执法巡查力度,开展河道巡查常态化制度化工作,严厉打击电、毒、炸鱼等违法行为,震慑非法捕捞者,维护水生态平衡。但由于部分村民法律意识薄弱,电、毒、炸鱼问题屡禁不止,依然存在。

(5) 水生态修复

1) 河道生态需水得不到有效保障

区域内河湖的生态补水主要依靠天然降雨,枯水期来水量减少,生态补水量难以保障。季节性缺水严重,非汛期流量小,水环境容量不足,河流的生态基流流量无法满足,河段的生态用水调度管理未得到应有的重视。枯水期流量锐减,影响水生生物生存环境,破坏水体食物链,导致河流生态系统失衡。

2) 健康可持续的河道生态系统建立有待加强

完善的生态护岸体系尚未建立,河道岸滩水土流失问题没有根治;河道内植物体系处于自生自灭状态,水质净化、去除营养物质等生态效益低下,不利于形成健康可持续的河道生态系统;非法养殖和捕捞尚未彻底根除,受高额利润的影响村民捕捞鱼虫,严重破坏水生态环境,对建立健康的水生态系统产生了严重影响。

(6) 执法监督

1) 监管机制有待完善

尽管安康市现已建立了市级、县级、乡镇级、村级四级考核联动机制,但管理运行机制尚不完善,仍存在监管内容与执法权限不明的问题;相关部门仍需逐步修订完善考核办法和管理制度,建立市、县、乡镇、村之间有效沟通协调机制,将考核、管理等制度层层分解落实。

2) 执法效力有待加强

河湖流域面积广,河道治理问题量大面广,加之部分河流为跨区域河流,部门联合执法有难度。由于水行政主管部门无强制执法权,对于违法案件只能告知、调查、取证,申请法院强制执行,而水事违法案件往往是长期与短期结合,对于短期违法案件(比如电鱼、毒鱼、炸鱼等)执法效率不高。

3) 信息化程度有待提高

目前,只有河道巡查手机设备,其他现代化巡查装备与自动报告体系尚未配备,无法得知各级河长巡河态度是否认真端正,是否把每天的巡查河流的真实情况准确地输入到巡河 APP 中;另外各级河长之间缺乏有效的实时沟通,巡河问题得不到及时的反馈,影响了巡河工作系统化、科学化、规范化的进行。

5.3 石泉县推行河长制措施与建议

根据存在的问题,从水资源保护、水域岸线管护、水污染防治、水环境治理、水生态修复、执法监督六个方面,明晰管理保护措施。

5.3.1 水资源保护

(1) 入河排污总量控制管理措施

根据水利部颁发的《水功能区管理办法》,各市、区应明确划分水功能区,依法核定河湖纳污容量,提出限制排污总量,逐步完善入河排污总量控制管理组织体系,建立相应的工作机制。逐步加强和落实水域纳污能力核算、总量控制指标分解、排污口监管、水功能区监管、污染源治理、排污许可与收费等管理措施。

(2) 建立取排水管理的长效机制

规范取排水许可是水资源管理的一项重要内容。针对排污口编制入河排污口设置论证报告书,完善入河排污口的登记审批手续,同时对排污口开展定期的监督性监测,并将该排污口纳入省入河排污口信息管理系统实行动态监管。

（3）加强调配提高水资源利用效率

解决水资源时空分布不均的问题主要有两项主要措施，一是兴建水利工程，如兴建水库可以有效调控径流和水量的季节变化；二是跨流域调水，也可以缓解一些地区严重缺水的状况。

（4）改善用水结构

由于受经济发展的制约，石泉县内用水以农业用水为主，农田灌溉以传统的大水漫灌为主，用水效率低，浪费严重。应坚持并严格落实节水优先方针，加快推进由粗放用水方式向集约用水方式的根本性转变，加强计划用水和需求管理，加快推进节水型社会建设，保障水资源的可持续利用。

（5）改进用水技术与工艺

渠道衬砌是防渗、提高渠道利用系数的有效措施，可推广节水技术与工艺及雨水集蓄利用技术，提高水资源重复利用率。

（6）完善节水制度和节水激励机制

建立以水权为基础、市场机制优化配置水资源的新体制；实施累进农业水价，减少农业用水浪费；制定合理的水价，利用水价政策管水是实现节水及农业水资源可持续利用的最有效的经济手段；依法建立农业节水的经济补偿和惩罚机制；形成农业节水技术研发和推广联动机制。

5.3.2　水域岸线管护

（1）强力整治"四乱"，恢复岸线生态

河湖"清四乱"专项行动是推动河长制从"有名"向"有实"转变的有力抓手，是水利行业强监管的重要内容。加快推进河湖划界工作，切实强化措施，落实工作经费，抓紧确定方案，加快划界进度，及时将划界成果充分应用到河湖水域岸线空间管控、河湖监管执法等工作中去。全面加强河道采砂管理，严格按年度计划实施开采，规范采区现场监管，强化采砂监督执法，严厉打击偷采盗采，确保河道采砂秩序总体稳定有序可控。由县水利局依法建立河湖岸线管理与综合执法的权力和责任清单，组织县水利监管部门开展水域岸线保护、利用监管工作，向社会公开职能职责、执法依据、处罚标准、清退流程、监督途径和问责机制。各相关部门统筹推进石泉县水域岸线违法侵占行为的清退工作，并实行动态管理和调整，岸线保护利用需严格遵守国家和陕西省、安康市有关法律法规和技术标准要求，限期拆除存在的违法建筑和设施。要按期完成台账内问题销号,抓紧整改交办的"四乱"(在河湖乱占、乱采、乱堆、乱建等)问题,巩固清理整治成果,建立健全长效机制,坚决杜绝再出现新的"四乱"。

(2)管理范围确定及划权

依照划界标准,确定石泉县河道管理范围线并相应设置界桩(牌)里程桩以及管理和保护标识,设立管理范围界桩标志牌,落实河道管理范围划界确权工作,完成管理范围划定。

(3)开展岸线专项整治

组织开展石泉县岸线专项整治工作,重点清理整顿各类违法侵占、破坏岸线资源的行为。清除河道内种植、堆放的设施等;依法取缔河道管理范围内非法建设项目,强制清除或拆除违法的建筑、构筑物;督促未批先建项目补办手续;优化岸线资源配置,对岸线滥用、多占少用、占而不用等突出问题开展清理整治,促进岸线资源集约利用开发。

(4)合理划分水功能区

科学划分岸线功能区,严格水域岸线用途管制,根据规划确定岸线保护区、保留区,控制利用区和开发利用区。落实分区管理要求,加强各单位之间的联系和交流,明确各单位和有关人员的管理范围及权属,并向社会公布河湖沿岸现状。

(5)建立岸线利用和保护法制

建议制定《河道管理条例》或水域岸线开发利用管理办法,明确岸线管理主权与事权,制定规划管理制度、利用审批与监督制度及岸线占用补偿制度等,从法规的层面上规范岸线管理。

5.3.3　水污染防治

(1)入河排污口治理

为了改善河道水质,提升流域内生态环境质量,改善人居和投资环境,应对沿河所有入河排污口进行全面整改,安装污染源在线监测系统。对水体沿线重点区域排污口、雨污合流口开展排查和封堵,杜绝污水直排。开展污水管网配套项目建设,补齐污水设施短板,分批次启动污水配套项目。建立以保持和提升河道水质为核心的长效管护机制。

在入河排污口初步核查的基础上,复核规模以上排污口,补充完善基础信息;

对规模以下入河排污口开展进一步核查,全面摸清底数。认真梳理存在的问题,列出问题整改清单,分类施策,逐项提出相应对策措施,制定整改工作路线图和时间表,形成整改方案。

对需要整治的入河排污口,整治一处登记一处。对所有入河排污口按规定规范立标立牌,标明水污染物限制排放总量及浓度情况、责任主体及监督单位等内容。对监管制度落实不到位的入河排污口,要开展监测并建立监督检查制度,按照规模大小和排污口性质,分批将入河排污口纳入监测、监控体系,远期实现所有排污口的全覆盖监测监控。

（2）生活污染治理

在农村居民较集中地区,可采用分散式污水处理方式,建设动力式污水处理装置,处理装置的规模可根据乡村人口具体设置;建议将动力式污水处理间布置在地势较低处,污水管网可采用重力流。对于居民点较分散的、生活污水排水量小的村庄,建议结合"厕所革命",通过每户补助形式帮助居民建设三级化粪池,经三级净化后的污水进入人工湿地进一步净化后还田,大力发展循环农业。

（3）发展循环经济

发展循环经济是保护河（湖）的根本大计,乘河长制及中央文件的东风,抓住机遇,与相关部门商定建设保护环境发展经济示范区,探寻河（湖）保护的治本之策。引导企业开展循环型生产、清洁生产,促进源头减量。推动产业园区循环化改造,提高产业关联度和循环化程度,实现能源梯级利用、水资源循环利用、废物交换利用、土地节约集约利用,促进企业循环式生产、园区循环式发展、产业循环式组合,构建循环型工业体系。促进生产、流通、消费过程的减量化、再利用、资源化,推动资源利用向"资源—产品—再生资源"的循环利用模式转变。配合实施循环经济试点,推进产业园区、示范基地、试点城市等循环经济示范试点建设。

（4）面源污染治理

面源污染的根源主要在于养殖业（畜禽粪污）、种植业和生活（污水、垃圾）等方面的废弃物,将这些废弃物收集并利用是治污的根本之策。

1）加强畜禽粪污综合利用

划分禁养区、限养区和宜养区,对禁养区内的养殖场进行搬迁;对河道沿线未采取废弃物综合利用措施的小规模养殖场进行关停转迁。

将畜禽粪污收集并合理利用是治理畜禽养殖的面源污染的根本之策。在治理路径上,采取两种主要治理方式:一是由规模养殖园区(场)建设粪污处理利用设施,对产生的粪污进行无害化处理后还田,实现资源化利用;二是由第三方集中处理中心(有机肥加工厂)对养殖密集区或周边养殖场(园区、小区、户)的粪污进行收集,集中处理,生产有机肥,用于果树、蔬菜、牧草、大田作物等。

针对现有的规模养殖场,建议采用以"干清粪+固液分离"预处理系统和"固体堆肥+沼气发酵"资源化利用系统为主的一体化生态循环利用工艺。该工艺集粪便收集技术、好氧堆肥技术和沼气发酵技术于一体,只通过固液分离机,新建沼气池、沼液存储初沉池、沼液曝氧腐熟池,就能实现对畜禽粪污的综合利用。具体操作流程是:在利用干清粪工艺收集粪便后,将粪便用固液分离机进行脱水处理,固体部分直接堆肥发酵腐熟后可作有机肥。液体部分进入沼气池,厌氧发酵后产生沼气,沼气用于生活和生产,沼液部分作液体有机肥,从而实现畜禽粪污的收集和利用。

对于其他有条件的养殖场,建议采用异位发酵床养猪。该法是将切短的稻草、麦秆、其他植物秸秆、木屑等和猪粪、特定的多种发酵菌混合搅拌,猪的粪尿在该填料上经发酵菌自然分解,无臭味,填料发酵。所产生的填料是很好的肥料,从而实现了畜禽粪污的收集和利用。

针对目前的农户散养家禽养殖场粪污处理问题,建议当地居民将农作物秸秆/尾菜、畜禽粪便等按照一定的比例混合,通过高温堆肥发酵处理杀灭废弃物中含有的寄生虫卵、病原菌、杂草种子等对农作物有害的物质,生成腐熟的有机肥后直接还田处理。堆肥直接还田是中国最传统、最经济的粪便处理方式,适用于农村有足够农田消纳养殖场粪便的地区。

针对未来新建的养殖场,要把控好新建规模养殖准入门槛。对新建的畜禽规模养殖场要求同期建设雨污分流设施、粪便污水储存设施。大力推广沼气处理技术、好氧堆肥技术和发酵床养殖技术。

2)控制种植业面源污染

宣传测土配方施肥的作用和意义,不断改变广大农民传统的盲目过量施肥观念,并通过举行培训班,使广大农户掌握测土配方施肥技术。

按照农艺农机结合的要求,根据栽培制度和作物类型,筛选适宜的农机具,开展基肥深施、追肥深施、分层施肥、种肥同播等化肥机械深施技术试验。施肥深度要求为基肥 10~20 cm、追肥 8~10 cm、种肥 5~8 cm;作追肥和种肥时,应与植株、种子保持 4～6 cm 的水平距离。

根据作物需求和土壤墒情,充分利用喷滴灌、微灌、渗灌等技术装备,借助管道灌溉系统,对农田水分和养分进行综合调控和一体化管理,以水促肥、以肥调水,适时适量地满足作物对水分和养分的需求,实现水肥一体化管理和高效利用。

指导规模化养殖企业选择适宜的微生物菌剂发酵处理畜禽粪便,生产有机肥;引导种植大户、家庭农场和农民合作社等新型农业经营主体积造农家肥。结合耕地质量保护与提升项目继续开展增施有机肥试验示范,引导农民增施有机肥意识。加强指导和培训,提高乡镇农业综合服务站工作人员的业务水平,提高农民科学用药的认识,引导农民使用易降解、低毒、低残留的农药。乡镇农业综合服务站人员应加强农业技术服务工作,及时掌握病虫害情况,科学指导病虫害的防治工作,减少农民盲目用药。农业病虫害统防统治,通过精准化施肥技术和畜禽粪便、农村固体废弃物资源化利用,施用有机肥以培肥地力,减轻农业生产对化学品的过度依赖。通过以低毒、低残留农药替代高毒农药,以生物防治、物理防治部分替代化学防治,在田间统一安置频振式杀虫灯诱杀害虫,控制农作物虫害发生频次,减少化学农药用量。

加快采用生态田埂、生态沟渠、旱地系统生态隔离带、生态型湿地处理以及农区自然塘池缓冲与截留等技术,利用现有农田沟渠塘生态化工程改造,建立新型的面源氮磷流失生态拦截系统,拦截吸附氮磷污染物,大幅削减面源污染物对水体的直接排放。

3）加强秸秆资源化利用

通过机械还田、保护性耕作等形式利用农作物秸秆,有效改良土壤,降低生产成本,提高农产品质量,发展绿色农业;通过青贮、微贮和压块加工,把秸秆转化为饲料,促进畜牧业发展;利用秸秆发展食用菌产业,促进农民增收;通过抑制秸秆焚烧,有效控制环境污染。建立完善秸秆田间处理、收集、储运体系,形成布局合理、多元利用的综合利用产业化格局。

4）发展循环农业（经济）

根据财政部发布的《关于做好 2018 年农业综合开发产业化发展项目申报工作的通知》,2018 年国家农业综合开发办公室将优先扶持以农业废弃物资源化利用等为主要内容的项目,应借此机会,鼓励企业申报农业废弃物资源化利用项目,将养殖业和种植业有机结合起来,开辟循环农业新模式。循环农业（Circular Agriculture)是一种农业可持续发展模式,其根本是减少废弃物的优先原则和循环经济"3R"原则(即减量化 Reduce、再使用 Reuse、再循环 Recycle)。

建议发挥政府职能,在石泉县选择适宜地区进行试点,制定地区发展生态农业和循环经济的规划,推进生态农业示范区建设。

可在示范区构建"猪圈—沼气—菜地、鱼"的农业产业循环经济经营模式。该模式是以沼气工程和堆肥工程为纽带的种养循环农业模式,不仅能实现粪污的无害化处理和资源化利用,也延长了产业链,促进了循环农业的发展。养殖园的产业模式见图 5-1。

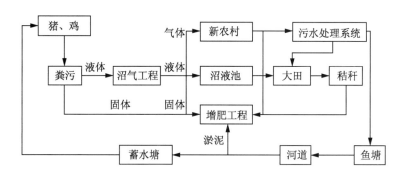

图 5-1 循环农业(经济)示意图

(5)内源污染治理

为避免生态治理措施不当造成的内源污染,减少河内污染负荷,每隔 3～5 年应对河道进行疏浚清理,提高水流速度、改善水力条件,不仅有利于污染物稀释、降解,还可以减少河床低质对水体的反向污染。

(6)落实"振兴乡村"措施

结合实际情况,建议构建现代循环农业示范区、生态牧场游憩区、中医药康养区等特色园区,将"闲、养、乐、学"融入其中,尽显"生态"的独有特色。在循环农业示范区中,建立生态农业示范园、标准化农田改造园、高效节水示范园、土地整治物理防治园、坡耕地改造园等系列项目,体现现代农业循环生产技术示范体系,降低资源投入,提高能源循环,实现高效生态农业。打造生态休闲农业品牌,带动农业生态建设和农民增收致富。植入田园民歌、民歌小镇(民宿改造)、越野卡丁车、房车营地、星空露营等特色项目,让游客在返璞归真的游憩活动中尽情地融入自然、拥抱自然、享受自然。

5.3.4 水环境治理

（1）河道清淤

组建专门的工作班子，购置保洁设备，根据现场实际情况采用合适的方案进行清理。河道清淤按照自上游至下游、先中央后两侧的顺序施工。河底清除的淤砂可资源化利用，制作建材、制陶粒等。

（2）河道保洁

各相关单位要结合实际制定《河道保洁实施方案》，建立保洁机制，落实保洁责任，切实加强河道保洁工作及监督检查，实现乡域内河道保洁覆盖率达80％以上，其中饮用水源地河道、村庄和居民聚集区河道保洁覆盖率达100％。

（3）加快推进河岸环境整治

开展水环境综合整治，严禁出现垃圾随意丢弃现象，加快推进垃圾统一处理，整治河流旁边的砂场，实现河面无漂浮物，河岸无垃圾，无违法排污口，实现河岸的绿化、美化。

（4）建设生态护岸及护堤加固

水土裸露处栽种植物，结合景观、绿化要求，选择适合本地气候生长的乡土树草种植，恢复河道的天然生态功能，建设生态护岸，改善水环境。护岸采用生态砼护坡，外坡块石或生态砼预制块抛投固基。亲水步道宜采用石板、卵石、生态透水砖等石材为主。

（5）整治河道垃圾

在石泉县河湖流域内建立起完善的"户分类、村收集、镇中转、县处理"的城乡垃圾一体化处理模式，配置垃圾桶、垃圾箱（池）、压缩式垃圾中转站（车）、密闭式转运车辆等收集转运设施，生活垃圾渗滤液规范处置，实行垃圾的统一收集、清运和处置。开展垃圾分类管理工作，建立分类收集、运输和处理机制。建立长效保洁管理机制和卫生工作村规民约，成立村民卫生监督小组，形成三级管理制度。建垃圾处理中转站压缩后外运。另外，针对流域内易截污位置采用人工方式进行生活垃圾、建筑垃圾、漂浮物全面打捞利用。

5.3.5 水生态修复

（1）补充河道流量，保证生态基流

开展生态调度和生态补水，在部分河道进行蓄水，形成自然蓄水的生态型河道;根据区域地形、地貌及运行水位条件,沿河道周边建设滨河生态系统,设置乔木带、灌木带、挺水植物带、沉水植物群落等,形成生态湿地,涵养水源、净化水质、补给地下水。

（2）开展水质监测监控,强化河流生态健康评估

强化水质监测,适时掌握河流生态系统健康状况是维护河流水生态系统持续健康发展的根本。建议在现有水功能区水质监测站点基础上,增设重点河流水质监测点,逐步建立全县域重点河湖水质监测体系,进而实现水质监测全覆盖;同时,强化与科研单位合作,研究建立河流健康评价指标体系,开展重点河流水生态健康评价,编制河流生态健康评估报告,全面掌握县域河流生态健康状况。建议每个评估周期为 3 年,每年编制健康评估报告。

（3）发展生态农业

发展现代生态技术,通过化肥减施、绿色防控、稻虾共作、林下养禽等关键技术,配套生态沟渠、湿地等工程,构建"源头消减＋综合种养＋生态拦减"水体清洁型生态农业建设模式。

（4）及时落实水土保持投资,减少水土流失

争取国家和省、市专项资金,实施工程化项目,稳固堤岸,防治崩坍;尝试生态补偿机制,让水电站等既得利益实体承担河道、河岸修复的部分经济责任;约束村民河坡种植开垦,减少水土流失开源;加强河岸植被管理,杜绝人为砍伐,及时增植裸露河坡的植被,选择土生树草增强存活率;增加新科技成果应用,提高防治水土流失效益。

5.3.6　执法监督

（1）加大执法检查力度

以"纵向到底、横向到边"为原则,重点检查河湖岸线利用、河道清障、入河排污口管理和水文设置保护等法律规章制度贯彻落实情况,加强执法检查和现场排查。建立健全法规制度,加大水资源保护、水域岸线管理、水污染防治、水环境治理等河流管理和保护工作,联合水务、环保、渔政、航运、自然保护等执法监察部门建立健全联合执法机制,完善行政执法与刑事司法衔接制度。

结合"河长制"考核管理机制,建立日常监管巡查制度,编制实施河道巡查方案,确定管理人、管理区域及其管理内容,实行河湖动态监管,对非法设置排污口、

污水直排偷排、污水处理厂超标排放、违法养殖、侵占河道、围垦湖泊、非法取土等行为进行查处。

（2）严格依法查处水事违法案件

各地各级要加强巡查检查痕迹管理，建立执法台账，对于违法违规项目（活动），坚决做到有废必查、有污必罚。清理整治非法排污、设障、养殖、围垦、侵占水域岸线等违法行为，加大加快处置力度，全力为水环境治理保驾护航。

（3）完善河湖执法监管长效机制

要以推行河长制为契机，建立严格的多部门、常态化河湖管理保护联合执法体系和河湖日常监管巡查制度，加强内部配合，部门联动，形成执法合力；健全行政执法和刑事司法衔接配合机制，完善案件移动、受理、立案、通报等规定。

（4）加强宣传引导，树立先进典型

加大河湖管理保护法律规章制度的宣传力度，大力推进包河到户、治水公约等制度建设；鼓励基层改革探索，激发创新活力，把河湖管理保护问题解决在基层，经验总结推广在基层。

（5）全面加强应用现代化巡河装备 APP

严格使用河长制实施管理系统 APP 进行巡河，使各级河长可即时记录和查询巡查轨迹、巡查频率、巡河问题等信息，达到即时发现问题、及时反馈的效果，确保巡河工作系统化、科学化、规范化。

5.4 池河流域（石泉段）河长制"一河一策"实施方案编制

池河发源于陕西省宁陕县新矿乡平河梁龙谭子古山墩，由北向南流经宁陕、石泉两县，在石泉县池河镇莲花石注入汉江。池河流域北高南低，上游山岭纵横，河谷幽深，下游相对平缓、开阔，海拔 2 679～346 m。全流域面积 1 030 km²，主河道长114 km，平均比降 7.22 降。其中石泉段境内流域面积 440 km²，河长 53.7 km，平均比降 21.8 降。池河（石泉段）为石泉县境内汉江的最大支流，建有六座水电站。流经池河、中池、迎丰三个镇，包括 22 个行政村。池河（石泉段）及其支流基本情况详见表 5-3。

表 5-3　池河(石泉段)及其支流基本情况

河流名称	河流概况
池河	流经 4 个行政村,流域内植被良好,泥沙流失量小,沿线有 6 个小水电站
云川河	云川河是池河迎丰镇段的最大支流,总长 20.2 km。在迎丰镇境内流经三官庙、三湾、梧桐寺三个村,经由梧桐沟口注入池河。流域内植被良好,泥沙流失量小
迎丰沟	迎丰沟地处梧桐寺村,全长 5 km,在集镇三角地汇入池河。是迎丰镇集中饮用水源地保护区
小沟	小沟地处三湾村,全长 6.8 km,在梧桐沟口汇入云川河
弓箭沟	弓箭沟地处弓箭沟村,全长 8.5 km,在弓箭沟口汇入池河
良长沟	良长沟地处红花坪村,全长 4 km,在将军坟河口汇入池河
五两沟	五两沟地处新庄村,全长 7.9 km,在庙梁桥汇入池河
香炉沟	香炉沟地处香炉沟村,全长 7.5 km,在香炉沟二组安置点下汇入池河

5.4.1　编制重要遵循

为认真贯彻落实中央《关于全面推行河长制的意见》精神,进一步加强我国河湖管理保护工作,夯实属地责任,健全长效机制,2017 年 9 月 7 日,水利部办公厅印发了《"一河一策"方案编制指南(试行)》,启动了"一河一策"方案编制工作,10 月 16 日,陕西省河长制办公室以陕河长办发〔2017〕6 号文印发了《关于开展"一河一策"方案编制工作的通知》,要求各级河长办组织编制"一河一策"方案。"一河一策"是全面推进河长制的"良方",要坚持问题导向,提出山水林田湖草系统治理的具体措施,明确部间、区域间的责任分工和各项任务完成的时间节点,开展系统治理。严格实行河湖水域空间管控,划定红线。严格控制河湖排污行为,核定河湖水体对污染物的承载能力,倒逼岸上各类污染源治理。

为做好"一河一策"实施方案,进一步从源头上保护好"一河清水",要从以下四个方面抓好实施方案的落实。

(1)坚持勿忘初心,实现"水清、河畅、岸绿、景美、鱼乐"。"一河一策"实施方案旨在为各级河长们践行河长制提供锦囊妙计及实践思考。水体污染"症状"在水里,"病根"在岸上,农村废弃物(秸秆、养殖、生活等)污染、面源(化肥、农药)污染,工业点源污染等,使原来可以游泳、饮用的河道变成了臭水沟,对群众饮水安全构成危害,对当代及子孙后代造成伤害。编制实施方案,目的是针对存在问题,在深入调查研究基础上,科学拟定系统保护"水生态、水环境"的"良方"。通过"一河(湖)一策"实施方案的分步实施,积极构建"水清、河畅、岸绿、景美、鱼乐"的河(湖)保护目标,为人民群众的"健康"创建优良的"风水"。所以说,全面推行河长制,既是一项保护工程、发展工程、民生工程,更是一份沉甸甸的政治责任,需要各级党政领导干部保持为民服务的初心。

(2)坚持问题导向,因地制宜加强保护。本区域河流众多,情况复杂,全面推行河长制,必须要坚持问题导向,深入调查河湖现状,因地制宜进行治理保护。在深入调研的基础上,针对存在问题,坚持近期和远期治理保护相结合,结合群众和社会发展需求,以改善水环境质量为核心,构建责任明确、协调有序、监管严格、保护有力的河湖管理保护机制,到2020年基本建立现代河湖管理保护体系,河湖管理机构、人员、经费全面落实,人为侵害河湖行为得到有效遏制,地表水丧失使用功能(劣于Ⅴ类)的水体及黑臭水体基本消除,县级集中式饮用水水源水质全部达到或优于Ⅲ类,河湖资源利用科学有序,河湖水域面积稳中有升,河湖防洪、供水、生态功能明显提升,群众满意度和获得感明显提高,河道(湖泊)绿色发展、健康发展、和谐发展成为常态。

(3)坚持群众路线,推进计划全面落实。随着我国经济社会的快速发展,水污染、水灾害、水短缺等问题层出不穷;部分河段资源过度开发,有些涉河建设项目未批先建、侵占河道、超标排污、乱采乱挖乱建等现象时有发生;一些地方垃圾污水随意入河倾倒、排放,造成了局部水体污染、生态破坏;部分公民护水、节水意识不强,水行政主管部门执法权限、经济控制手段不足,致使有些突出问题屡禁不止,阻碍了水环境的持续改善提升。因此,加强河湖治理保护,首先要坚持从群众中来,到群众中去。要广泛听取沿河(湖)群众意见和诉求,听取社会各界意见和建议,问计于民,充分调动人民群众"爱水、护水"的积极性,实现"包河(段)到户",请群众管好家门口的河段,处理好家门口的垃圾和生活污水,将河湖保洁与脱贫结合起来,争取河湖保护与脱贫双赢!发动群众有利于各级河长有的放矢地抓好"一河(湖)一策"计划的全面贯彻实施,努力做到"以河为贵"。

(4)坚持系统治理,大力发展生态农业和循环经济。河(湖)治理是一项长期而又复杂的系统工程,针对中央布置的六大任务,在通过工程措施治理同时,关键还要大力发展生态农业和循环经济,此为防止水污染、改善水生态环境的治本之策。据调查,一头猪每年排出 11 吨污水(此乃河、湖水质黑臭的主因之一),如合理利用,可提供半亩地有机肥;一颗纽扣大小的锂电池,随意丢弃,能污染 600吨的水,相当一个人一生的饮用水;一个人每天要排出 30 公斤废水、2 公斤垃圾,若不处理回用,对水、对环境产生的污染可想而知。这些变废(污)物为宝贵资源,是利国、利民、利己的事,需要相关职能部门、每个公民用心来做。实践证明,发展生态农业和循环经济,对经济、社会、生态环境的改善是根本性的,是可持续发展的必然选择,也是实现"青山常在、绿水长流、江河安澜、百姓富裕"的不二选择。

5.4.2 编制要求和目标

开篇需要阐明任务缘由(国家、地方需求)、项目区基本情况(概要说明本级河长负责的河流自然特征、资源开发利用状况等,重点说明河湖级别、地理位置、流域面积、长度(面积)、流经区域、水功能区划、河湖水质、涉河建筑物和设施等基本情况)等内容。

(1)方案编制总体要求

方案编制体系包含编制依据(法律法规、规范性文件)、编制对象、编制主体等外,还有以下内容。

1)编制范围

调查范围:纵向为各级河长管辖河流的干流及支流入河口,横向为河道管理范围,即干流河道两岸堤防背河侧护堤地的边线,包括两岸堤防之间的水域、沙洲、滩地(包括可耕地)、行洪区、两岸堤防、护堤地;未修建堤防的河段为历史最高洪水位或设计洪水的淹没范围。河流水资源开发利用、水污染治理等任务涉及河道管理范围以外区域的调查范围可适当扩大。

治理范围:干流河道规划治理任务所涉及的区域。

2)编制水平年

编制"一河一策"方案的基准年为当年,"一河一策"方案具体任务、措施实施年限为编制年后两年,如编制基准年为 2018 年,方案实施周期为 2019—2020 年,现状水平年为 2017 年,目标水平年为 2020 年。

3）编制原则

① 坚持统筹协调，系统治理。编制"一河一策"方案要与有关规划相衔接，妥善处理好水下与岸上、整体与局部、近期与远期、干支流、上下游、左右岸之间的治理目标与关系，使方案更具有系统性和整体性。

② 坚持问题导向，突出重点。方案编制要紧紧围绕水资源、水域岸线、水环境、水生态、执法监管方面存在的问题，制定管理保护目标，提出对策措施，切实解决影响河湖健康的突出问题和群众反映的热点问题。

③ 坚持因地制宜，分步实施。方案编制过程中要紧密结合当地经济社会发展状况和河道治理现状，区分轻重缓急，合理制定年度目标任务，分步推进实施。

④ 坚持目标明确，责任明晰。要明确属地责任和部门分工，将目标任务逐一落实到责任单位和责任人，提出的目标任务要量化指标，明确时限，便于监测、监督、评估、考核。

4）技术路线

① 编制技术路线

技术路线主要围绕四个层次展开。摸清河流存在主要问题，找准产生原因；根据国家和流域区域要求，确定治理保护目标任务；从治理和管控两方面入手，提出治理保护对策措施；按照治理保护工作紧迫性，确定实施安排，落实责任分工。制定出河段目标任务分解表、实施计划安排表和河湖治理与管控的5个清单。"一河（湖）一策"编制技术路线图见图5-2。

② 分解河流治理保护目标任务

根据相关涉水规划，结合河湖及河段实际，针对突出问题，制定河流治理保护目标任务，按照整体性要求，结合河流的特点和功能定位，分段确定各河段以及支流入河口治理保护目标任务与控制性指标和要求，形成河段目标任务分解表。

③ 制定河流实施计划安排

按照河流治理与保护的总体和分年度目标，制定分河段的治理措施，细化分年度实施计划、责任分工和实施安排等，清理需优先安排的措施项，制定实施计划安排表。

④ 制定河流治理与管控清单

问题清单。分析梳理河流主要问题及原因，列出问题清单。

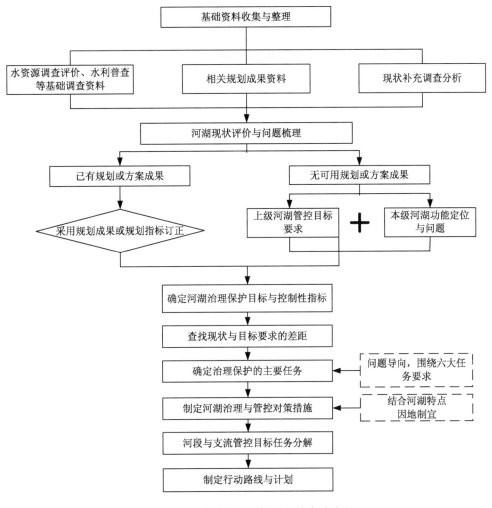

图 5-2 "一河(湖)一策"编制技术路线图

目标清单。以问题为导向,以相关规划和方案为依据,确定河流治理保护目标,明确河流治理保护的主要任务,制定目标清单。

措施与责任清单。从治理和管控两方面入手,提出具有针对性、可操作性的治理保护措施,并且明确各级河长责任,各项措施的牵头部门和配合部门,落实相关负责人与责任单位,制定措施与责任清单。

任务清单。首先明确总任务,根据总任务制定阶段目标和具体任务,并明确各任务的责任部门制定任务清单。

目标分解表。按照各指标的现状与预期值,制定详细的池河(石泉段)阶段目标,并明确责任人,制定目标分解表。

(2) 方案编制主要任务

"一河一策"方案编制是全面推行河长制的基础工作,是为河长制相关工作的落实和具体实施提供可操作、可量化的依据,因此必须针对河流管理保护和开发利用现状,从宏观、战略、全局的角度,研究提出符合省情和各地实际的河流保护目标、任务及措施。

① 客观评价现状

充分利用已有的各类调查、普查、规划和方案等成果,梳理河流现状基本情况。对于基础资料条件相对薄弱的,应结合方案编制工作需要,开展重点区域、领域现状补充调查工作。从水资源、水域岸线、水污染、水环境、水生态、执法监管等方面分析河流面临的主要问题和成因,根据具体情况有所侧重。

② 合理确定目标

"一河一策"方案应在《陕西省关于全面推行河长制的实施方案》确定的总体目标下,结合河流存在的主要问题、当地实际及可能达到的预期效果,合理提出方案实施周期内河流管理保护的总体目标及控制性指标,对已有较为完整、可用的规划成果的河流,应根据上位规划或方案,对本河流治理保护的各项控制性指标进行分解确定。对缺乏上位规划和方案成果的,可根据河流特点与功能定位和现状问题,结合上级河流管控目标要求和本级河段功能定位,确定本河流治理保护目标和指标,重点考虑近期应达到的目标要求。

③ 合理确定任务

从河流现状特点和问题出发,分流域、分河段、分区域,按照已确定的河湖管理保护目标与任务要求,充分考虑需要和可能,结合已有河湖管理保护的成功经验,因地制宜制定管理保护的主要任务内容。

④ 制定对策措施

根据河流管理保护主要任务,提出具有针对性、可操作性的具体措施,明确各措施的牵头单位和配合部门,落实管理保护责任。

⑤ 建立保障机制

根据河流管理保护目标和任务,从加强组织领导、完善法律法规建设、制度建设、强化监督、监管、加大资金及人员投入等方面制定方案实施的保障措施。

（3）管理保护现状及存在问题

1）管理保护现状

通过现状调查、填报附表摸清水资源、水域岸线、水污染、水环境、水生态、执法监管等方面现状,制定现状清单。池河(石泉段)现状基本情况梳理要充分利用已有的各类调查、普查、规划和方案等成果,对于河湖基础资料不足的,可根据方案编制工作需要适当开展重点区域、领域现状补充调查工作。

以下内容供各市、区参考,可根据实际情况进行选择、细化、调整、补充等,可定量确定或定性说明。

一是水资源保护利用现状。一般包括本地区最严格水资源管理制度落实情况,工业、农业、生活节水情况,河湖提供水源的高耗水项目情况,河湖取排水情况(取排水口数量、取排水口位置、取排水单位、取排水水量、供水对象等),水功能区划及水域纳污容量、限制排污总量情况,河湖水源涵养区和饮用水水源地数量、规模、保护区划情况等。通过填报现状清单重点摸清干流取水、排水现状,以干流为水源的工业、农业、生活用水、节水现状,水功能区划及水域纳污容量、限制排污总量现状,饮用水水源地保护现状。

二是水域岸线管理保护现状。一般包括河湖管理范围划界情况,河湖生态空间划定情况,河湖水域岸线保护利用规划及分区管理情况,包括水工程在内的临河(湖)、跨河(湖)、穿河(湖)等涉河建筑物及设施情况,围网养殖、航运、采砂、水上运动、旅游开发等河湖水域岸线利用情况,违法侵占河道、围垦湖泊、非法采砂等乱占滥用河湖水域岸线情况等。通过填报现状清单重点摸清岸线管理现状(管理范围划定、生态空间划定、护堤地利用现状),水域管理利用现状(涉河建筑物、采砂、养殖、旅游、公园、水上运动、侵占河道、围垦湖泊现状),工程管理现状(堤防工程、护岸及河道工程现状)等。

三是水污染现状。一般包括入河湖排污口数量、入河湖排污口位置、入河湖排污单位、入河湖排污量情况,河湖流域内工业、农业种植、畜禽养殖、居民聚集区污水处理设施等情况,水域内航运、水产养殖等情况,河湖水域岸线船舶港口情况等。通过填报现状清单重点摸清直排干流的入河排污口现状,直排干流的工业、畜禽养殖、生活污染源及处理设施现状,水域岸线内的农业面源污染、垃圾污染、航运污染、水产养殖污染现状。

四是水环境现状。一般包括河湖水质、水量情况,河湖水功能区水质达标情况,河湖水源地水质达标情况,河湖黑臭水体及劣 V 类水体分布与范围等;河湖水文站点、水质监测断面布设和水质、水量监测频次情况等。通过填报现状清单重点摸清河湖水质现状(水功能区水质、水源地水质、监测断面布设、频次等)、黑臭水体及劣 V 类水体分布现状、水域岸线内水环境现状(岸线内垃圾堆放)。

五是水生态现状。一般包括河道生态基流情况,湖泊生态水位情况,河湖水体流通性情况,河湖水系连通性情况,河流流域内的水土保持情况,河湖水生生物多样性情况,河湖涉及的自然保护区、水源涵养区、江河源头区、生态敏感区的生态保护情况等。通过填报现状清单重点摸清水域生态现状(生态基流、水体水系连通性、湿地、生物多样性现状等),岸线生态现状(生态护坡、防护林、防浪林等),流域水土流失及治理现状。

六是执法监管现状。通过填报现状清单重点摸清执法监管的体制、机制、制度建设情况,执法队伍及装备情况,执法能力,涉河涉湖违法违规行为查处打击力度等。

2) 存在问题及原因分析

说明水资源保护、水域岸线管理保护、水污染、水环境、水生态、执法监管方面存在的主要问题,并分析问题产生的主要原因,提出问题清单。

① 水资源保护问题及原因分析

一般包括本地区落实最严格水资源管理制度存在的问题,从河湖取水的工业、农业、生活节水制度、节水设施建设滞后、用水效率低的问题,河湖水资源利用过渡的问题,河湖水功能区尚未划定或者已划定但分区监管不严的问题,排污总量限制措施落实不严格的问题,饮水水源保护措施不到位的问题等。

重点分析最严格的水资源管理制度落实是否到位,即水资源"三条红线"控制存在的问题及成因分析,分析直接从干流取水的工业、农业、生活等用水总量及用水效率情况,对照陕西省用水定额及省、市最严格水资源管理制度考核指标,说明用水总量和用水效率是否满足相关要求;结合水功能区水质保护目标,分析水功能区达标情况;分析饮用水水源地保护措施及水质达标情况。

② 水域岸线管理保护问题及原因分析

一般包括河湖管理范围尚未划定或范围不明确的问题,河湖生态空间未划定、管控制度未建立的问题,河湖水域岸线保护利用规划未编制、功能分区不明确或分区管理不严格的问题,未经批准或不按批准方案建设临河(湖)、跨河(湖)、穿河

(湖)等涉河建筑物及设施的问题,涉河建设项目审批不规范、监管不到位的问题,有砂石资源的河湖未编制采砂管理规划、采砂许可不规范、采砂监管粗放的问题,违法违规开展水上运动和旅游项目、违法养殖、侵占河道、围垦湖泊、非法采砂等乱占滥用河湖水域岸线的问题,河湖堤防结构残缺、堤顶堤坡表面破损杂乱的问题等。

重点分析水域岸线尚未划定或范围不明确的问题,功能分区管理不明确或分区管理不严格问题;违法涉河建筑物的问题;非法采砂、围网养殖、围垦湖泊、开发旅游等违法侵占水域岸线问题、河湖防护结构不完善问题。

③ 水污染问题及原因分析

一般包括入河排污口设置不合理的问题,工业废污水、畜禽养殖排泄物、生活污水直排偷排河湖的问题,水域岸线内农药、化肥等农业面源污染严重的问题,畜禽养殖污染、水产养殖污染的问题,河湖水面污染性漂浮物的问题,航运污染、船舶港口污染的问题等。

重点分析入河排污口设置问题、水质排放达标情况;工业、畜禽、生活污水直排、偷排及处理标准达标情况;水域岸线内农业种植化肥农药使用、生活垃圾等面源污染情况;水域内水产养殖、航运等加重内源污染等情况。

④ 水环境问题及原因分析

一般包括河湖水功能区、水源保护区水质保护粗放、水质不达标的问题,水源地保护区内存在违法建筑物和排污口的问题,工业垃圾、生产废料、生活垃圾等堆放河湖水域岸线的问题,河湖黑臭水体及劣Ⅴ类水体的问题等。

重点分析河湖水质达标问题(水功能区、水源地水质达标),河湖黑臭水体及劣Ⅴ类水体问题及水域岸线内垃圾堆放造成水环境恶化问题。

⑤ 水生态问题及原因分析

一般包括河道生态基流不足、湖泊生态水位不达标的问题,河湖淤积萎缩的问题,河湖水系不连通、水体流通性差、富营养化的问题,河湖流域内水土流失问题,围湖造田、围河湖养殖的问题,河湖水生生物单一或环境破坏的问题,河湖涉及的自然保护区、水源涵养区、江河源头区、生态敏感区生态保护粗放、生态恶化的问题。

重点分析部分河道外用水挤占河道内生态需水,生态基流不足问题;受城市建设等多重因素影响,水面率下降,河湖水系连通性、流动性降低,影响水生态问题;

水生生物单一、生境遭到破坏,自净能力大大降低问题;河道渠化、硬化现象普遍,堤防未设置防浪林、防护林问题;水土流失问题等。

⑥ 执法监管问题及原因分析

一般包括河湖管理保护体制机制、制度建设不健全的问题、区域内部门联合执法机制未形成的问题,河湖日常巡查制度不健全、不落实的问题,执法队伍人员少、经费不足、装备差、力量弱的问题,执法手段软化、执法效力不强的问题,涉河涉湖违法违规行为查处打击力度不够、震慑效果不明显的问题等。

重点分析管理体制与管理机制是否合理,制度建设是否健全,管护和执法的能力、队伍建设、监管手段等方面存在的不足。

(4) 管理保护目标

针对池河(石泉段)存在的主要问题,依据国家相关规划,结合本地实际和可能达到的预期效果,合理提出方案实施周期内河湖管理保护的总体目标和年度目标清单。

下述总体目标清单供参考,各地可根据实际情况自行选择、细化、调整、补充。同时,本级河长负责的河湖(河段)管理保护目标要分解至下一级河长负责的河段(湖片),并制定目标任务分解表。

① 目标设定要求

各河湖管理保护目标和指标制定主要考虑以下三方面的要求:

一是总体目标要与河湖自身管理保护要求和功能定位保持一致,结合当前突出问题;

二是目标与指标的选取应与河湖所在省、市、县已出台的各级河长制实施方案内容保持衔接,重点对实施方案中已明确的目标和各项指标要求细化落实到本河湖;

三是各项指标值的确定应与河湖已有上位规划和方案中确定的目标和控制性指标值保持协调一致,将上位规划和方案中已明确的目标要求和控制性指标值作为确定指标值的主要依据,分年度分解落实到方案中。

② 水资源保护目标

一般包括河湖取水总量控制、饮用水水源地水质、水功能区监管和限制排污总量控制、提高用水效率、节水技术应用等指标。

可供选择的主要指标为:取水水量(万 m^3)、取水降幅(%)、万元工业增加值用水量(m³/万元)、工业用水重复利用率(%)、高效节水灌溉面积(万亩)、灌溉水利用系数、城市供水管网漏损率(%)、节水器具普及率(%)、水功能区水质标准及水质达标率(%)、水域纳污容量(万 t)、限制排污总量(万 t)、饮用水水源地水质标准水质达标率(%)等。

③ 水域岸线管理保护目标

一般包括河湖管理范围划定、河湖生态空间划定、水域岸线分区管理、河湖水域岸线内清障等指标。

可供选择的主要指标为:河(湖)管理范围划定长度/比例(km/%)、河(湖)生态保护红线划定长度/比例(km/%)、河(湖)水域、岸线功能区划定率(km/%)、河(湖)水域、岸线空间确权登记率(km/%)、河(湖)违法、碍洪建筑物清退比率(座/%)、河(湖)违法侵占清退比率(hm²/%),因违法建设受损的河(湖)堤防工程加固修复比例(km/%)、河(湖)护岸工程及河道工程加固修复比例(km/%)、健全河(湖)管理制度(项)等。

④ 水污染防治目标

一般包括入河湖污染物总量控制、河湖污染物减排、入河湖排污口整治与监管、面源与内源污染控制等指标。

可供选择的主要指标为:入河湖污染物总量(万 t)、排污口水质达标个数/达标率(%)、入河污染物削减率(%)、污水处理设施配套率(%)、新增污水处理能力(万 m³/d)、主要农药化肥施用量消减量(t)/消减率(%)、水域岸线内垃圾清除量(t)/清除率(%)、水域岸线内水产养殖削减率(%)等。

⑤ 水环境治理目标

一般包括主要控制断面水质、水功能区水质、黑臭水体及劣 Ⅴ 类水体治理、废污水收集处理、沿岸垃圾废料处理等指标,有条件地区可增加亲水生态岸线建设、河道环境绿化治理、农村水环境治理等指标。

可供选择的主要指标为:水功能区水质标准及水质达标率(%)、支流入河口控制断面水质达标率(%)、跨行政区控制断面水质达标率(%)、水源地水质标准及水质达标率(%)、违法建筑、排污口整治率(%)、黑臭水体及劣 Ⅴ 类水体治理比例(%)、岸线内垃圾整治率(%)等。

⑥ 水生态修复目标

一般包括河湖连通性、主要控制断面生态基流、重要生态区域(源头区、水源涵养区、生态敏感区)保护、重要水生生境保护、重点水土流失区监督整治等指标。有条件地区可增加河湖清淤疏浚、建立生态补偿机制、水生生物资源养护等指标。

可供选择的主要指标为:河湖控制断面生态基流满足程度(%)、河流纵向连通性指数、河湖清淤疏浚长度/面积(km/万亩)、水域空间率(万 m^2,%)、水生生物完整指数(种,%)、重要生态区保护率(面积 hm^2,%)、河湖生态护岸比例(km,%)、防浪林建设率(km,%)、防护林建设率(km,%)、水土流失治理程度(hm^2,%)等。

⑦ 执法监管目标

一般包括法律法规建设、制度建设、能力建设、执法队伍及装备建设、违法行为查处及打击力度等指标。

可供选择的主要指标为:法律法规、制度建设数量(项)、执法队伍人员数量、执法装备数量、涉河涉湖违法案件数量及减少率(%)等。

(5) 管理保护任务

针对池河(石泉段)管理保护存在的主要问题和实施周期内的管理保护目标,因地制宜提出"一河(湖)一策"方案的管理保护任务,制定任务清单。

管理保护主要任务的确定应遵循以下两方面的原则:一是任务项及任务量应与已制定的河湖管理保护目标和指标值相匹配,各项任务实施和完成后,应能够满足总体目标达效要求。二是方案编制过程中,可对照六大任务和分项任务目标要求,考虑现状与目标的差距,针对主要突出问题,梳理确定纳入"一河一策"方案中的主要任务内容。

下述任务供参考,可根据实际情况自行选择、细化、调整、补充等。

① 水资源保护任务

一般包括落实最严格水资源管理制度,加强河湖取用水总量与效率控制,加强节约用水宣传,推广应用节水技术,加强水功能区监督管理,全面划定水功能区,明确水域纳污能力和限制排污总量,严格入河湖排污总量控制,加强饮用水源地保护,建立健全河湖水资源管控制度等。

② 水域岸线管理保护任务

一般包括划定河湖管理范围和生态空间,开展河湖岸线分区管理保护和节约集约利用,排查清理侵占河道设施,开展防洪工程修复加固专项整治,建立健全河湖岸线管控制度等。

③ 水污染防治任务

一般包括开展入河湖污染源排查与治理,优化调整入河湖排污口布局,开展入河排污口规范化建设,加强入河湖排污口监测监控,推进污水集中处理,提高污水处理能力,综合防治面源与内源污染,建立健全水污染防治制度等。

④ 水环境治理任务

一般包括推进水功能区及饮用水水源地达标建设,清理整治饮用水水源保护区内违法建筑和排污口,治理城市河湖黑臭水体及劣Ⅴ类水体,推动农村水环境综合治理,建立健全水环境治理制度等。

⑤ 水生态修复任务

一般包括开展城市河湖清淤疏浚,提高河湖水系连通性;实施退渔还湖、退田还湖还湿;开展水源涵养区和生态敏感区保护,保护水生生物生境;实施河岸生态防护工程,加强水土流失预防和治理,开展水生态修复制度建设等。

⑥ 执法监管任务

一般包括出台河湖管理保护的相关法律法规、建立健全河湖管理保护的体制、机制、制度,建立健全部门联合执法机制,落实执法责任主体,加强执法队伍与装备建设,开展日常巡查和动态监管,打击涉河涉湖违法行为等。

(6)管理保护措施

根据河湖管理保护目标任务,提出具有针对性、可操作性的具体措施(分3个年度),列出各项措施的年度投资估算,明确各项措施的牵头单位和配合部门,落实管理保护责任,制定措施清单和责任清单。

1)水资源保护

一般包括加强规模以上取水口取水量监测、监控、监管;加强水资源税征收,强化用水激励与约束机制,实行总量控制与定额管理;推广农业、工业和城乡节水技术,推广节水设施器具应用,有条件地区可开展用水工艺流程节水改造升级、工业废水处理回用技术应用、供水管网更新改造等。已划定水功能区的河湖,落实入河(湖)污染物削减措施,强化排污口水质和污染物入河湖监测等;未划定水功能区的河湖,初步确定河湖河段功能定位、纳污总量、排污总量、水质水量监测、排污口监测等内容,明确保护、监管和控制措施等。

2)水域岸线管理保护措施

一般包括已划定河湖管理范围的,严格实行分区管理,落实监管责任;未划定河湖管理范围的,编制划界方案,经政府审批后载桩亮界;加大侵占河道、围垦湖泊、违规临河、跨河、穿河建筑物和设施、违规水上运动和旅游项目的整治清退力度,加强涉河建设项目审批管理,加大乱占滥用河湖岸线行为的处罚力度;加强河湖采砂监管,严厉打击非法采砂活动;开展防洪工程修复加固专项整治;编制河(湖)岸线利用管理规划、河(湖)水域、岸线空间确权实施方案、河(湖)生态保护专项规划等,建立健全河湖岸线管控制度等。

3) 水污染防治措施

一般包括加强排污口设置论证审批管理,依法取缔未经审批的入河排污口,优化调整入河排污口布局;加强入河湖排污口监测和整治,加大直排偷排行为处罚力度;督促污水直排干流的工业企业全面实现废污水处理,有条件地区可开展河湖沿岸工业、生活污水的截污纳管系统建设、改造和污水集中处理,开展河湖污泥清理等;积极推广生态农业、有机农业、生态养殖,减少面源和内源污染,有条件地区可开展畜禽养殖废污水、沿河湖村镇污水集中处理;推进现有船舶防污染结构和设备改造,减少航运污染;组织编制水污染防治行动方案,建立突发水污染事故应急预案,建立风险防范体系;开展水污染防治成效考核等。

4) 水环境治理措施

一般包括清理整治水源地保护区内排污口、污染源和违法违规建筑物,设置饮用水水源地隔离防护设施、警示牌和标识牌;全面实现城市工业生活垃圾集中处理,推进城市雨污分流和污水集中处理,促进城市黑臭水体及劣Ⅴ类水体治理;推动政府购买服务,委托河湖保洁任务,强化水域岸线环境卫生管理,积极吸引社会力量广泛参与河湖水环境保护;加强农村卫生意识宣传,转变生产生活习惯,完善农村生活垃圾集中处理措施;实施河湖绿化生态岸线、工程生态改造等环境改善措施;建立水环境风险评估及预警预报机制,开展水环境治理成效考核等。

5) 水生态修复措施

一般包括针对河湖生态基流、生态水位不足,加强水量调度,逐步改善河湖生态;实施城市河湖清淤疏浚,实现河湖水系连通,改善水生态;加强水生生物资源养护,改善水生生境,提升河湖水生生物多样性;有条件地区可开展农村河湖清淤,解决河湖自然淤积堵塞问题;实施扩大湿地、水面等水生态修复措施;加强水土流失监测预防,推进河湖流域内水土流失治理;落实河湖涉及的自然保护区、水源涵养区、江河源头区、生态敏感区的禁止开发利用管控措施;开展河湖生态基流研究、生态补偿机制研究等。

6）执法监管措施

一般包括出台河湖管理保护的法律法规、建立健全执法监管体制机制制度，强化行政监管与执法；建立水行政部门牵头、相关部门共同负责的河湖管理保护联合执法机制；健全行政执法与刑事司法衔接配合机制；选配高素质人才，加强水行政执法技能培训；运用信息化建设科学手段建立河长制管理平台；加大执法设备资金投入，强化执法设备的日常管理；加大水利法规宣传力度，营造良好执法氛围；严厉打击涉河涉湖违法行为等。

（7）保障措施

1）组织保障

各级河长负责方案实施的组织领导，河长制办公室负责具体组织、协调、分办、督办等工作。要明确各项任务和措施实施的具体责任单位和责任人，落实监督主体和责任人。

2）法律及制度保障

制定出台河长制相关法律法规、建立健全推行河长制各项制度，主要包括河长会议制度、信息共享制度、信息报送制度、问题清单制度、工作督察制度、考核问责和激励制度、验收制度等。

3）经费保障

根据方案实施的主要任务和措施，估算经费需求，说明资金筹措渠道。加大财政资金投入力度，优先保障管理、监督机构建设、"一河一策"方案编制、河长制宣传、监测、执法监管能力建设所需经费，并积极吸引社会资本参与河湖水污染防治、水环境治理、水生态修复等任务，建立长效、稳定的经费保障机制。

4）队伍保障

健全河湖管理保护机构，加强河湖管护队伍能力建设。推动政府购买社会服务，吸引社会力量参与河湖管理保护工作，鼓励设立企业河长、民间河长、河长监督员、河道志愿者、巾帼护水岗等。

5）机制保障

结合全面推行河长制的需要，从提升河湖管理保护效率、落实方案实施各项要求等方面出发，加强河湖管理保护的沟通协调机制、综合执法机制、督察督导机制、考核问责机制、激励机制等机制建设。

6）监督保障

加强同级党委政府督察督导、人大政协监督、上级河长对下级河长的指导监督；运用现代化信息技术手段，拓展、畅通监督渠道，主动接受社会监督，提升监督管理效率。

5.4.3 编制基本要素

严格按编制总体要求，除编制依据（法律法规、规范性文件）、编制对象、编制主体、编制原则等要素外，紧密围绕水资源保护、水域岸线管护、水环境治理、水生态修复和执法监督六个方面，完成编制现状水平年的细致调查，摸清现状和问题，确定管理保护目标，提出并落实保护和保障措施，做好基本的五张清单（详见表5-4至表5-8），画好基础的五张图（详见图5-3至图5-7），统筹规划，明晰任务，精准施策，实现管理目标。

表5-4　池河（石泉段）管理保护问题清单

河长：李启全　安康市市委常委、石泉县委书记

问题类别	主要问题	成因简析	所在位置	备注
水资源保护	地表水开发利用率低用水结构不合理，水资源浪费严重	水资源时空分布不均，部分工程年久失修 区域内工业副业偏少，农业灌溉以大水漫灌为主	池河镇、中池镇、迎丰镇段	
	用水技术和工艺落后节水激励不完善	小灌区渠道衬砌率不高，节水技术推广较慢 因水资源相对充足，节水利益不能体现		
水域岸线管理保护	河道管理范围不明确河道岸线保护利用规划未编制	河道岸线长，洪痕难以确定 河道岸线保护利用规划未编制	池河流域，沿池河河道围垦、青山沟下游农户河道畜禽散养	
	河堤建设滞后沿河围垦种植污染	应修堤段较长，受投入限制，建设滞后 农民环境保护法律意识薄弱		

表5-5 池河(石泉段)全面推行河长制目标清单

河长：李启全 安康市市委常委 石泉县委书记

目标类别	总体目标			阶段目标			责任部门	备注
	主要指标	指标值		第一年度	第二年度	第三年度		
		现状	预期					
水资源保护	河道水质	池河河段，时段河道水质达到《地表水环境质量标准》Ⅱ类标准	全部河段全时段《地表水环境质量标准》Ⅱ类标准	允许局部河段、部分时段不达标	全部河段全时段达标	巩固提升	环保局 水利局	
	饮用水水源地水质	池河及支流农村安全饮水水源地水质局部时段不能达到国家《生活饮用水卫生标准》	净化处理后，入户水质全时段达到国家《生活饮用水卫生标准》	允许局部河段洪水季节不达标	允许局部河段洪水季节不达标	全部河段全时段达标	水利局	
水域岸线管理保护	河道管理范围	未划定	划定	调查	划定	复核	水利局 自然资源局	
	河道岸线保护利用	未编制规划	编制	调查	编制	编制	水利局 自然资源局	
	河道水域管理范围内清障	河道水域管理范围内存在永久及临时建筑物	对于严重挤占河道的建筑物坚决拆除，对于河堤岸线保护范围内的其他建筑物做到应拆尽拆	调查	动员、宣传	拆除各种障碍	水利局 沿线各镇	

表5-6 池河(石泉段)全面推行河长制措施及责任清单

河长:李启全 安康市市委常委、石泉县委书记

措施类别	措施内容	责任分工						备注
		牵头部门		配合部门		监管部门		
		部门名称	责任事项	部门名称	责任事项	监管部门	监管事项	
水资源保护	保护河道水质	环保局	水污染防治	各镇	河道环境卫生综合整治	县委督查室	责任是否落实到位	
	保障生活用水	水利局	饮用水源地保护	环保局	水质监测,污染源治理	县委督查室	责任是否落实到位	
水域岸线管理保护	划定河道管理范围	水利局	河道管理范围划定	自然资源局	配合水利局做好河道管理范围划定工作	县委督查室	责任是否落实到位	
	河道岸线保护利用	水利局	编制规划	水利局	配合水利局编制河道岸线规划	县委督查室	责任是否落实到位	
	河道清障	水利局	河道清淤、清障	公安局	保障河道管理治安环境	县委督查室	责任是否落实到位	

表5-7 池河（石泉段）全面推行河长制任务清单

河长：李启全 安康市市委常委、石泉县委书记

任务类别	总任务	指标项	阶段目标 指标值			具体任务			责任部门	备注
			第一年	第二年	第三年	第一年	第二年	第三年		
水资源保护	实施最严格的水资源保护制度	河道水质	达到水功能区划水质要求	水质同比提升	水质稳中向好	增设永久性水质监测断面	建立全流域水质实时监测系统	整合行业部门力量全力推进水质保护工作	环保局 水利局	
		饮用水水质	允许局部河段洪水季节不达标	允许局部河段洪水季节不达标	全部河段达标时段达标	对于人口集中区域建设集中式引水工程	划定集中式饮用水水源保护区	集中式饮用水水源地隔离防护设施建设	水利局	
水域岸线管理保护	划定范围，编制《规划》，加强管理保护	河道管理范围	完成调查	完成划定	进行复核	沿线镇河道管理范围调查	形成规划征求意见	批准印发实施	水利局 自然资源局	
		河道岸线保护利用	调查	编制	编制	开展沿线调查、统筹布局	划分功能区征求意见	批准印发实施	水利局 自然资源局	
		清障	调查	动员、宣传	拆除各种障碍	排查、列清单	清除50%	全民完成	水利局 各镇	

表5-8 池河(石泉段)全面推行河长制目标分解表

下一级河长负责的河段名称	目标类别	河段总体目标			河段阶段目标			河长(姓名/职务)	备注
		主要指标	指标值		第一年度	第二年度	第三年度		
			现状	预期					
池河石泉段	水资源保护	河道水质	局部河段、部分时段不达标	全部河段全时段达标	允许局部河段、部分时段不达标	全部河段全时段达标	巩固提升	李启全/安康市市委常委、石泉县委书记	
		饮用水水源地水质	局部河段洪水季节不达标	净化处理后,入户水质全时段达标	允许局部河段洪水季节不达标	允许局部河段洪水季节不达标	全部河段全时段达标		
	水域岸线管理保护	河道管理范围	未划定	划定	调查	划定	复核		
		河道岸线保护利用	未编制规划	编制	调查	编制	编制		
		清障	河道岸线范围内有有障碍;施工场地有弃土弃渣	对干河堤岸线保护范围内的其他建筑物做到拆应拆尽拆	调查	动员、宣传	拆除各种障碍		

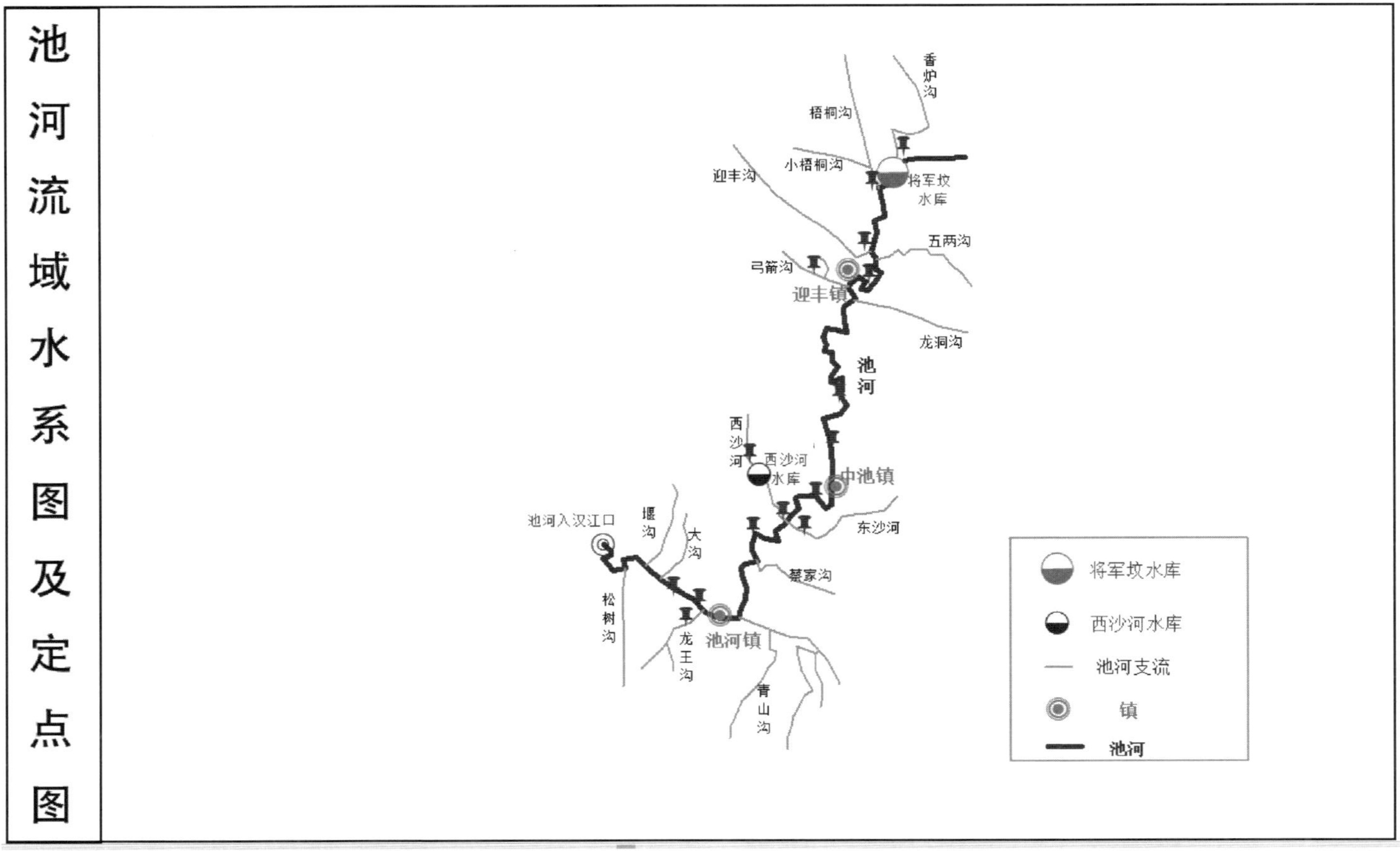

图 5-3　池河流域水系图及定点图

池河流域水系图及定点图

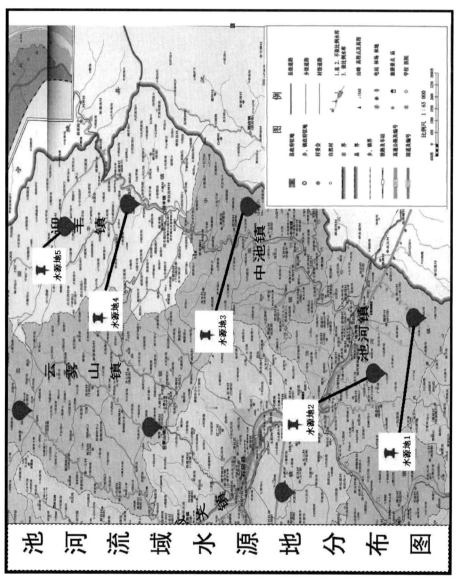

图 5-4 池河流域水源地分布图

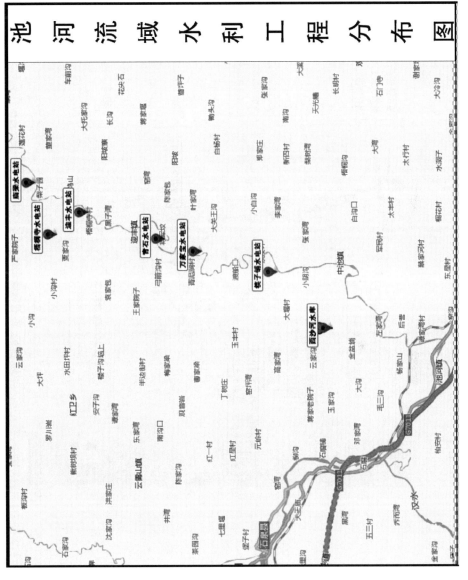

图 5-5 池河流域水利工程分布图

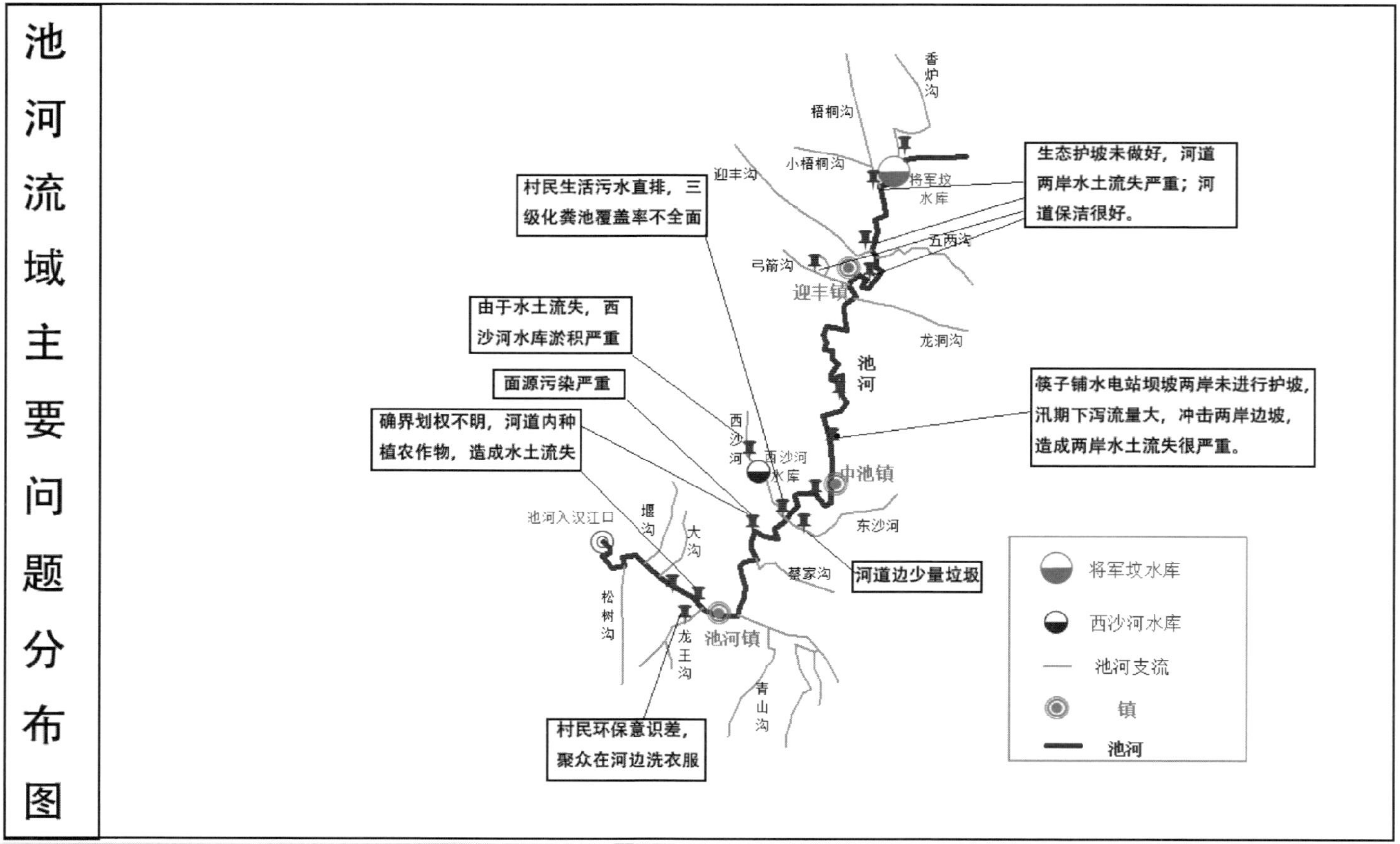

图 5-6 池河流域主要问题分布图

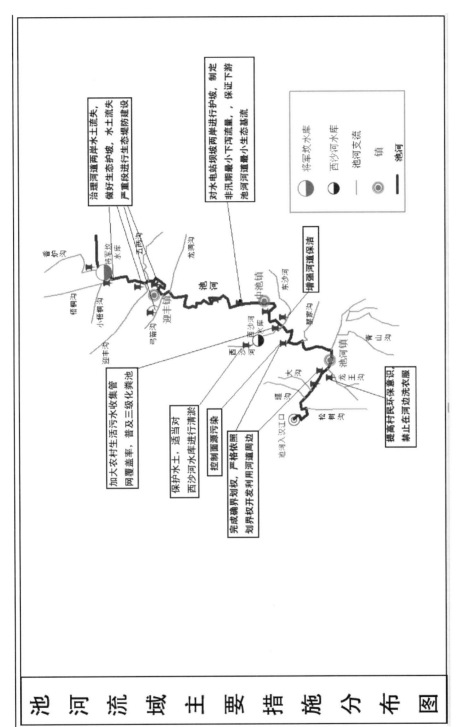

图 5-7 池河流域主要措施分布图

除了上述资料外,还有池河(石泉段)水库水电站基本情况表、水资源管理情况、池河(石泉段)排污口、池河(石泉段)水产养殖统计表、池河(石泉段)规模化畜禽养殖场清查汇总表、地表水环境质量监测点等清单,为使池河流域(石泉段)"一河一策"编制方案更加完善,尚需进一步收集和建设基础设施完备的资料还有:

(1)池河流域(石泉段)支流流域概况资料(包括流经的行政村、河长、面积)。

(2)池河流域(石泉段)水源地(五个水源地)保护资料(包括水源地名称、具体位置,供水规模、水质监测情况、水质达标情况、水源地目前的保护手段和措施)。

(3)池河流域(石泉段)入河排污口水质达标情况统计表。

(4)池河流域(石泉段)水功能区划现状,参见表5-9。

表 5-9　池河流域(石泉段)水功能区规划表

序号	一级功能区名称	二级功能区名称	河流	所属区域	范围		水质代表断面	长度(km)	功能排序	现状水质	水质管理目标		区划依据
					起始断面	终止断面					2020年	2030年	
1													
2													

(5)池河流域(石泉段)干流水域纳污容量,参见表5-10。

表 5-10　池河流域(石泉段)干流水域纳污容量计算表

一级功能区名称	二级功能区名称	氨氮纳污能力(t/a)				化学耗氧量纳污能力(t/a)			
		最枯月90%保证率	最枯月均	枯水期月平均	多年平均	最枯月90%保证率	最枯月均	枯水期月平均	多年平均
	合计								

(6)池河流域(石泉段)各断面生态流量计算统计表,参见表5-11。

表 5-11　池河流域(石泉段)各断面生态流量计算统计信息

河名	断面名称	生态流量					
		蒙大拿法(全年)	蒙大拿法(汛期)	蒙大拿法(非汛期)	Q90法(全年)	Q90法(5—9月)	湿周法(全年)

（7）池河流域（石泉段）水土流失面积表，参见表5-12。

表5-12　池河流域（石泉段）水土流失面积表

县（区）	序号	乡镇名称	无明显侵蚀面积（km²）	水土流失面积（km²）					合计土地总面积（km²）
				轻度	中度	强度	极强度	剧烈	
石泉县	1								

5.4.4　方案落实措施

"一河一策"实施方案编制是河长制推行的依据，是基础，但更重要的是落实方案和实现管护目标。河长制工作是一项复杂、系统的工程，推行河长制顺利实行需落实一系列相应的措施与保障制度。自推行河长制工作以来，石泉县围绕进一步深化河长制，高点定位，创新机制，狠抓落实，创新管理保护模式，健全河长制度体系，河长制工作得以持续深入有序推进，基本建立了县级河长制工作机构和制度。但也存在以下问题："两违三乱"存量多，整治难度大；农村河湖水质差，污染和乱垦严重；黑臭水体整治不到位，水质情况不稳定；资金、人员、基础工作、联动机制、宣传力度等保障措施落实不到位等。

（1）补充河道流量，保证生态基流

池河（石泉段）及最大支流梧桐沟沿线建设庙梁、迎丰、梧桐寺、青石、万家堡和筷子铺6座梯级小水电站，导致水电工程坝下河段除7—9月丰水期外长期脱水干涸。要建立生态环境影响后评价机制，科学研究水电工程对生态系统的响应机制，提出生态修复技术方案及生态补偿管理办法，减缓水电工程对河道生态的影响；开展生态调度和生态补水，在池河部分河道进行蓄水，形成自然蓄水的生态型河道；根据区域地形、地貌及运行水位条件，沿河道周边建设滨河生态系统，设置乔木带、灌木带、挺水植物带、沉水植物群落等，形成生态湿地，涵养水源，净化水质，补给地下水；鉴于池河流域（石泉段）梯级开发对水生态的影响的经验及教训，未来加强涉水工程环境影响管理，在充分论证水电工程对环境影响的评价基础上，合理评估涉水工程对生态的影响，并开展河流生态流量合理性论证，逐步提高生态基流标准。

（2）加强水污染防治力度

进一步加大水污染防治工作力度，全面排查河道"两违三乱"问题，发现新的问题即知即改、立行立改,保护河道空间的完整性,维护河道的健康生命;加强河长、河长办人员专题培训及对"两违三乱"、农业面源污染治理手段和技术的研究;政府对在黑臭水体、水污染源治理以及历史原因形成的河道管理范围非法建设整治等方面的投入给予配套支持,加强池河干流岸线清理整治工作;进一步加大巡查督查力度,对"两违三乱"整治工作进行"回头看",杜绝反弹,不留隐患,发现苗头性问题立即采取措施,确保整治彻底到位;建议水利部门会同其他执法部门对河道污水直排、垃圾倾倒入河、破坏河道护岸等问题展开联合执法整治,对违规违法的企业及个人进行处罚教育。

(3)提升农村河道管护能力

设立管护责任牌,明确管护范围、管护标准和管护人员等内容;要切实抓好河道绿化缺失补植工作,治理林下种植行为,坚决杜绝农作物秸秆垃圾、畜禽养殖、农药等有害物质私抛入河现象发生;严禁在河道岸线保护范围内擅自取土、采砂、盖房、修建码头、堆放物料、埋设管道缆线、兴建其他建筑物和构筑物;全面禁止高毒、高残留农药的使用,扩大沿河流域的测土配方施肥的应用范围,利用高效节水灌溉设施,大力推进水肥一体化建设,建立绿色栽培、绿色防控示范区。

(4)大力推进黑臭河道治理工作

要突出抓好城区黑臭河道治理后的长效管护,坚持河长牵头,加大巡查频次,强化沟通协调,确保年底前基本消除城市建成区黑臭水体;将治水工作推向纵深,加大骨干河道重要支河的水质监测力度,对严重黑臭水体的相关地区和河长进行通报曝光处理,相应河长不得被评为年度优秀河长;对各级河长进行电话随访,问询内容突出河长职责、存在问题、治河成效等,结果要及时通报并纳入年终河长制考核;要针对水质监测数据,深入剖析突出问题,制定切实可行的措施,保证水质提升工作落地见效。

(5)落实各项保障措施

1)资金保障

加大财政对河湖管护的投入,发挥好财政资金的激励导向作用,创新投融资体制机制,充分激发市场活力,建立健全长效、稳定的河湖治理管护投入机制,保证河湖管护需要;考虑设立省级"两违三乱"专项整治资金,对整治较好的地区给予一定的资金补偿;争取省级资金加大县级资金投入力度,确保全面推行河长制目标实现。

2）人员保障

加强河道长效管护队伍建设，对河面漂浮物、河坡垃圾等问题，要及时清理，做到河水清澈、河坡整洁；加强河长制办公室的人员配置，应建立以专职人员为主、兼职人员为辅的合理分工机制，杜绝各部门拼凑河长制办公室人员的现象发生；同时，加大各级市县河长制办公室人员及河长的培训力度，将河长治河的责任落到实处。

3）基础工作保障

尽快组织编制完成并印发池河"一河一策"实施方案并建立"一河一档"。针对当前乡村防洪减灾体系的薄弱环节、水资源供需矛盾等问题和难题，全面系统地提出阶段性工作方案；对基础设施建设的投入给予配套支持，加大建设工作力度，形成以水库为点，以中小支流为线，以灌区为面的水利基础设施网络，为推进河长制工作的实施打下坚实的基础。

4）联动机制保障

明确各级河长的责任主体地位，河长是第一责任人，水利、环保、住建等部门要坚持部门协同，各司其职，形成治水合力的局面。考核河长制工作落实情况的同时，更应该注重对河长的考核。压实河长治河牵头责任，组织各级河长认真贯彻落实省、市、县河（湖）长制工作，以及河湖违法圈圩和违法建设专项整治等各级会议精神，坚决将河长牵头治河管河的主体责任落到实处。对履职不力、河流水质恶化的相关河长及时警示约谈，推动各项治河措施落到实处。要坚持河长常态化巡查制度，对新发现的问题要及时有效地处理，对已经取得的成果要加强监管，防止反弹。各地要及时发现和处理河道问题，协调责任单位落实整改。要充分发挥河道警长的治河优势，加大联合执法力度，遏制破坏河道秩序的违法行为。坚决做到上下联动、部门共治，确保全区域水环境持续稳定。

5）宣传保障

通过电视、广播和网络等多种宣传方式，充分利用各类媒体，加强政策解读、典型案例宣传和工作动态报道；扩大公众参与，让河长制工作家喻户晓；增强广大干部群众依法管水、依法治水、依法合理利用水资源的法律意识。

第六章　石泉县小型水利工程管理机制创新

　　为深入践行创新、协调、绿色、开放、共享五大发展理念,贯彻"节水优先、空间均衡、系统治理、两手发力"的治水思路,必须积极推进农业供给侧改革,加快对贫困区域的水利投入,这是保障贫困地区人民早日脱离贫困,实现全面小康的基础条件,也是水利行业义不容辞的任务所在。课题组研究的示范区——石泉县地形复杂、水资源丰富,但其水利工程管理存在政府财政投入不足、小型水利工程的建设和管护不足、难以满足区域发展和脱贫致富的需求等一些亟待解决的问题。因此,石泉县水利工程管理机制创新对于促使水利工程持续健康发展具有重要的现实意义。

　　石泉县山大沟深,人口与耕地矛盾突出,严重的水土流失导致水资源涵蕴能力不足。自 1949 年以来,为了改善农业生产条件,石泉县陆续兴建了一部分水利工程设施,但是由于多方面原因,全县的水利工程基础薄弱,工程设施少,尤其是小型农田水利工程缺乏相应的建设管护等保障措施,相关水利工程管理机制亟待改革,从而能够保证有效解决农田水利基础设施建设问题,同时为农业发展中洪涝灾害和干旱缺水问题提供强有力的保障。石泉县属省级贫困县,地方财政收入少,农村人口高达 67%,且农民收入较低,人口老龄化程度偏高,水量的计量及水费的收取难度大,目前镇一级水利站缺失,镇村小型水利工程管护力量薄弱,如何在人力财力都相对薄弱的贫困山区推进小型水利工程管理体制改革工作,是保证农业经济继续发展的关键,也是石泉县打赢脱贫攻坚战的重要环节。

　　水利是农业发展的命脉,是农业健康发展的根本保证。加强农田水利基础工程管理机制创新,能够有效解决农业发展中洪涝灾害和干旱缺水问题,保证农业经济继续发展。近年来我国农田水利工程发展迅猛,但仍存在很多亟待解决的问题,如政府财政投入不足,农田水利发展受限等[43]。进行水利工程管理机制创新正是我国农田水利综合改革必要的实践环节。

6.1 石泉县小型水利工程管理现状与问题分析

6.1.1 石泉县经济社会发展概况

（1）自然资源环境

1）地理位置

石泉县位于陕西省南部，安康西北部，地处北纬 $32°45'57''\sim33°19'56''$，东经 $108°01'8''\sim108°28'42''$ 之间，北靠秦岭，南依巴山。东及东南与汉阴县接壤，西及西南部与西乡县毗邻，北及东北部同宁陕县相连，西北角与佛坪、洋县交界。

石泉县距西安市 259 km，距安康 90 km，距汉中 168 km。210、316 国道交汇于县城，阳安铁路横穿中部。其东接壤逾，西连宝成，北抵关中，南接巴蜀，是陕、川、鄂重要的交通枢纽之一。

2）行政区划

石泉县辖区：11 个镇、161 个行政村（社区）。其中，全县 11 个镇分别是：城关镇、云雾山镇、曾溪镇、中池镇、后柳镇、喜河镇、池河镇、迎丰镇、熨斗镇、两河镇、饶峰镇。

3）自然条件

① 地形地貌和水系

石泉县北踞秦岭，南跨巴山，汉江横贯中部。大地貌为两峡一谷。山势北高南低，多呈"V"型和"U"型峡谷，境内马岭以西的汉江和马岭以东的池河、草沟将全县自然分为秦岭山系和巴山山系两大块，构成全县地貌格架。一般海拔 400～1 400 m，坡度 30～50。最高为北部云雾山（2 008.9 m），最低为南部石泉嘴（332.8 m），相对落差 1 676.1 m。

北部秦岭山系山高坡陡，南部巴山山地山势稍缓，多呈浑圆状山脊。中部沿汉江两岸及池河下游，系在第三纪断陷基础上发育起来的串珠式河谷小盆地，俗称"坝子"，统称石泉（古堰）、池河盆地。海拔 400～600 m，东西长 36 km，南北宽 3 km，是石泉的富庶地带。

石泉县河流属长江流域汉江水系。境内大小河流共 329 条，总长 1 700 km，河网密度为 1.14 km/km²。其中,流域面积 0.5～100 km² 以上的 234 条。注入汉江一级支流 22 条,较大的有北岸的子午河、饶峰河、池河,南岸的中坝河、富水河 5 条。

② 气候

石泉县平均气温 14.6℃。最热月份 7 月,平均 25.9℃。最冷月份是 1 月,平均 2.7℃。冷热月温差 23.2℃。极端最高气温 41.4℃(1966 年 8 月 16 日),最低气温−10.2℃(1967 年 1 月 16 日)。石泉县属北亚热带气候区。主要气候特征:温和湿润,雨量充沛,光热尚足,灾害天气频繁。多年平均降水量 877.1 mm,年均相对湿度 79%,年平均日照 1 811.6 h。石泉县地跨秦、巴两山,山势从中部河谷分别向北向南两侧增高,地形复杂,光照由南向北,由西向东渐增,气温随海拔增高而递减,降水自东北向西南递增,造成了明显的地域差异。

③ 资源

国土资源:石泉县东西宽 42.5 km,南北长 63 km。全县总面积 1 525 km²,总土地面积 152 500 hm²。其中耕地面积 18 000 hm²,人均 0.10 hm²;林地面积 95 306.67 hm²,森林覆盖率为 68%。

水资源和水力资源:石泉县河流众多,落差较大,多年平均水能理论蕴藏量为 8.898 万 kW(不含汉江),可开发利用量为 3.178 万 kW,利用系数为 0.357,现有在汉江干流上开发的两座水电站(石泉水电站、喜河水电站)和支流上已建成的 6 座水电站。

矿产资源:石泉矿藏种类繁多,品位较低,多呈鸡窝状;储量不丰富,分布也比较零散。金属矿产中,主要有黄金、赤铁、磁铁、褐铁、锰、铜、铝、锑、钒、钛、锌;非金属矿产中,主要有白云母、磷矿、长石、石棉、大理石、石灰岩;矿产中,以非金属矿产最丰富,储量较大。有近期开发利用价值的矿产为黄金、石煤、大理石、石灰石。其他矿产开采价值都不大。

农业资源:石泉县是粮食生产、油料主产区,黄姜、水果以及其它农、林、牧产品资源十分丰富,全县农业生产发展保持稳定增长。2017 年实现农林牧渔业总产值 126 860 万元,同比增长 5%,其中农业产值 61 388 万元,同比增长 8.4%;林业产值 8 044 万元,同比增长 15.5%;牧业产值 47 539 万元,同比增长 0.9%;渔业产值 6157 万元,同比下降 6.9%;农林牧渔服务业产值 3 732 万元,同比增长 5.5%。全年实现农业增加值 74 385 万元,同比增长 5%。

人口资源:2016 年,全县出生人口 2 302 人,死亡 1 569 人。年末户籍总人口 182 741 人,其中:男 98 250 人,女 84 491 人,性别比为 116.28;总人口中城镇人口 49 408 人,乡村人口 133 333 人(公安年报户籍人口数据)。2016 年常住人口 172 916 人,出生率 9.31‰、死亡率 6.92‰、人口自然增长率 2.39‰,常住人口城镇化率 41.7%。

2017 年,全县出生人口 1 992 人,死亡 1 500 人,年末户籍总人口 183 309 人,其中:男 98 219 人,女 85 090 人,性别比为 115.43;总人口中城镇人口 80 511 人,乡村人口 102 798 人(公安年报户籍人口数据),2017 年常住人口 173 241 人,出生率 10.34‰死亡率 7.86‰、人口自然增长率 2.47‰,常住人口城镇化率 43.5%。

4) 河流水系概况

石泉县河流系长江流域汉江水系,境内拥有河流沟溪 456 条,总长度 1 740 km,河网密度为 1.14 km/km²,流域总面积 1 051.8 km²。汉江在境内流长 58.5 km,现已由建成的石泉、喜河水库首尾相连;注入汉江较大一级支流有 20 条,其中较重要的支流有 5 条,位于汉江左岸的有子午河、饶峰河和池河,位于右岸的有中坝河及富水河。饶丰河:发源于石泉县北部的毛家河,含菩提、咎家河诸水,于古堰滩汇入大坝河,又于城西汇入珍珠河后注入汉江,流域面积 400.19 km²,流长 23.68 km,多年平均流量 2.9 m³,多年平均径流量 0.912 1 亿 m³。

① 大坝河:发源于云雾山之西,于古堰滩汇入饶丰河,流域面积 78.69 km²,流长 28.62 km,多年平均流量 0.957 m³,多年平均径流量 3 018.6 万 m³。

② 珍珠河:发源于云雾山南蚂蟥岭,南流至县城西关汇入饶丰河,流域面积 92.28 km²,流长 26.02 km,多年平均流量 1.08 m³,多年平均径流量 3 406.2 万 m³。

③ 池河:池河发源于陕西省宁陕县新矿乡平河梁龙谭子古山墩,由北向南流经宁陕、石泉两县,在石泉县池河镇莲花石注入汉江。池河流域北高南低,上游山岭纵横,河谷幽深,下游相对半缓、开阔,海拔 2 679 m～346 m。整个流域位于东经 108°15′46″～108°41′45″、北纬 32°52′37″～33°28′21″之间,全流域面积 1 030 km²,主河道长 114 km,平均比降 7.22‰。其中:石泉段境内流域面积 440 km²,河长 53.7 km,平均比降 21.8‰。

④ 中坝河:源出木竹山,经中坝、后柳注入汉江,流域面积 84.86 km²,全长 22.01 km,多年平均流量 1.42 m³,多年平均径流量 4 486.3 万 m³。

⑤ 富水河:富水河属长江流域汉江一级支流,发源于西乡县上高川,经木竹

坝、下高川，进入石泉县境内熨斗镇，再向东南流至汉阴县汉阳坪镇，于汉阳坪镇下游 2 km 处注入汉江，全流域面积 289.46 km²，流长 54.2 km，平均比降 17.8‰。流域西高东低，上游山大林密，为森林带和次森林带，人烟稀少，植被良好。中游石泉县境内的熨斗镇山势较缓，间有山间小平地，植被稍差。下游流域属低山、丘陵地带，地势开阔、平坦，水田较多。富水河流域在石泉县境内流长 11.59 km，平均比降 4.43‰。流域面积 73.89 km²。

⑥ 子午河：其源有二，汶水河、堰坪河，汶水河源于宁陕县上两河，堰坪河源于秦岭山脚，两河交汇于本县两河镇两河大桥，于两河镇野人沟出境进入西乡县，下游皆称子午河，总流域面积 2 854.6 km²，流长 160.7 km，境内流域面积 81.53 km²，流长 17.41 km，多年平均流量 4.96 m³，多年平均径流量 1.56 亿 m³。

（2）社会经济状况

根据相关统计资料，石泉县在 2016 年实现生产总值 71.43 亿元，较 2015 年增长 12.5%；完成固定资产投资 82.22 亿元，增长 27.7%；实现地方财政收入 1.5 亿元，增长 10.4%；规模以上工业增加值 39.98 亿元，增长 18%；社会消费品零售总额 12.6 亿元，增长 15.4%；城乡居民人均可支配收入分别达到 25 854 元、8 753 元，增长 82%、93%，主要指标增速均保持全市前列。深入推进管服改革，释放市场活力，积极促销稳产保市场，发展动能显著增强，循环产业不断壮大，电子商务、商贸服务、养老休闲、金融保险等服务业态加快发展，有效扩张量。三次产业调整至 9.7∶66.3∶24，产业结构日趋优化。

2017 年，在县委、县政府正确领导下，全县各级各部门统一思想、务实创新、攻坚克难，积板应对各种压力和挑战，紧紧围绕"循环发展、富民强县"主题，紧扣"追赶超越"和"五个扎实"的工作主线，以宜居、宜业、宜游"三宜"石泉建设为抓手，突出转方式、调结构，着力提升发展质量和效益，经济社会实现持续稳定发展。2017 年全年实现地区生产总值（GDP）80.96 亿元，同比增长 12.2%（按可比价计算，下同），增速超市考任务 1.2 个百分点，位列循环经济发展县第一。其中第一产业增加值 7.26 亿元，增长 5.0%；第二产业 52.64 亿元，增长 14.7%；第三产业 21.06 亿元，增长 8.3%。一、二、三产占 GDP 比重为 9∶65∶26。

1）脱贫攻坚方面。坚持以脱贫攻坚统领经济社会发展全局，创新提出并实施了"三个六"精准脱贫攻坚战略，实现了脱贫攻坚与经济增长同步推进。全年共选 79 名科级后备干部担任"第一书记"，向 150 个村（社区）全覆盖派驻工作队,安排 4 340 名党员干部与 13 762 户贫困户结对帮扶,派出了 11 个驻镇督查组,整合财政下达 1.04 亿元,捆绑投入资金超 5 亿元,实现 17 个村、3 542 户、10 230 名贫困人口达到减贫退出标准,完成市下达任务(减贫 15 个村、0.9 万人)的 113%,在全市脱贫攻坚工作年度考核评比中位列第一,荣获"扶贫绩效考核优秀县区"称号。

2) "三业"脱贫方面。累计发展产业园 7 180 hm^2,食用菌 164.6 万袋,养殖家畜(禽)7 088 万头(只),发放蚕种 4.31 万张;引导贫困户兴办小型农产品加工厂 46 个、家庭作坊 279 个,新增个体工商户 40 户,开发公益性岗位 1 500 余个,劳务输出 4.5 万人次,保证了每户都有 1 至 2 个增收项目,至少 1 人稳定就业。

3) 搬迁脱贫方面。"十二五"累计搬迁 1.06 万户 3.52 万人。2016 年计划搬迁 4 045 户,已达到入住条件 798 户、完成主体工程 1 296 户、主体在建 1 951 户,建设进度完全达到省市要求。

4) 教育脱贫方面。全面实施 15 年免费教育,每年受益贫困学生 2.6 万名;发放各类助学资金 700 万元、受益学生 4 939 人次;发放助学贷款 834.4 万元、受益学生 1 273 人次,保证了贫困学生顺利完成学业。

5) 医疗脱贫方面。各村都建成了标准化卫生室,开展贫困人口免费体检,落实大病救助政策,实施贫困人口医疗费用全报销,累计救治 6 878 余人次,发放救助资金 291.31 万元。

6) 生态脱贫方面。将生态补偿转移支付资金重点用于贫困村,吸纳有劳动能力的贫困群众进入护林员队伍,共发放生态补偿资金 70 万余元,受益贫困群众 5 000 余人。兜底脱贫方面。"低保、五保"对象实现应保尽保,发放兜底资金 1 516 万元。完善集中供养体系,将 2 098 名无劳动能力的孤寡、残障人员纳入集中供养。

7) 基础配套方面。新建通村路、断头路 113 km,便民桥 115 座,形成了互通互连的农村路网,成为贫困群众发展致富之路;新建饮水工程 203 处,使 1.3 万贫困群众饮水不方便、不安全的问题成为历史;实施贫困户旧房改造工程,1 000 余户贫困户的土坯房旧貌换新颜;全县电力入户率 100%,宽带进村率 90% 以上,移动通讯信号基本实现全覆盖。

石泉县经济概况见表 6-1。

表 6-1　石泉县经济概况

指标	单位	2012	2013	2014	2015	2016	2017
年底总人口	万人	17.14	17.17	17.20	17.25	17.29	17.32
生产总值	亿元	38.24	47.79	54.76	60.37	68.51	80.96
第一产业	亿元	5.61	6.25	6.33	6.55	6.96	7.26
第二产业	亿元	23.12	31.04	35.69	38.93	43.71	52.64
第三产业	亿元	9.52	10.50	12.75	14.89	17.84	21.06
工业增加值	亿元	18.58	25.84	29.79	32.58	36.77	44.90
人均生产总值	元	22 316	27 855	31 863	35 046	39 665	46 774
生产总值指数	上年＝100	117.3	114.7	113.3	113.9	112.5	112.2
全社会固定资产投资	万元	313 083	402 384	509 597	649 036	822 196	987 446
地方财政收入	万元	9 378	11 368	12 985	14 696	15 004	15 004
地方财政支出	万元	121 498	118 995	133 666	161 888	157 006	157 006
农村居民人均纯收入	元	5 948	6 786	7 675	8 011	8 753	9 555
城镇居民人均可支配收入	元	20 525	22 988	25 747	23 905	25 854	28 145
常用耕地面积	公顷	13 086	13 099	13 100	13 111	13 118	13 129
农林牧渔业总产值	万元	96 428	107 031	110 801	115 214	122 292	126 860

石泉县 2018 年主要预期目标是:生产总值增长不低于 11%,固定资产投资增长 20%,规模以上工业增加值增长 16.5%,地方财政收入增长 6%,社会消费品零售总额增长 14.5%,城乡居民人均可支配收入分别增长 8%、9%。

按照"产业兴旺、生态宜居、乡风文明、治理有效、生活富裕"的总要求,把脱贫攻坚作为首要任务,坚定不移推进"三个六"精准脱贫战略,高质量、高标准完成 45 个村、7 000 人脱贫。

(3)农业农村发展

1)抓实三业增收。围绕"短期保脱贫、中期保稳定、长期促致富"的产业发展目标,大力实施"企业(园区)＋合作社＋贫困户"发展模式,每户落实 1～2 项增收产业。实施"乡村振兴＋能人兴村"模式,持续抓好乡土人才队伍和能人队伍建设,鼓励能人创办领办农业产业化龙头企业、示范化农业合作社及家庭农场。大力实施旅游扶贫和园区扶贫,加强苏陕扶贫协作,强化就业创业帮扶工作,确保贫困户增收达线、贫困村整村脱贫。

2) 强化综合施策。统筹完善贫困村和非贫困村基础设施建设,完成贫困村基础设施和公共服务项目建设,实现建档立卡贫困户住房安全"清零"。完善移民搬迁安置社区治理体系,做好社区管理、便民服务、创业就业引导服务。实施贫困家庭子女上学至就业全程帮扶。强化社保兜底和健康扶贫,防止因病致贫、因病返贫。深化"能人兴村"、旅游扶贫、残疾人脱贫、"三变"改革、以脱贫攻坚统揽农村发展试点等工作,打造一批精准脱贫示范样板。坚持扶贫扶志扶智,强化政策引导和新民风建设,培树一批脱贫自强标兵,提振贫困群众"精气神"。

3) 提升乡村设施。加快发展综合交通,建成 G210 县城过境线、池迎三级路、先锋至曾溪、长阳至凤阳公路改造以及雁山瀑布景区路、胜菩路、烈士陵园路,启动迎丰至云雾山四级路改造、中池老湾、熨斗刘家湾、迎丰梧桐寺大桥建设,新建便民桥 20 座。完成石泉客运站搬迁,开通县城至曾溪班线,探索解决全县镇村客运最后一公里问题。抓好农村公路养管及村道生命安全防护工程,争创省级"四好农村路"示范县。继续做好阳安铁路二线援建工作。推进农田水利建设,实施高效节水项目、农村安全饮水工程,完成县城饶峰河口、后柳中坝河右岸、喜河王家庄防洪工程建设,启动富水河重点段防洪工程。实施水电路等基础设施"三提升"、信息宽带全覆盖及有线电视入户工程,开展农村人居环境整治行动,强化农村基础设施小配套和村容村貌治理,积极争创美丽宜居示范村。

4) 民生事业全面发展。县委、县政府把保障和改善民生作为工作的出发点,扎实推进创业富民、就业惠民、社保安民,使人民群众幸福指数不断提高。完成民生支出 15.31 亿元,增长 21.63%。建成省市级创业孵化基地 3 个、就业扶贫基地 9 个、社区工厂 4 个,实现城镇新增就业 1 315 人,大学生就业创业 435 人,城镇登记失业率控制在 3.59% 以内,发放创业担保贷款 3 822 万元,实现动态转移就业 50 018 人、技能培训 2 400 人、创业培训 242 人。实现贫困劳动力转移就业创业 5 598 人,开发公益性岗位 1 301 个,技能培训 2 400 人,完成市下达任务的 491% 和 400%,走在全市前列。农民进城落户居住 5 027 人,完成目标任务的 100.5%。

5) 社会福利事业持续发展。城乡居民参加社会养老保险 105 009 人,参保率达 99.9%,城镇医疗保险参保达 30 902 人、工伤保险参保达 10 950 人、生育保险参保达 8 400 人、事业保险参保达 4 830,参加养老保险职工 8 997 人,参加退休社会统筹 4 525 人。

社会救济工作得到进一步加强,2017 年全县抚恤、补助优抚对象总人数 278 人,其中定期抚恤 11 人,抚恤金额 21.2 万元,伤残人员 85 人,抚恤金额 175 万元。

6.1.2 小型水利工程建设管理现状

（1）投资现状

石泉县 2016 年全县固定资产投资完成 739 亿元(不含阳安铁路投资),同比增长 24.7%。21 个市级重点项目完成投资 12.8 亿元,占年度计划的 99.5%,基本完成年度计划任务。18 个县级重大骨干项目除火电厂、县城老体育场改造未复工外,其余全部开工建设。石泉县招商引资围绕电力能源、丝绸脉装、生态旅游、富硒食品、社会服务五大重点,以特色产品推介为载体,加大项目争取和招商引资力度,建库储备项目 204 个,策划包装 PPP 项目 20 个,招商落户中兴通讯、沈阳机床 2 个全国 500 强企业,共引进项目 58 个,当年到位资金 3 928 亿元。引进长安银行设立分支机构,壮大 3 家投融资平台,实现融资 13 亿元。

初步测算,石泉县"十三五"规划项目投资 11.93 亿元,投资结构分别为:防洪保安工程 4.11 亿元,水源工程 3.64 亿元,城乡供水工程 0.91 亿元,农田水利工程 0.98 亿元,水土保持工程 1.22 亿元,抗旱工程 0.22 亿元,水资源保护工程 0.6 亿元,农村水电工程 0.2 亿元,渔业产业建设 0.05 亿元。

（2）建设现状

2011 年至"十二五"末,完成新修和改造提升基本农田 1 666.67 hm^2;解决 8.25 万人的饮水困难,建成农村安全饮水工程 163 处,同时建成日处理能力 1 万 t 的县城第二水厂和日处理能力 0.2 万 t 的县城第三水厂;以小流域为单元,治理水土流失面积 199 km^2;水产品产量达到 4 800 t,发展网箱养殖近 6.67 hm^2;新增小水电装机 5 835 kW。另外,开展为期 3 年(2010—2012 年)的小型农田水利重点县项目建设,累计完成总投资 5 638 万元,其中中央资金 2 300 万元,省级资金 1 710 万元,县级配套 200 万元,群众投劳折资 248 万元,整合资金 1 180 万元,累计完成渠道衬砌 185 km、水窖 561 口、塘坝 24 座、引水堰闸 49 座,修复抽水站 9 座,新打和修复机电井 66 眼,发展高效节水灌溉面积 188 hm^2。

初步使池河西沙河灌区、饶峰河下游古堰灌区、(池河镇)池河左岸灌区、中池灌区、富水河灌区、饶峰镇灌区、两河镇灌区、后柳镇灌区等 50 个村的小型农田水利设施得到较为全面的配套,水利灌溉条件得到明显改善。2014 年争取到中央统筹土地出让金农田水利项目,总投资 909.7 万元,共涉及 7 个镇 22 个村小型农田水利工程及高效节水灌溉工程建设。"十三五"规划石泉县建设水库 2 座,水库功能以供水为主。分别为水磨沟水库和湘子河水库。

1) 水磨水库。位于水磨沟下游城关镇水磨村,坝址距离水磨沟入汉江河口 4.0 km。工程建设任务是为了解决石泉县城关镇新堰片区缺水问题,实现水资源的高度优化,满足城市用水需求。坝址控制流域面积 8.8 km²,坝址处多年平均径流量 352 万 m³,大坝坝型为浆砌石重力坝,最大坝高为 21.0 m,坝顶宽 3.0 m,坝长 51.0 m,水库总库容为 15 万 m³,工程总投资约 941 万元。

2) 湘子河水库。工程位于湘子河下游城关镇龙堰村,坝址距离湘子河入饶峰河口 1.5 km。工程建设任务是为了实现水资源的高度优化,解决石泉县城 2025 年前缺水问题,满足城市用水需求,坝址以上控制流域面积 31 km²,坝址处多年平均径流量为 1 233 万 m³,大坝坝型为浆砌石重力坝,最大坝高为 33 m,坝顶长 81 m,水库总库容为 127.07 万 m³,工程总投资约 3 544 万元。

另外,继续争取小型农田水利重点县建设项目以及省级小型农田水利建设项目。配套改造渠系长度 118.9 km,渠系建筑物 267 处;新建水窖 514 处、小引水堰 85 处、机电井 13 处;新建及配套整治塘坝 44 处、小型灌溉泵站 7 处;发展高效节水灌溉面积 266.67 hm²。工程总投资约 6 662 万元。"十三五"期间,将继续加大小水电开发与技改力度,规划新建小水电站 4 座,总装机 5 000 kW,水电新农村电气化改扩建电站 2 座,新增装机容量 670 kW,农村小水电增效扩容改造 1 座,扩容 435 kW,改造两河、池河两个农村水电直供片区电网。

(3) 管护现状

现有的灌区配套建筑物由于建设年代久远并缺乏维修经费和有效的管理,大部分都已毁坏,不能正常使用,且有相当部分建筑物都已废弃,正常的灌溉难以为继。已有机电设备大多超期服役,损毁严重,效率低下,严重影响工程效益的正常发挥。

6.1.3 小型水利工程建设存在问题

(1) 投资来源问题

养殖大户、用水合作社均不存在,由于山区发展受限,也没有社会资本进行投资。水权流转也未发生。石泉县不采用农田机械灌溉的方式,耕作方式也达不到机械耕作,主要为人工耕作。"脱贫攻坚"政策会给农村农民发放资助,若强行执行灌溉收费等执行难度大。小型水利处于文件落实、宣传教育、思想转变的阶段。农田水利方面主要做高效节水项目,国家全额提供资金,用于园区中药材种植、蚕桑、菊花等,县城财政赤字,缺乏资金。

现有的农田水利工程建设投资主要依靠各级财政,投资来源单一。但由于农田水利工程数量较多,对农田水利进行系统治理需投资较大,而各级财政用于农田水利工程建设的投入有限,造成财政投入资金已远远不能满足现状农田水利工程建设需要。

(2)组织形式问题

石泉县为山区地形,田地较为分散,很少存在大片田地,且大多为山地。石泉县缺少基层水利站等,并无人员配备,主要原因还是缺少资金。石泉县山大沟深,在进行灌溉时,大多采用人工临时修建拦河设施,进行小型灌溉,并不需要花费资金,并且也难以接受花费资金进行灌溉的行为。而且村镇强壮劳动力大多外出务工,农村老人和小孩居多。若强制收取农业灌溉费用,可能会发生老人结群反对,镇级政府也难以积极推行。

(3)组织机制问题

水库管理中存在管护主体不清晰,无专职管理人员或管理人员缺位等问题,安全管理仅依靠水利部门监督进行。水库尚未建立健全行之有效的运行管理规章制度,虽然目前国家和省都对水库安全管理出台了一系列法律、法规和相关政策文件,但多数条文是针对大中型水库而立,要求小型水库参照执行,如何参照、参照到哪种程度,对小型水库管理有一定的难度。

6.1.4 工程运行管护存在问题

(1)管护组织缺失

石泉县的小型水利工程主要使用中央资金进行维护、在资金投入方面暂无社会主体及农户进行投资的项目,石泉县的主要类型为小水库、堤防、小水电站,小型水利工程的所有权并无明确规定,难以界定;在建设方面,资金主要来源于中央资金,均采用公开招标建设;质量监督方面有县级质监站,定期与不定期相互配合,群众日常监督等;管护方面由村镇农户自行维护,没有维护资金。

近2~3年的主要水利工程为高效节水工程;农村饮水部分为渠道、山泉取水饮用,会进行水质监测。居民居住分散,集中供水难以实现。汉江日供水 6 000~7 000 t,水库管理权下放至乡镇管理,基本处于无人管理状态,水费 3.3 元/m³。

(2) 管护人员不到位

基层水管单位工作、生活条件较差,单位自身效益不好,职工工资待遇偏低,造成专业技术人才部分流失。由于受机构编制、组织人社政策以及大学生就业取向等因素的制约,引进高端水利专业人才比较困难[44]。

(3) 管护经费没有落实

由于各级地方财政相对困难,依然存在水管单位人员工资和工程日常维修养护经费不能保障,一些承担着社会公益性服务的水库无法获得公益服务补偿,制约着管理人员的积极性调动和工程及时维修养护。

6.2　国内外水利工程管理经验借鉴

6.2.1　国外水利工程建设管理体制典型案例

世界各国政府普遍重视小型农田水利发展,许多国家都建立了一套适应本国国情的小型农田水利建设和管理体系,包括投融资制度、运行体制、水权交易、水利工程产权流转、用水户参与机制等。

(1) 不同的农田水利投融资模式

1) 美国农田水利投融资模式。美国水利融资呈现出多元化、多层次、多渠道等特点。政府财政性资金虽然在水利资金中居于主要地位,但只有少部分财政性资金具有无偿性,大部分财政性资金通过市场化贷给非公益性水利项目有偿使用。从水利资金使用结构来看,它随不同的建设时期和不同性质的工程项目有所不同,防洪工程较多的依靠政府拨款,而水利和城镇供水项目较多地依靠发行债券。除各级政府财政拨款以外,联邦政府提供的优惠贷款由美国农业部负责向农村提供,用于农村供水、电力、通讯等基础设施建设。这些贷款建设期内政府贴息,贷款还清后,水利设施的产权归社区所有。此外,美国水利项目建设单位可以由政府授权向社会发行免税债券,债券利率一般高于银行利率,还款期限为 20 至 30 年[45]。

2) 法国农田水利投融资模式。以财政投资带动多样化的农村投资。法国农村投融资体制由财政资金、政策性贷款以及农场主自有资金三方资金投入为主。

农田水利建设是政府对农业财政投入的主要内容,虽然法国农场主自有资金充足,投资额也逐年增加,但是其相对政府投资的比重却逐年下降,可见政府投入的增长幅度很快。法国还大力发展农村信贷,与财政资金一起诱导其对农村的投资。目前执行的对农村工程补贴额度为25%以上,灌溉项目高达60%,土地整治为80%,对农村合作组织开展的小型水库、灌溉设施等农村水利建设,国家补助投资额为20%~40%;对于较大农田水利工程,国家补助投资额为60%~80%。此外,法国对符合政府政策要求的国家发展规划贷款项目,都实行低息优惠政策。非农贷款的年利率为12%~14%,而农业贷款年利率仅为6%~8%。

(2)推进产权改革、吸收农民参与

1)印度、印尼。以小型灌区作为试点,逐步推行参与式灌溉管理。印度所有的地面灌溉工程,从水源、渠道以及水量的控制和分配都由政府机构管理,深井由国有公司所有。由于政府和国有公司长期依靠政府补助,无法通过税费征收和投资回收偿还投资成本,反而加重了政府的财政负担。印度政府逐步将深井转让给农民集体管理,由于这种管理方式运行良好,印度用水户协会在小型灌区发展很快。印尼则从1989年开始,先以150 hm² 以下的灌溉系统作为试点,逐步将500 hm²以下的灌溉系统转让给用水户协会维护管理。

2)澳大利亚。公司与政府合作经营管理。澳大利亚于1995年开始实施水务管理体制改革,采用私有化的形式将国家管理的灌溉系统或水务局的管理业务转让给农民或私人公司负责经营和维护。私有化不是将灌区的固定资产按估价全部出售给公司或折算成股份作为国家入股,而是全部转成农民的股份。公司只是一个管理运行组织,虽然性质为私营,却是一个非营利组织,在经营中获得的利润也不分给股东,公司也不能将利润作股息瓜分,而是转入各类储备基金或是用于降低第二年的水费标准。而且公司与政府保持联合经营的合作关系,公司董事会成员为灌区内的农民或农场主,设有分别负责财务、环境、水土管理计划、工程改建和新建、预制件生产和销售、水量分配服务、灌排管道维修和养护以及行政管理的部门和人员[46]。

同时,政府通过行政许可的形式监督公司的合理运行和工作绩效。例如:州政府授予公司一定期限的灌溉水管理权许可证,期满后还要对灌区管理工作进行详细的审查;环保部门发给公司控制污染许可证等。此外,公司还与地方政府合作执行有关水土管理、农业开发、植被保护等项目,以此达到吸引农民投资农田基本建设和灌区自主管理的目的。政府这种看似私有化公司的运营方式,借公司的组织结构将分散的农户团结起来,对灌区实行透明的企业化管理,同时又兼顾了水土保持、环境保护等灌区和农业可持续发展需要解决的外部性问题,达到了双赢的效果。

（3）水权市场交易机制

1）澳大利亚。实行完全包含各类成本的灌溉水定价政策。与美国区别定价和以色列统一定价不同,澳大利亚的供水分为政府控股、政府参股经营和政府转让管理权完全私营等三种,虽然管理模式不同,但对所有用水户都按全部成本核算水价,包括年运行管理费、财务费用、资产成本、投资回报、税收、资产机会成本等项。其中,农业灌溉水价还要根据用户的用水量、作物种类及水质等因素确定,一般实行基本费用加计量费用的两费制。2001 年,澳大利亚已基本实现了农业用水的水价完全包含各类成本。

2）以色列。制定统一水价,实施区别补贴。以色列执行的农业水价略有不同,主要有以下几个特点:一是实行全国统一水价;二是定价相对较高;三是政府通过建立补偿基金(通过对用户用水配额实行征税筹措)对不同地区进行水费补贴。这种统一的较高定价方法,促进了农业节水灌溉的发展,同时又达到了保障农业用水,兼顾了地区经济发展不平衡的情况,使其成为国际上农业节水技术最先进的国家之一。为鼓励农业节水,用水单位所交纳的用水费用是按照其实际用水配额的百分比计算的,超额用水部分要加倍付款,利用经济法则,强化农业用水管理。此外,为了节约用水,鼓励农民使用经处理后的城市废水进行灌溉,其收费标准比国家供水管网提供的优质水价低 20% 左右,如发生亏损由政府补贴[47]。

6.2.2 我国水利工程建设管理体制改革近况

我国是一个发展中的农业大国,特殊的自然和社会经济条件决定了农村水利在我国农业和农村经济社会发展中具有特别重要的地位。经过几十年的发展,我国农村水利事业取得了可喜的成就,为改善农业生产条件、提高农民生活水平、保护农村生态环境做出了巨大的贡献。

（1）我国农村水利工程管理存在问题

目前,我国的农村水利工程还面临着工程老化失修严重、建设和管护经费短缺、工程建设质量不高、工程效益能力不足等一系列亟待解决的问题。要想消除这些制约农村水利发展的短板,必须对我国现行农村水利工程建设与运行管理体制机制进行改革创新,建立农村水利工程良性运行长效机制。

(2) 我国农村水利工程管理改革历程

1) 2017 年国家发改委、财政、水利、农业、国土等部门印发了《关于扎实推进农业水价综合改革的通知》,要求各地遵循先建机制、后建工程,因地制宜、试点先行的原则,进一步协同配套推进农业水价形成、精准补贴和节水奖励、工程建设管护、用水管理等体制机制改革,要求有条件的地方率先完成改革任务。组织召开改革经验现场交流会,着力发挥典型引领作用,同时,加强绩效评价和考核激励机制建设,对各地改革推进情况进行联系督导和跟踪问效[48]。

2) 2018 年水利部关于印发《深化农田水利改革的指导意见》的通知,从创新用水方式、加快农业水价综合改革、创新农田水利多元化投融资机制、推进工程产权制度改革、创新工程运行管护机制、创新基层水利服务机制等方面提出了 20 条具体指导意见。

3) 2018 年 11 月 14 日全国冬春农田水利基本建设电视电话会议上,李克强总理的批示指出:"要压实各级政府责任,深化相关改革,加快构建集中统一高效的农田建设管理新体制。要建立投入稳定增长机制,加强建设资金源头整合,大力吸引社会资金投入,千方百计调动广大农民参与农田水利基本建设和日常管护的积极性,为夯实我国农业生产能力基础、更好保障粮食安全和主要农产品有效供给、促进农民增收和农村现代化建设做出新贡献。"

6.2.3 政府主导投资建设管理模式——江苏泗洪案例

(1) 节水机制

泗洪县位于江苏西北部,地处淮河流域中游末端,洪泽湖西岸,总面积 2 731 km²,其中陆地面积 1 727 km²,水域面积 1 004 km²,人口 107 万,耕地 132 020 hm²,辖洪泽湖近 40% 的水面,淮河、怀洪新河、徐洪河、新汴河、新濉河、老濉河、西民便河等 7 条流域性行洪河道,承泄豫皖苏三省 13.8 万 km² 的来水穿境而过汇入洪泽湖。境内地形起伏交错,自然地貌为"三岗(西南岗、安东岗、濉汴岗)""三洼(溧河洼、沿淮洼、安河洼)""两平原(北部沙土平原、中部黑土平原)",特殊的地理位置和地形地貌决定了水利在该县经济社会发展中具有举足轻重的战略地位。

在《泗洪县农村水利工作情况汇报》中,泗洪县积极进行农业综合水价改革。

1）制定方案落实任务。政府高度重视农业综合水价改革工作,去年 11 月出台了泗洪县农业水价综合改革实施方案,明确了相关部门和乡镇的职责和任务,计划到 2020 年,全县完成 101 333.33 hm^2 农业用水面积的水价改革任务。

2）加快供水计量设施建设。从 2017 年开始,所有新建、改扩建的农田水利项目必须有量水设施,实行量水设施与主体工程同步设计、同时施工、同期发挥作用,目前全县已完成 3 333.33 hm^2 量水设施建设,预计到年底可完成 23 333.33 量水设施建设。

3）加快建立农村水权分配制度。水利局把 2017 年用水总量控制指标下到乡镇,各乡镇正在把用水量细化分解到农村集体经济组织、农民用水合作组织、农户等用水主体,落实到具体水源,明晰农业水权。

4）制定农业供水价格。和县物价局对接,联合制定供水价格。

5）加快农民用水合作组织建设(农民用水合作组织)。农民用水者协会是农民以一条干(支)渠为范围,自觉自愿组织起来的自我管理、自我服务的管水组织,它既是一个群团组织,又是具有法人资格,实行自主经营、独立核算的非营利性的法人组织。成立农民用水者协会的主要目的是真正地让农民参与管水、自觉维护工程、提高灌溉效率和设施使用寿命,减少水费收缴中间环节和放水期间守水劳力,从而减少灌溉成本,减轻农民负担,同时也在一定程度上减轻国家财政负担。

(2) 投资机制

1）大部分投资均为各级财政投入。泗洪县属于欠发达地区,县级财政困难,但是在水利建设上,采取多种措施积极筹集建设资金,保证工程建设需要。"十二五"以来,全县投入农田水利建设资金 9.32 亿元,其中争取省以上资金 6.05 亿元,县财政投入 3.27 亿元。同时在 76 533.33 hm^2 已流转土地中田间沟渠水系调整由流转大户投资建设,投入社会资金约 3 亿元,保证了农田水利建设资金的需要。

2）积极整合资金。水利、农委、农开、国土等涉农部门都参与农田水利建设,为了避免重复建设、有效利用资金,该县对农田水利建设项目进行了整合优化、集中建设、连片治理纵深推进。在石集乡、城头乡按照农田水利现代化的标准多部门联动,投资 3 亿多元,建成了 10 000 hm^2 农田水利现代化示范区。目前,该示范区配套设施齐全、设施先进、管护规范,已成为江苏最大的优质稻米生产基地。

3）县财政局负责统筹管理高标准农田建设项目资金。项目建设资金实行专款专用、专账审核、专人管理,不得挤占挪用。

（3）产权机制

项目主管部门作为主体实施的高标准农田项目建设完成后，应对形成的固定资产进行登记移交，办理登记移交手续。形成的固定资产属于乡镇、村居集体资产，任何个人和单位不得侵占。

（4）建设机制

1）严格规范管理。农田水利工程的建设严格按照项目法人责任制、招标投标制、工程监理制、合同管理制、竣工验收制执行。择优选择施工、监理队伍。在施工过程中，坚持高标准、严要求。切实加强工程质量监管。同时，县委县政府安排纪检监察、审计等部门加大对工程的执法监察、督察和项目审计，定期出通报，促进工程又好又快建设，另外还引导项目受益群众参与到工程质量监督中来，建立全方位的监督体系，确保农田水利这一民生工程建成优质、放心、廉洁工程。

2）实施主体。高标准农田建设项目实施主体统一为项目区乡镇人民政府，具体负责项目前期现场勘测设计、项目申报（或与项目申报单位联合申报）、实施管理、工程完工和竣工验收及工程管护等工作，配合做好县级和市级验收工作。

3）统一验收程序。项目区乡镇和县相关部门要严格按照高标准农田建设标准和工程设计标准，加强督促检查，加快项目实施进度，确保按时完成高标准农田建设任务。高标准农田建设项目竣工后，由项目区乡镇人民政府组织完工和竣工验收，县级组织复验，各主管部门自行组织专家和第三方中介机构人员进行复验，复验主要采取听取汇报、查阅资料、现场查看、走访群众相结合的方式进行，复验通过后，申请市级验收。

（5）运行管理机制

1）完善管护机制。为充分发挥工程效益，泗洪县出台了《小型农田水利工程管理办法》《农村河道管护实施细则》等规范性文件，对河道、泵站、水库、田间配套设施工程等农田水利设施，落实县、乡、村三级管护体系，明确各级管护责任，落实管护人员、管护器具、管护资金，规范农田水利工程管护。同时，泗洪县还大力推行农田水利合作社建设，在土地流转规模大的乡镇，田间小型农田水利工程由水利合作社管理。目前，已逐渐改变重建轻管现象[49]。

2）管理职责明确。39座小型水库全部颁发产权登记证，明确管理权，下放使用权、经营权。大坝保护范围线内土地全部征用或流转，水库管理范围线内土地明确责权。通过"四权"分开、"两线"管理，明晰所有权、界定管理权、明确使用权、搞活经营权,落实工程管护主体和责任。

3) 管护模式合理。张渚镇 13 座小型水库成立镇级管理中心,集中视频监控,配备专门人员,推行管理制度、管护体系、台账记录"三统一"和巡查管理、监控检查、业务培训、资料保管、重要物资储备、经费使用"六集中",并为全市提供技术支撑,统筹区域管理。根据该市收回的 21 份群众满意度调查问卷,群众对改革总体满意度超过 85%。

4) 落实管护责任。切实落实项目受益乡镇、村居和经营主体的管护责任,将高标准农田建设项目工程管护工作纳入乡镇农村公益设施管护范畴(或纳入小型水利工程管理体制改革项目)。各乡镇水利站负责做好辖区范围内高标准农田管护工作的统筹指导。对划入永久基本农田的新增加的高标准农田,在工程使用期 10 年内按每年每公顷 375~450 元安排工程管护费用,从新增耕地开垦费和新增建设用地有偿使用费中列支,并与部门项目管护资金统筹使用,不足部分从一事一议经费中列支,确保工程效益长期发挥。

5) 项目接收单位负责管护和维修。按照谁受益、谁管护的原则,高标准农田建设项目形成的固定资产移交后,由项目接收单位负责管护和维修。

6.2.4 以 PPP 为代表的市场化模式——云南元谋案例

(1) 投资机制

元谋县丙间大型灌区高效节水灌溉工程建设估算总投资 30 778.52 万元,灌溉面积为 7 600 hm²,其中,政府投资 12 012.56 万元(占估算总投资的 39.03%,省级及以上财政投资 9 012.56 万元,州、县财政投资 3 000 万元),社会方投资 14 695.96 万元(占估算总投资的 47.75%)。农户自筹自建田间地面工程投资 4 070 万元(占估算总投资的 13.22%)。

(2) 产权机制

按照"谁投资、谁所有"的原则,根据实际投资比例,国家投资形成的固定资产产权归国家所有,社会资本投资形成的固定资产产权归社会方所有,由政府方向社会方颁发所有权证。群众自筹建设的田间设施的产权归农户个人所有。工程建成后,政府将国有资产全部委托给社会方进行经营管理,社会方享有整个工程在经营期内的经营管理权和收益权。固有资产部分不计折旧,不计收益,不占社会方股份,不参与社会方经营管理和决策。

6.2.5 政府为主、市场参与的多元化模式——安徽定远案例

（1）节水机制

定远农田水利综合改革试点按照最严格水资源管理制度要求,严格实行用水总量控制和定额管理。对确定的用水总量控制指标自上而下逐级分解,落实到各行业、各乡镇以及各行政村。根据项目区作物种植结构和灌区可供水量,按照就低不就高的原则,分别计算用水总量控制指标,确定农业灌溉用水指标和农户用水总量控制指标。

1）实行超定额累进加价制度。以年为单位,核定用水户用水定额,定额内用水价格按批准价格实行,超定额实行累进加价。累进加价的收入进入县节水奖励专项资金。

2）建立节水奖励制度。县成立农田水利综合改革试点项目领导小组,领导小组下设办公室,对投资主体、村民组和用水户的用水定额进行监管,制定具体节水奖励政策,设立节水奖励专项资金,进行奖励和补贴。办公室每年组织专家考核水资源使用情况。对定额内未使用的水量指标,用水户可进行奖励补贴、结转下年使用或自行交易流转。如未能结转或交易转出,每年年底,由县政府按运行价格加价10%进行奖励,奖励资金一半奖励投资主体,一半奖励村集体或用水户,并在有关乡镇和行政村进行公示。

3）推行水权交易制度。允许项目区用水户对定额内水量进行交易,制定相应水权交易制度,鼓励项目区的用水户直接进行水权交易。水权转让实行公示登记制度,公开、公平、公正交易,确保交易双方的合法权益。用水户之间的水权交易基于当地水资源承载能力,实行严格的总量控制和定额管理。

（2）投资机制

1）投入财政为主。制定了《定远县农田水利工程系统治理奖补办法》,建立农田水利建设奖补投入机制,坚持"先干后补、多干多补、考核奖补"原则,对塘坝、泵站、河沟、小水闸、中小灌区、末级渠系等农田水利工程,按项目决算价款,财政资金补助 2/3,社会资本筹集 1/3。

2）多元投入的主体。投资农田水利建设和管理的企业、流转大户、农业合作社、种养大户、农民用水合作组织、个人等。

3）多元投入的方式。"政府＋N",N 为多元投入主体中的一种或多种。

4）社会资本投入的优惠政策。为了提高多元投入主体的积极性,增强其投资能力,经县政府同意,县水务局商定远民丰村镇银行出台"两权"抵押贷款办法(见附件4-3)。由社会投资主体向银行提出申请,银行对办理贷款的对象、条件、额度、期限、利率、信用、流程等进行审查负责,并到水利工程现场进行核实,按照使用权评估价值的(40%~70%)+公司所持资产抵押物价值不超过20%,确定贷款额度,申请办理农田水利设施"两权"抵押贷款可享受政府50%贴息。申办贷款过程中,县水务局出具他项权证,对所有权证和使用权证的真实性负责。

(3) 产权机制

按照"谁投资、谁所有、谁管理、谁受益"原则确定所有权和使用权,对于原有的水利存量资产,其所有权归乡镇、村集体或国有水管单位。对于新建水利资产,财政投入部分所有权归乡镇、村集体或国有水管单位,社会投资部分所有权归投资主体,投资主体取得工程使用权并承担工程全部管护责任。发放小型农田水利工程"两证一书"(所有权证、使用权证、管护责任书),明晰产权,落实管护主体和责任。

制定《定远县小型水利工程所有权登记、发证、流转暂行办法》,建立小型农田水利工程所有权和使用权登记、发证机制,建立权属流转交易和退出机制,并逐步建立和完善权属流转交易电子商务平台。试点项目实施的农田水利工程主要包括电灌站工程、自流灌区工程等,当发生流转交易时,可通过市场化交易实现有序进退,按照《定远县小型水利工程所有权登记、发证、流转暂行办法》采取买卖、租赁、承包、抵押、股份合作等方式进行流转交易,流转交易时,社会投资部分形成的资产可由流转交易双方协商价格,也可由双方共同认可、具有一定资质的评估机构评估资产价值,按评估价值确定流转价格。

社会资本投入主体应承担相应投资风险,真正实行"谁投资、谁所有、谁管理、谁受益"。原则上不得交还政府回购运营,确因不可抗力因素等客观原因导致无法通过流转交易退出的情况,按20年的折旧率确定回购价格,由政府回购运营。

(4) 建设机制

定远县根据《安徽省实施〈中华人民共和国招标投标法〉办法》、安徽省政府皖政〔2013〕66号、《定远县农田水利工程自主建设管理暂行办法》等法律、法规和文件精神,全县农田水利工程建设实行:

1）对于工程投资100万元以上(含100万元)的,分为两种情况:一是全部财政投资的由"定远县小型农田水利工程建设管理处"作为项目法人采取公开招标的方式选择施工单位,按照"项目法人责任制、招标投标制、建设监理制"建设程序建设和管理;二是引入社会资本参与投资的,由于社会资本投入占 1/3,财政投入占 2/3,财政投入占主要部分,因此亦由"定远县小型农田水利工程建设管理处"采取公开招标方式选择施工单位,按照"项目法人责任制、招标投标制、建设监理制"建设程序建设和管理,社会投资主体全过程参与工程建设管理、质量监督、审计结算等。

2)对于工程投资 100 万元以下的,可由社会投资主体直接自主建设,先建后补。技术含量不高的农田水利工程,鼓励村集体或社会投资主体自主建设,负责管理。按照全县农田水利工程系统治理年度计划,由社会投资主体申报自主建设。经水利中心站初审,报县水务局批准实施。工程完工后,县水务局会同财政局、乡镇等验收合格后,由投资主体申报奖补资金。乡镇汇总报县水务局组织工程竣工决算审计,县财政局审核后按审计造价 2/3 奖补标准直接拨付项目投资主体。

(5)运行管理机制

定远农田水利综合试点改革区内有社会投资主体投资建设的水利工程的管护经费由投资主体负责筹集,主要来源以供水水费、经营收入为主,政府补贴为辅。管护经费按照投资主体筹集为主,政府补贴为辅的原则,由投资主体筹集 2/3,政府补贴 1/3。青春泵站工程每年补助管护经费 3 000 元,为降低用于农业生产的提水电费成本,并按实际提水所耗费的用电量,用电量补助为 0.2 元/kW·h,提水灌区每公顷每年按 150 元的标准进行补助;对于青春水库自流灌区工程,干渠工程每公里补助 5 000 元,由青春水库工程管理处作为管理单位采取公开招标方式选择物业化管护公司进行管理,干渠以下一般标准灌区工程按照每公顷每年 150 元的标准进行补助,现代农业示范片区等高标准农田工程按照每公顷每年 225 元的标准进行补助。经计算,项目区每年约需管护经费 144.6 万元,其中投资主体自筹 96.4 万元,政府补助 48.2 万元。参照试验片区管护经费补助标准制定《定远县农田水利工程管理养护实施办法》。

通过管护主体和管护经费的落实,保障了工程长效运行。通过用水合作社参与管理,可协调政府、投资主体和农民三者之间的矛盾和问题,保障三者利益,调动群众参与水利工程建设管理的积极性。通过管护经费的精准补贴,可降低农民用水成本,吸引社会投资主体参与水利工程建设和管理。通过考核奖惩,可保障奖补资金的规范、有效,加强管护主体对工程管护的责任。

6.3 石泉县小型水利工程投入和产权机制研究

6.3.1 投入产权机制类型

通过分析国内外成功案例,小型水利工程的投资主体包括政府、农户、市场主体等,按照各类主体投资的比例,投入产权机制可以分为政府主导、公私合作、市场主导三种模式。

(1)政府主导型

政府主导主要是指在小型水利工程投入机制中充分发挥政府主导、财政引领作用,广泛吸引和调动各种社会资本参与小型水利工程建设,通过政府、市场联手发力,有力撬动社会资本参与农田水利建设管护,解决财政投入水利建设资金不足的问题。政府主导主要体现在规划政府统筹、投入财政为主、质量部门监管三个方面。

1)规划由政府统筹。区县政府统一编制农田水利规划,各类水利建设均需满足规划要求,由区县水利规划领导机构对相关项目的建设进行审查。按照水利规划,统一整合各类涉水资金,由各渠道按照有关规定进行建设。项目建设过程由水利工程建设主管部门上报区域水利规划领导机构,经省(市)相关部门审查批准,领导机构按批准概算整合各类涉水资金进行建设[50]。

2)投入财政为主。通常需要制定水利工程建设、运行、管护的政府主导投资机制,同时建立农户参与小型水利工程建设的奖补机制。在项目建设运行过程中,坚持"先干后补、多干多补、考核奖补"原则,对塘坝、泵站、河沟、小水闸、中小灌区、末级渠系等农田水利工程,按项目决算价款的一定比例予以补偿。

3)质量部门监管。区县行政主管部门具体负责对工程质量监督管理,并邀请群众代表参与监督。

(2)公私合作型

公私合作的模式不单单依靠政府出资,通过引入私人部门的资金、专业人员、管理模式及运作经验等,构建更加科学、更有效率的农田水利工程建设运营机制。小型水利工程公私合作项目运作的大致流程基本可分为以下四个部分:政府选择合适的企业。政府通过公开招标等方式筛选最合适的企业作为小型水利工程的运作主体,可参考以往的项目实践以及企业的信用资质等。企业与政府、银行等金融机构、农户用水合作社等联合出资组建农田水利 PPP 项目公司,农户用水合作社一般由农户自愿出资形成自筹股份,由农户用水合作社以集体的形式入股项目公司。由项目公司负责整个农田水利 PPP 项目的运作,包括确定各大建设运营商、配合政府部门的监督、调动农户参与项目运作的积极性等。项目公司在合同约定的运营期满后,遵照合同要求,向政府无偿移交农田水利工程设施及权益等,由政府对项目的运行情况进行评级考察,最终完成农田水利 PPP 项目的整个运行周期,实现预期目标。

（3）市场主导型

市场主导主要是以种粮大户和农民自发组织为主。农户从使用者变为参与者,参与农田水利工程的整体运作过程。农户是农田水利工程项目中的投资主体,也是项目的主要受益人。在项目的实际建设过程中,农户作为出资群体,参与水利工程建设不仅自身利益得到满足,也会为其他个体带来收益。当农田水利工程规模较大、需求较大时,该项目可能带来巨大的经济效益和社会效益,同样农户也享有该水利工程建成后运营所带来的收益。

6.3.2 投入产权机制的自然因素分析

投资模式的设计和选择与当地自然资源具有密切关系。其中对投入产权机制进行选择的自然因素有水资源的丰沛程度、气候、降雨、地形、植被、地貌及自然灾害等因素。其具体影响因素分析如下。

（1）水资源的丰沛程度是农田水利投资主体选择的首要因素

水资源的丰沛程度对于农田水利投资主体的选择具有重要的意义。通常大中型灌区工程或者水资源较为充沛的地区,具有较强的规模效应,同时能保证农村饮水安全,具备引入社会资本参与的条件,可以采用市场化投资模式。

（2）气候、降雨量等是农田水利投资主体选择的第二因素

小型农田水利工程通常是季节性使用,当雨水充足或当地降雨量较大时,工程利用频率小。天旱或当地水资源供应不足时,工程需要超负荷工作,极有可能因为资源稀缺而发生水事纠纷,因此投入产权机制的选择应考虑当地气候条件及水资源的充沛程度。

（3）地形地貌是农田水利工程投资主体选择的重要因素

地形地貌也对选择小型农田水利工程的投入机制产生影响,平原地区或者该区域人均耕地较多,容易形成规模集中连片种植,土地流转率高,则较为适合农业企业或种粮大户投资,耕地少则适合政府主导投资建设。

6.3.3　投入产权机制的社会经济因素分析

投资模式的设计和选择与当地的社会经济因素同样具有密切的关系。其中对投入产权机制进行选择的社会经济因素有当地的经济发展水平、财政收入水平、教育水平、交通发达水平等因素[51]。其具体影响因素分析如下。

（1）经济发展水平和财政收入水平对农田水利投资主体选择起直接影响作用。在小型农田水利工程建设中,需要大量的资金投入,因此当地的财政收入水平和经济发达程度影响着当地对水利工程建设的资金投入力度,也决定了对于小型农田水利工程投入产权机制的选择。

（2）教育水平对农田水利投资主体有侧面影响作用。教育水平影响着专业技术管理人员队伍的建设。近几年来,很多水管单位内设机构不科学,在人员总量过剩的同时,真正急需的高、中、初级工程技术人员严重短缺,又没有经济能力来培养专业技术人员,而且农村有知识的大部分人员奔向了大小城市,留下人员很难找到真正懂水利工作的人员,导致人员工作效率低下,这也是在选择小型水利工程投入机制时需要考虑的问题。

（3）交通发展水平对农田水利投资主体的选择有一定限制作用。交通发展水平是在选择农田水利投资主体时重点考虑的因素。当地交通发展水平较好的区域更有利于与外界加强经济上联系,促进当地经济的发展,更容易吸引外来资本,因而选择市场投入机制更有利于当地小型水利工程的发展。

6.3.4　石泉县投入产权机制的创新

（1）投入产权机制模式选择

1）自然环境方面。石泉县属北亚热带气候区,其气候特征主要表现为温和湿润,雨量充沛,光热尚足,但是灾害天气频繁,需加强防范。全县总土地面积 152 500 hm²,其中耕地面积 18 000 hm²,人均 0.10 hm²。石泉县河流众多,落差较大,多年平均水能理论蕴藏量为 8.898 万 kW,水资源较充沛。

2）社会经济条件方面。根据相关统计资料年鉴,石泉县在 2016 年实现生产总值 71.43 亿元,地方财政收入 1.5 亿元,总体增长较快但仍处于低水平。城乡居民人均可支配收入分别达到 25 854 元、8 753 元,较上年增长 82％、93％,主要指标增速较快。新建通村路、断头路 113 km,便民桥 115 座,但交通发展水平仍较低,成为严重阻碍;新建饮水工程 203 处,解决了 1.3 万贫困群众饮水不方便、不安全的问题。实施贫困户旧房改造工程,1 000 余户贫困户的土坯房已改造,全县电力入户率 100％,移动通讯信号基本实现全覆盖。

根据以上自然因素和社会经济因素对投入产权机制选择的影响分析,结合石泉县各方面的实际情况,石泉县应采用政府主导的投入产权机制,以政府财政资金投入为主导,通过财政资金引领,撬动社会资本,解决财政持续投入不足的问题,保证小型农田水利工程的公益属性,从而广泛调动各类社会资本参与水利建设的热情,弥补水利建设资金不足的问题。

（2）优化的具体措施

1）充分发挥政府统筹与引导带动作用。石泉县政府在投入机制方面应以财政资金投入为主导,通过财政资金引领,撬动社会资本,解决财政持续投入不足的问题。石泉县应编制全县农田水利规划,并由县农田水利规划委员会审查批准,要求各类农田水利建设均需满足规划。财政投入资金提高小型农田水利建设标准,保障粮食安全;社会投资者通过农业综合经营开发获得可观的投资回报,同时投入资金有效管护水利工程,提高农村水利设施的完好率和使用率,保证工程效益的正常发挥。群众可获取农业灌溉保障,粮食增产增收,从而实现政府、群众和社会投资者三者共赢的目标。

2）推行农田水利工程所有权、使用权证抵押贷款模式。石泉县应推行农田水利工程所有权、使用权证抵押贷款模式,通过制度创新,将公益性基础设施变为经营性资产,把金融资本吸引到水利建设中来,拓宽水利工程融资渠道,解决水利工程建设和农业扩大再生产资金短缺问题。

按照"谁投资、谁所有、谁管理、谁受益"原则确定所有权和使用权。对于原有的水利存量资产,其所有权归属于乡镇、村集体或国有水管单位。对于新建水利资产,财政投入部分所有权归属于乡镇、村集体或国有水管单位,社会投资部分所有权归属于投资主体,由投资主体取得工程使用权并承担工程全部管护责任。通过发放小型农田水利工程"两证一书"(所有权证、使用权证、管护责任书),明晰产权,落实管护主体和责任。在此基础上,不断推进全县农田水利工程产权确权登记发证工作,规范农田水利工程产权、经营权流转,明确农田水利工程经营管理责任。通过制度创新,将公益性基础设施变为经营性资产,把金融资本吸引到水利建设中来,通过拓宽水利工程融资渠道,结合实际情况,解决水利工程建设和农业扩大再生产资金短缺问题。建立农田水利建设奖补投入机制,按照"先干后补、多干多补、考核奖补"原则予以补偿。

6.4 石泉县小型水利工程建设和管护机制研究

6.4.1 建设与管护机制模式

通过分析国内外成功案例,小型水利工程的建设管护主体包含政府、农户、市场主体等,小型农田水利的建设管护主要包括市场化模式、政府主导投资建设模式和多元化投资建设三种模式。

(1)建设模式

从国内农田水利改革的调研案例看,农田水利改革的市场化趋势较为明显,但是各地区程度不一。

一是以云南元谋、河北威县为代表的市场化投资建设模式,采用 PPP、BOT 等模式投资、建设和运行,该模式市场化程度较高,能够较好发挥财政资金的引导和杠杆作用,但仅适用具有较好经济效益的大规模农田水利工程。

二是以江苏泗洪为代表的政府投资为主,统一建设标准,建立镇级管理中心的模式,该模式能够保证水利工程建设和管理的标准化、规范化,但是市场化程度较低,主要依赖于当地财政情况。

三是以安徽定远为代表的政府主导,社会主体参与投资和建设的多元化模式,该模式政府投入占主要地位,同时引入和培育社会主体参与水利工程建设管理,汲取了前两种模式的优点,兼顾了短期效益和长期运行的需要,具有较好的经济社会适应性。

石泉县财政赤字,缺乏资金,且为山区地形,田地较为分散,很少存在大片田地,大多为山地。由于山区发展受限,也没有社会资本进行投资。因而与调研案例对比分析后,可以看出石泉县农田水利管理机制创新适合采用投资和建设的多元化模式,需要构建以政府主导、公众参与的"1+N"投资建设模式。

(2)管护模式

长效运行是水利工程管理的难点,各类典型案例都通过落实责任主体的方式,进一步强化水利工程的长效运行机制。其中,市场化模式主要以项目公司作为管护责任主体,通常运行期在 10 年左右;政府投资模式由基层水利服务站为责任主体;多元化投资建设模式的责任主体为综合水利服务站、用水户协会和农户。不同的管理模式都是通过确定责任主体,并以合同形式落实管护任务,从而有效保障工程长期运行[52]。

因此,根据石泉县实际情况,应实行群众参与机制,明晰工程产权,落实管护责任,将产权人及管护人进行公示,接受社会监督,为建后管护工作创造良好条件。这样的多元化管护模式将更好地保障石泉县小型水利工程的长效运行。

6.4.2 建设管理的制约因素分析

(1)招投标存在问题

小型农田水利工程具有单体投资规模小的特点,主要由小型水利工程所在地的县(市)政府负责修建。虽然宏观层面上总体数量大,但是当局限到一个地区或地方时,其建设市场的规模较小;按照目前的水利项目招投标流程,组织一场小型农田水利项目招投标所产生的社会成本较大,这也降低了地方政府针对小型农田水利项目组织招投标的积极性;招投标体制还不够规范,可能导致招标流程不够严格进而影响最终的工程质量。

(2)设计考虑不全面

小型农田水利工程因为规模比较小,因而在项目内容、施工技术以及施工质量的把关等方面均未得到应有的重视。对于小型农田水利建设工程设计来说,设计工作需要沿着可行性研究、招标设计,施工设计图不断深入,在小型农田水利工程设计上要实现逐步细化,对应设计方案必须进行深层次的论证。但实际在小型农田水利工程的设计上,更多地只是在设计阶段就提出项目施工的具体方案,而并没有针对方案进行实操性和可行性分析与研究。等按照设计图纸进行施工时,由于设计方案的不完善,引发许多问题,严重耽误了施工进度。部分方案的设计未结合当地实际状况(如农民的灌溉需求),便有可能更改原来的设计方案,这样一来,施工计划和安排完全被打乱,使得原有的设计方案缺乏适用性。

（3）质量监管不到位

小型农田水利工程的施工质量好坏不仅会对农田水利工程的寿命和农村群众的生产生活产生直接影响，同时还会影响水利工程的效益。因此，小型水利工程建设管护对于质量监管也提出了更高的要求。尽管近年来水利工程建设水平有了长足进步，但总体建设水平仍然存在诸多不足，所选择的施工队伍素质偏低、缺乏完善的工程质量监督制度，施工单位内部也没有建立相应的内部管理制度，建设违规现象时有发生，对水利工程施工质量造成了极其不利的影响。

（4）缺少基层水管单位、水利站，管理经费紧缺

石泉县缺少基层水利站，无人员配备，主要原因还是缺少资金。石泉县山大沟深，灌溉时，大多采用人工临时修建拦河设施，进行小型灌溉，并不需要花费资金，也难以接受花费资金进行灌溉的行为。

由于各级地方财政相对困难，依然存在水管单位人员工资和工程日常维修养护经费不能保障的问题，一些承担着社会公益性服务的水库无法获得公益服务补偿，制约着管理人员积极性的调动和工程的及时维修养护。

（5）水利工程产权难以界定，运行维护主体模糊

石泉县的小型水利工程维护主要依靠中央资金，在资金投入方面暂无社会主体及农户参与投资。石泉县水利工程的主要类型为小水库、堤防、小水电站，其所有权并无明确规定，难以界定；管护方面由村镇农户自行负责，没有维护资金。居民居住分散，集中供水难以实现。水库管理权下放至乡镇管理，基本处于无人管理状态[53]。

6.4.3 管护方式的选择依据

石泉县没有养殖大户、用水合作社，强壮劳动力大多外出务工，农村老人和小孩居多，农户参与管护的积极性不高。虽然经济情况有逐年好转的趋势，但农户的可支配收入还是较低的。因此需要政府主导的水利站做好小型农田水利管护的统筹规划工作。

石泉县可以采用多元化投资建设的模式，形成"政府引导，农户参与"的建设机制。管护机制上要做到"产权明晰、权责一致"，确立地方政府在小型农田水利设施管理与维护中的主导地位，形成"乡（镇）水利站 ＋ 村水管员 ＋ 设施管理员"的小

型农田水利设施管理网络。在农村逐步成立基层水利服务站、用水合作社。政府制定小型农田水利设施运行维护经费定额和财政补助政策,并鼓励基层水利服务站、农民用水合作社等农村社会组织和个人参与小型农田水利设施的运行管护,实现管护主体、责任、制度和经费的专业化与社会化相结合。

6.4.4　石泉县小型水利工程的建设与管护机制

对比分析市场化模式、政府主导投资建设模式和多元化投资建设三种模式的适用条件,可以看出石泉县农田水利管理机制创新适合采用多元化投资模式,需要构建以政府为主导、公众参与的"1+N"投资建设模式。首先,石泉县的人均耕地、耕地类型、机械化情况均不适合开展大规模种植,难以吸引农业企业和社会资本参与农田水利建设;其次,石泉县财政收入也不满足东部地区所采用的政府主导投资建设模式。因此,石泉县农田水利改革需要以政府为主导,并且充分发挥农户的积极性,随着农村经济社会发展逐步引导公众参与农田水利建设管理,形成"水利促脱贫,致富兴水利"的良性机制[54]。具体需要做到以下几个方面:

(1) 建立与农田水利建设相适应的招投标机制。针对不同的工程投资额可采取相适应的建设与招投标机制。

对于工程投资 100 万元以上(含 100 万元)的,一是全部财政投资由"石泉县小型农田水利工程建设管理处"作为项目法人采取公开招标的方式选择施工单位,按照"项目法人责任制、招标投标制、建设监理制"建设程序建设和管理;二是引入社会资本参与投资,社会资本约占投入的 1/3,财政投入约占 2/3,财政投入占主要部分,从而也由"石泉县小型农田水利工程建设管理处"采取公开招标方式选择施工单位,按照"项目法人责任制、招标投标制、建设监理制"建设程序建设和管理,社会投资主体全过程参与工程建设管理、质量监督、审计结算等。

对于工程投资 100 万元以下的,可由社会投资主体直接自主建设,先建后补。技术含量不高的农田水利工程,鼓励村集体或社会投资主体有针对性地自主建设,负责管理。按照全县农田水利工程系统治理年度计划,由社会投资主体申报自主建设。经水利中心站初审,报县水务局批准实施。工程完工后,县水务局会同财政局、乡镇等验收合格后,由投资主体申报奖补资金。乡镇汇总报县水务局组织工程竣工决算审计,县财政局审核后按审计造价 2/3 奖补标准直接拨付项目投资主体。

(2) 公众参与的菜单式设计模式。小型水利工程最终服务的对象是普通农户与种粮大户,因而在设计阶段需要号召公众积极参与小型水利工程的设计工作。设计单位可以根据公众的选择出具一个具体的设计方案,然后根据公众提出的问题与建议进行相应的改进,经过多次沟通与修改,使最终的设计方案更符合当地的实际与老百姓的需求。

(3)多元化监管。政府有关部门要加强对小型农田水利工程建设过程的检查督导,把好制度关、资金安全关、质量监督关、竣工验收关,确保小型农田水利工程建设健康有序推进。同时,鼓励投资建设主体、农户与种粮大户积极参与监管工作,通过在建设期间积极接受群众监督,及时解决和处理环境协调、质量安全管理中存在的问题。

(4)以管护合同或责任书方式落实多元化管护主体,建立长效管护机制。首先,明确小型农田水利的产权,从而落实管护主体和责任。为保证小型水利工程的管护工作能有保障地进行,政府可以与农户、种粮大户签订管护合同,与当地水管站签订管护责任书,将管护工作落实到多元主体,多元主体共同承担管护的责任,对小型水利工程负责。每隔一段时间,政府可以对多元主体的管护工作进行检查、评估,并给予相应的奖惩,从而激励多元主体积极参与到管护工作中来。

综上所述,石泉县小型水利工程应遵循国家相关要求,按照公开、公平、公正的原则创新建设管理机制。首先,在项目立项遴选时实行公开公示,提高立项水平。在工程立项阶段,县水利局应向各乡镇征集项目申报意见,各乡镇在遴选中需要引入群众参与机制,初步确定建设内容后公示并征集意见。其次,在项目建设中实行公开公示,保证工程建设质量。在项目建设中,要求建设单位就工程内容、质量标准、技术要求等进行公示,或由镇村派驻监督员和群众代表,建设单位对监督员及群众代表进行培训和技术交底,在建设期间积极接受群众监督,及时解决和处理环境协调、质量安全管理中存在的问题。最后,在工程验收及建后管护中引入群众参与机制,明晰工程产权,落实管护责任,将产权人及管护人进行公示,接受社会监督,为建后管护工作创造良好条件。

6.5 石泉县小型水利工程节水机制

农业节水主要涉及政府与农民两大主体。政府是节水灌溉发展的外因和调控主体,而农民是节水灌溉发展的内因和实施主体。石泉县应采用激励与约束相结合的办法,通过行政、经济、技术等多种手段相互支撑、相互补充,构成一个覆盖农业用水全过程、相关部门及公众共同参与的综合性管理体系,从而找到农民节水的内在驱动力,实现从"要我节水"向"我要节水"的转变。

6.5.1 节水机制模式

（1）政府奖惩为主

县成立农田水利综合改革试点项目领导小组,对投资主体、村民组和用水户的用水定额进行监管,制定具体节水奖励政策,设立节水奖励专项资金,进行奖励和补贴。在具体制度制定完善的基础上,定期组织专家考核水资源使用情况。对定额内未使用的水量指标,用水户可得到奖励补贴、结转下年使用或自行交易流转。如未能结转或交易转出,每年年底,由县政府按运行价格加价 10% 进行奖励,奖励资金一半奖励投资主体,一半奖励村集体或用水户,并在有关乡镇和行政村进行公示。

（2）市场交易方式

根据区域内自然环境以及经济条件的差异性,当水资源条件丰富、农户经济条件富裕、农业规模化较高时,可采用交易方式进行节水。允许项目区用水户对定额内水量进行交易,制定相应水权交易制度,鼓励项目区的用水户直接进行水权交易。水权转让实行公示登记制度,公开、公平、公正交易,确保交易双方的合法权益。用水户之间的水权交易基于当地水资源承载能力,实行严格的总量控制和定额管理。

（3）复合方式

由于地区间的差异性,节水机制的模式选择还可以采用政府＋市场的复合方式,节水奖励由政府根据农户用水情况进行考核确定,同时通过水权交易,将智能化设施灌溉节水与公司收益挂钩,进一步促进精准灌溉控制,有利于节水项目的长期有效运行。复合方式一方面有利于发挥政府的主导作用,另一方面也可以发挥市场的资源配置作用[55]。

6.5.2 节水机制使用的因素分析

（1）水资源条件

水源、灌溉用水短缺度以及土壤质地是影响农户灌溉技术选择行为的自然环境因素。用水较为短缺采用机井抽水灌溉的地下水灌溉地区,水资源对农业发展的制约作用更大。水资源越短缺,农户越倾向于使用节水技术减少生产投入。土壤质地保水能力越差(如砂土),农户越需要使用节水技术。

(2)政策及诱导因素

科学的水费征收方式可以有效发挥水价杠杆作用,按流量征收方式将水费和农户用水量挂钩,增强了农民对水资源价值和稀缺性的认识;一般农户会观察并判断村中农户使用农业节水技术的有效性,从而形成自身的决策;政府对农户灌溉系统的资金扶持力度越大,农户自身的经济压力就会越小,使用节水技术的可能性就越大。

(3)农户经济条件

农户家庭收入是影响农户技术选择的一个主要因素。家庭收入对农户的技术选择行为可能会产生两方面的影响,一方面技术采用的固定成本使得家庭经济实力强的农户有能力尝试新技术。而家庭收入低的农户由于担心新技术所带来的风险和不确定性,往往会对新技术采取观望态度。另一方面,不同经济状况的农户会选择不同类型的技术,经济状况好的农户可能对非农技术的需求意愿较强,而对农业技术的需求意愿较弱。

家庭收入水平与农户采纳行为之间存在相关关系。即收入越低的农户采纳节水灌溉技术的可能性越小,而收入水平较高的农户更趋向于采纳新技术,这与该类群体的经济风险承受能力较强,经济规模较大,有更丰富的资源实践其创新观念有关。

(4)农业规模化程度

对于生产规模大的农户,他们不采用某项新技术的机会成本相对于小规模的农户来说要大得多,而且生产经营规模大的农户在采用某项新技术时容易形成规模经济,因此生产规模大的农户比小规模农户更愿意去了解有关农业技术方面的信息,采用技术的概率较大。耕地面积是衡量农户生产经营规模的重要指标,因此对于节水灌溉技术服务来说,一般预期是在其它条件不变的情况下,农户的耕地面积越大,农户对各种种植业技术需求的意愿越强。

6.5.3 石泉县节水奖励与约束机制研究

(1)机制类型选择

调研发现,石泉县特殊的地理条件导致水资源丰富但落差较大,灾害天气频繁;农民经济水平普遍较低。这不利于市场化方式的引入,也就直接决定了石泉县节水机制类型必须建立起政府主导的监管模式。同时,石泉县气候条件温和湿润,雨量充沛;位于长江流域汉江水系,境内河流众多;农业资源较丰富,农业生产逐年提升,具有一定的规模效应。这些优势决定了可适当采用市场交易方式[56]。

综上所述,石泉县节水机制宜为以政府奖惩为主导,逐步引入市场交易方式的复合节水机制类型。

（2）健全奖励机制

通过物质奖励、精神奖励激发农民节水,培养农民用水道德观。成立农田水利综合改革试点项目领导小组,领导小组下设办公室,对投资主体、村民组和用水户的用水定额进行监管,制定具体节水奖励政策,设立节水奖励专项资金,进行奖励和补贴。办公室每年组织专家考核水资源使用情况。对定期内未使用的水量指标,用水户可进行奖励补贴、结转下年使用或自行交易流转。如未能结转或交易转出,每年年底,由县政府按运行成本价格加价 10%进行奖励,奖励资金的 50%归投资主体,其余 50%归村集体或用水户,并在有关乡镇和行政村进行公示。

同时,对节水表现突出的农民和村集体,给予必要的荣誉奖励,激发村集体和农民的节水热情和积极性。

（3）完善农业水权制度

明确提出农户依法享有水资源的使用权,建立了县、乡、村、用水户四级初始水权分配体系,将水权分配到户,逐步发展水权交易市场,并建章立制规范水市场交易,同时将政府投资建设的田间节水灌溉设施交给农户所有。通过强化水权管理,激发水权所有者节约用水的内生动力,推动水资源向高效益方向流转。

1）建立农业灌溉用水权初始分配制度,明确农业初始水权

石泉县根据各级民主协商结果,按照县、乡、村（社）、组将各级初始水权层层分解,直至水权分配到户,并发放水权证,实现了"县域层面的用水总量控制"的目的。

一是用水供需平衡分析,从宏观上把握全县的用水结构和社会、经济以及环境的发展,对全县可利用水资源在工业、农业、人畜、生态四大用水部门之间进行分配,在所属的乡镇以及县直属供水户之间进行分配。

二是各乡镇将二级分配所分到的水量落实到所属各个村委会。分配内容包括用水总量、各类水源的数量以及各种用途水的数量。县直属水管单位将二级分配所分的水量落实到所属各用水单位和各单位取水工程。

三是各个村委会将所分配到的水量分别落实到本村所属的各单位取水工程和各用水户,将水权证发放到户。分配内容包括各单位取本工程的年取水总量,各用

户的用水总量、各类水源的数量以及各种用途的用水量。

根据上述水权分配方法,项目区按平均 4 305 m^3/hm^2 的用水量分配水权确权到户,颁发用水水权证。

2)推动农业水权转让和交易

鼓励用水户在加强节约用水的前提下,允许项目区用水户对定额内水量直接进行水权交易。土地发生流转的,需要就灌溉用水权流转进行协商,办理用水水权流转手续。用水户之间的水权交易基于当地水资源承载能力,实行严格的总量控制和定额管理。通过水权交易,提高农民节水意识,使其主动自觉采用节水灌溉技术或制度实施作物灌溉,以获取最大的水收益。

3)强化水权转让监管

遵循公平公正、双方协商、有效监管的原则,加强对农业用水转让的审查、公示和管理,严格保障基本农田用水量。首先,建立并实施水权转让公告制度,由县水务局或授权单位和村农民用水合作社对拟出让、拟受让的水权,以及审核登记的水权进行公告,公告内容包括水源条件、时间、水量、水质、期限、转让条件等。其次,对于超出项目区范围的水权交易以及项目区内新增用水户的水权交易,要求经济利益相关方同意,报县水务局审核批准后进行。

(4)完善农业用水定额管理约束机制

1)建立严格的用水计量管理制度

不断加强农业用水计量管理,将用水计量作为明晰农业用水权、开展用水权转让的前提条件,使政府和农民都有清楚明白的用水帐,对耗用多少水量做到心中有数。取水单位和个人严格按照国家技术标准安装计量设施,保证计量设施正常运行;水行政主管部门按照监管职责,大力推广和普及用水计量和实时监控设施。

在渠灌区实现将用水计量设施安装到斗口、有条件的地区计量到田间地头的目标,并逐步实施计量设施的智能化管理。同时,加强渠灌区干支斗渠防渗改建,实现斗渠口计量设施安装完好率100%。

2)完善农业用水定额管理制度

不断加强用水定额管理,推动农业用水由定性管理向定量管理转变,将用本定额作为实施节奖超罚、超定额累进加价收费的依据,参照原取水用水定额标准,确定农田基本用水定额,对用水结构进行详细调查,形地位面级的年用水量。通过对灌区现状特点、灌溉面积、种植结构的详细调查,确定不同作物灌溉面积,建立灌溉面积档案、台账,完善编制规划和实施方案。在实施过程中,按照年度计划,分期完善配套灌溉系统,在已推行的灌溉定额基础上复核配水定额,通过定额管理,明确每户、每公顷地、每年的可用水量。

(5)建立农民节水的自治组织驱动机制

不断强化节水公众参与,通过完善自治组织,建立农民自主管理和决策灌溉相关事宜、参与政府有关决策的机制,提高农民自主管理的水平。

1)依靠村委会行政力量完善村级村组驱动机制

建立村组驱动机制,在村级层面为广大村民提供参与村级议事的环境。充分吸纳广大村民参与村组驱动机制建设,提高村民参与农业节水管理的积极性。村级村组驱动机制建设任务包括:

① 根据本村条件和大多数农民的意愿和要求,制定村级不同作物的用水定额,人均年用水量及全村用水总量,实行用水总量控制与定额管理,并通过价格杠杆,控制用水浪费;

② 根据本村水资源条件制订种植结构调整计划,不断降低高耗水作物的种植面积;

③ 建立和完善水量分配制度、取水许可制度和用水有偿使用制度,优化配置水资源,改善水环境,提高水资源利用效率和效益;

④ 从村级利益出发参与水资源与水环境项目选择、设计和运行管理,制定相关制度及措施,以利于村级水资源与水环境项目的长效发展与运行。

2)依靠协会积极组织推动农业节水管理

通过成立农民用水者协会,实践"民办、民管、民受益"的农民自主管理模式。农民用水户协会按照"政府引导、农民自愿、依法登记、规范运作"的原则,强调"自下而上、自上而下"的沟通与协调,从而充分发挥其民主决策、民主管理、民主监督的作用,更好解决农业用水问题。石泉县为提高协会的发展质量,还赋予协会更多权利与职责,鼓励农民联户开办专业灌溉有偿服务组织,为农户提供更好的灌溉服务,同时还鼓励协会从创办经济实体收入中拿出一部分资金,用于提高其自我发展的能力。

(6)完善农民节水的保障机制

1)建立农业节水专项基金

以政府主导的多元化、多层次的农业节水专项基金,重点用于节水奖励,使农民或种植大户从节水中获得收益。奖励基金来源包括超定额累进加价水费收入、政府财政补助、企业和社会捐赠等多方面。通过设立农业节水专项基金,使农业用水权交易能有稳定费用来源,农户不用担心节余下来的水没有去处。解决农户节水的后顾之忧,有利于推动农业用水权的转让,提高农民节水的积极性。

2) 推广使用各类农业节水技术

不断加快发展工程措施节水,推广应用各类节水技术。加快以渠道防渗为中心的灌区工程改造和建设,提高灌溉水有效利用系数。将骨干工程改造与田间节水改造和管理结合起来,通过改进地面灌水方法,搞好田间工程配套,充分发挥灌区节水改造工程效益。同时,因地制宜地推广管灌、喷灌、微灌、滴灌等先进节水灌溉技术,推广节灌新材料、新工艺,加强农民节水技能培训,取得节水实效。

3) 建立宣传培训机制

重点宣传当地水资源形势,让农民了解当地的水资源状况,提高农民水危机与节水意识;编制农业节水技术科普手册,普及节水知识,增强农民节水的紧迫感和自觉性;利用舆论宣传引导农民建立节水道德观,将点点滴滴节水行为内化为水道德理念,加大对浪费、破坏水的行为曝光力度,形成一种强大的社会舆论压力。

同时,开展形式多样的技术培训。对农村具有一定文化水平,具有组织、带动和影响作用的骨干人员进行农业节水技术培训,从而带动广大群众提高节水技能,保证各项节水政策和节水管理制度落实到位,取得实效。

第七章 石泉县汉江沿江特色旅游带发展规划

《中共中央国务院关于实施乡村振兴战略的意见》明确指出,通过实施休闲农业和乡村旅游精品工程,建设一批设施完备、功能多样的休闲观光园区、森林人家、康养基地、乡村民宿、特色小镇,培育乡村发展新动能。石泉县旅游资源总量丰富,但在现有的旅游开发中,欠缺总体的、科学的规划,缺乏统一标准,制约了汉江流域旅游开发的进一步发展。同时,石泉县境内水资源丰富,河流众多,但现有的水资源开发模式主要为发电、灌溉,生态景观开发占比很低,造成了旅游资源的浪费与流失。

整合规划石泉县丰富的旅游资源,科学统筹境内的水资源开发模式以避免旅游资源浪费是石泉县融入汉江特色旅游带过程中的重要任务。目前,石泉县旅游发展的总体架构已经形成,下一步如何更好地盘活石泉县境内的汉江水,将石泉县旅游发展与乡村振兴、与水利建设相结合,找到适合石泉县特色的旅游开发模式和开发项目,成为迫在眉睫的现实需求。石泉县可在资源、品牌、产业、交通四个层面多维度发力,整合流域资源,塑造品牌形象,开发水上旅游观光带,结合石泉县得天独厚的山、水、人文资源,按照市场运作、资源统筹、要素聚合、打造精品、文旅融合的建设思路,打造属于石泉县的汉江沿江特色旅游带,促进全产业融合发展。

石泉县属省级贫困县,地方财政收入少,产业单一,农村人口占比较高且收入水平较低,推动石泉县汉江沿江特色旅游带发展,为石泉县汉江沿江特色旅游带做出科学规划,可以盘活石泉县旅游资源,激发石泉县各产业的发展活力,促进产业融合发展,解决部分农民就业问题,提高农民收入,改善农民生活水平,推动区域经济社会发展,提高城镇化水平,为石泉县打赢脱贫攻坚战,响应乡村振兴战略,实现长期、稳定脱贫形成强有力的支撑。

7.1 石泉县汉江特色旅游带发展现状与问题

7.1.1 特色旅游带的概念界定

随着社会经济以及旅游业的不断发展,单一的旅游景点或者旅游业态已经难以满足游客的需求,也不符合旅游业的发展趋势[57]。当前,不管是旅游消费者,还是产业自身发展都在寻求新的旅游发展模式,基于此,旅游带的概念应运而生。旅游带是指由一系列呈带状分布的旅游资源形成的线性旅游廊道,受当地自然地理、人文、历史等因素的影响,会形成每个区域独有的特色旅游资源,并会形成一个具有当地特色的文化主题[58]。介于此,石泉县汉江特色旅游带是指受石泉县一系列自然地理、人文、历史等因素的影响,由依托汉江而呈带状分布的旅游吸引物构成,且由石泉县特有的一系列文化主题来整合的线性旅游廊道。

7.1.2 石泉县汉江特色旅游带发展现状

石泉县地处秦巴山间,汉水之滨。境内河流纵横,峰峦叠嶂,洞奇峡幽,茂林修竹,形成了独具特色的自然景观和古朴淳厚的民风民俗。尤其是积淀深厚、内涵丰富的鬼谷子文化、汉水文化、移民文化和秦巴边缘交汇文化构成了具有石泉县鲜明地域特征的民俗民间文化。石泉县汉江旅游资源以人文旅游资源为基础,以水域风光类和生物景观类等自然旅游资源为重要组成部分,应积极、充分发掘石泉县沿江积淀深厚的人文底蕴,打好"文化牌",合理有序开发自然旅游资源,做足"江文章"。正是因为汉水江边这些独特的自然景观和古朴的民风民俗,才构筑了独具魅力的汉江特色旅游带。

2018年石泉县累计接待游客552万人次,同比增长15.48%,旅游收入36.3亿元,同比增长18.32%。石泉县三年来未出现一起重大旅游安全事故,游客满意度连续三年在95%以上。先后成功创建为"省级旅游示范县""省级文化先进县""省级生态建设强县""全国休闲农业和乡村旅游示范县"和陕西旅游名片"百强榜"十大旅游强县等荣誉称号。

（1）旅游资源开发现状

旅游资源是指自然界和人类社会凡能对旅游者产生吸引力，可以被旅游业开发利用，并可产生经济效益、社会效益和环境效益的各种事物和因素。石泉县旅游资源总量丰富，特色突出，类型多样，自然景观与人文景观兼具，并具有一定品位。全县可开发的旅游资源有 148 个，优良级旅游资源单体 56 个，约占旅游资源总数的 38%。近年来，石泉县紧紧围绕"旅游兴县"发展战略，大力开发境内的旅游资源。旅游开发主要定位在：探险、漂流、观光、度假等项目上，对"山、水、洞、峡、滩、城"等旅游资源充分利用和开发，先后建成国家 4A 级景区 3 个、建成和在建 3A 级景区 5 个，并正在按照 5A 级标准建设云雾山鬼谷岭景区和池河金蚕小镇，现已建成省级旅游示范村 7 个、省级旅游特色名镇 4 个，基本形成了全县景区景点集群式发展格局。石泉县旅游资源分布见图 7-1。

石泉县上等级旅游资源主要集中在南区的熨斗、中坝、喜河、长阳、后柳五乡镇，北区的红卫、银桥以及位于石泉县西大门的两河镇。这两区八乡镇集中了全县 70% 以上的旅游资源单体。其主要优势体现在：后柳、喜河、长阳三乡镇位于美丽的莲花湖畔，水陆交通便捷，景点集中，有良好的亲水性和可进入性。熨斗、中坝两乡镇地处大巴山深处，喀斯特地貌分布面广，熨斗镇的燕子洞是我国西北最大的溶洞，已经正式开园。中坝乡山大峡深，河流纵横，水力资源极其丰富，20 世纪 90 年代曾在中坝河流域建起了三十多处小型水电站。雄奇险峻的中坝大峡谷和空灵毓秀的中坝小峡群，植被茂盛，景观独特，是石泉县亟待开发的优良旅游资源。红卫、银桥两乡镇都位于云雾山脚下，境内动植物种类繁多，自然景观和人文景观高度结合，具有得天独厚的资源优势。其他七个乡镇旅游资源则相对较分散，有的乡镇虽有比较好的旅游资源单体，但景点单一，交通不便，可进入性较差。

为更好地配合旅游资源的开发，完善配套设施，全县建成区域性游客服务中心 4 个，建成和在建游客集散中心 2 个；设置旅游标识标牌 60 余处，旅游公共信息图形符号牌 160 余处；建成旅游厕所 28 处，停车位 8 757 个；建成互联互通的旅游公路，开通旅游景区公交车，基本实现"一路畅通、一路安全、一路风景、一路休闲"的旅游交通环境；实现智慧旅游全覆盖；"1+3+N"旅游综合执法监管常态化运转；安全保障救援体系实现全域一体化；推行整体优化城乡环境工程，基本实现了全域面貌景观化。在交通方面，全县公路总里程达 2 086 km，其中：过

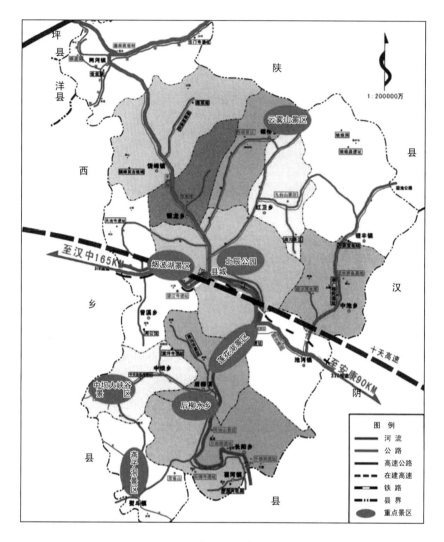

图 7-1 石泉县旅游资源分布图

境高速 2 条28 km,国道 4 条 144 km,县道 5 条 151 km,乡道 19 条 293 km,村道 694 条 1 304.59 km,建成通村水泥路、产业路 1 200 余 km。农村公路总里程达 1 914 km,约占全县公路总里程的 91.8%。公路密度达到 106.2 km/100 km²。新建大中桥梁 5 座、便民桥 31 座,新启用城际客运站 1 个、新建招呼站 6 个,建成 6 处航运码头,完成 8 处渡口改造、10 处候船亭,实现了 100% 的镇通油路、100% 的行政村通公路、100% 的行政村通水泥路,100% 的镇通班车、100% 的行政村通客车,开通县城至池河,县城至饶峰,县城至两河,县城至曾溪,县城至云雾山 5 条城乡公交专线,开通城区 1、2、3 号公交专线,县内交通通达度的提高为旅游的发展提供了有利条件。

（2）旅游产业结构现状

旅游产业是国民经济的重要组成部分,是推动经济发展的重要产业力量。旅游产业结构是旅游产业内部满足游客不同需求的各行各业之间在运行过程中所形成的内在联系和数量比例关系[59]。石泉县旅游产业结构由吃(旅游餐饮业)、住(旅游宾馆业)、行(旅游交通业)、游(旅游景观业)、购(旅游商品业)、娱(旅游娱乐业)六个要素组成。石泉县据此形成以旅行社为产业龙头,包含饭店、旅游景区、交通客运、旅游购物、旅游娱乐在内的旅游业主体行业部门。

1）住宿餐饮业

住宿餐饮业是旅游产业的重要支柱,是影响游客旅游体验以及吸引回头客的重要因素。目前石泉县的宾馆和农家乐的数量有限,难以满足旅游旺季游客住宿的需求,暂无已建成的星级宾馆,难以迎合高消费水平人群的住宿需求,降低了石泉县对高消费水平人群的吸引力。石泉县政府在积极地进行星级酒店宾馆的招商,并鼓励县内现有的宾馆酒店按照星级宾馆和酒店标准进行整改,以改善石泉县的住宿餐饮业的供给结构,进一步发挥住宿餐饮业的旅游产业支柱作用。

2）交通客运业

旅游交通客运业作为旅游产业的支柱之一,决定了游客在石泉县汉江特色旅游带中各个旅游景点之间转换效率,侧面影响游客的旅游体验。近几年随着石泉县对旅游产业的重视以及基础设施建设的加强,石泉县的交通服务设施逐渐发展完善。目前,石泉县通过完善旅游交通线路、建成游客集散中心、投入旅游景区公交车等手段大大改善内部旅游交通环境。石泉县还积极开拓外部旅游线路,已经开通石泉县至安康的旅游公交专线和石泉县西安旅游线路。依托安康市和西安市两个地级市的旅游带动作用,增加石泉县的旅游客运量,进一步推动石泉县旅游产业的发展以及旅游产业结构的优化。

3）旅游景观业

旅游景观业是石泉县旅游产业的支柱。随着石泉县全域旅游的推进以及不断提升对旅游业的重视程度,县内旅游景观与景点在近些年取得长足发展,质量不断提升,数量不断增多。近年来,石泉县紧紧围绕"旅游兴县"发展战略,大力开发境内的旅游资源,以探险、漂流、观光、度假等项目为旅游开发重点,对"山、水、洞、峡、滩、城"等旅游资源充分利用和开发,基本形成全域景区景点集群式发展格局。

4)旅游商品业

在旅游商品业方面,石泉县特色商品众多,涵盖名优特产、丝绸绢纺、根雕奇石、文化产品四大类,对促进石泉县旅游产业收入的不断增长起到重要的推动作用。目前石泉县的旅游特色商品还缺少统一的品牌,特色商品的宣传力度不足。在购物商场以及专卖店方面,石泉县缺少大型的旅游产品购物商场以及旅游产品的集散中心供游客挑选产品。但石泉县对旅游商品的发展颇为重视,积极鼓励具有鲜明地域文化特色、经营规模较大的根艺奇石馆、书画工作室、蚕丝制品店、富硒特产店、特色工艺品店等的发展。总之,旅游商品业是石泉县旅游产业的重要支柱之一。

5)旅游娱乐业

石泉县的旅游娱乐业相较于其他产业相对落后,当前县内可供游客在旅游间隙休闲玩乐的娱乐场所相对缺乏,休闲娱乐的设施设备也较为落后。娱乐业对游客的吸引能力太低,对旅游产业收入增长的贡献不大,有待进一步开发。旅游娱乐业作为一个服务型行业,能够提供大量就业岗位。目前政府在积极进行招商,鼓励休闲娱乐的发展,质量与数量两手抓,将旅游娱乐业打造成石泉县旅游的支柱性产业。

(3)旅游产业对区域社会经济的贡献

旅游产业是一个具有极强的关联带动功能的产业,能够拉动区域经济和社会的发展,优化区域的产业结构,有利于区域经济健康可持续的发展。旅游产业通过吃、住、行、游、购、娱等各个环节的活动在全县范围内为社会生产和生活提供必需的旅游商品、信息和服务,其本身就是一项社会性的经济活动,涉及区域社会经济生产、生活的各个方面,同时也为社会提供更多的就业岗位、更好的基础设施、更强的文化认同和更优的制度环境。

近年来,石泉县把发展全域旅游作为主导产业,构建了以大旅游为骨干的产业体系,实体经济逐渐做大做强做优。全域旅游是以旅游业为优势主导产业,对区域内经济社会资源进行全方位、系统化的优化提升,实现区域资源有机整合、产业深度融合、全社会共同参与,推动经济社会全面发展的一种新的区域旅游发展理念和模式。加之石泉县汉江特色旅游带的构建,为县内旅游资源的整合提供了依托。石泉县旅游产业通过汉江特色旅游带的形式在地域内集中发展,使旅游企业之间联系更强、社会分工更细和区域资源配置更高效。县内各个旅游企业、旅游景点之间的合作,更有利于企业间的抱团取暖,容易形成规模经济,促进旅游业以及整体经济的发展。

首先,石泉县旅游产业的发展,有利于当地特色文化的保护和传承。石泉县旅游产业发展主打文化品牌,颇具特色的汉水文化为石泉县旅游的发展注入底气,成为沿汉江旅游带发展的文化依托。汉水文化又孕育了鬼谷子文化、桑蚕文化等享誉国内的石泉县特有文化,"智圣之乡""鎏金铜蚕出土地、丝路之源"已经成为石泉县名片,吸引众多慕名而来的游客,带动了当地整个旅游产业的发展。以汉水文化为纽带连接各个旅游景点,为景区注入了独特的文化气息。反过来,正是因为独特的文化成为石泉县旅游发展的推动器,使得政府越来越重视当地的文化保护与推广,加强了对鬼谷子文化、桑蚕文化等旅游资源的保护性开发。随着政府的重视和旅游产业发展带来的实实在在的效益,石泉县当地的百姓也会提升对当地特有文化的重视程度,积极参与文化建设、传承与保护,增强认同感和归属感。这种旅游与文化正面积极的互动,为当地特色的优秀传统文化的宣扬和保护、提升当地人民对文化的认同感提供了现实的动力。

其次,旅游产业的发展对石泉县经济的发展以及质量的提升具有很强的推动作用。石泉县旅游综合收入不断增长。旅游综合收入反映的是游客在旅游目的地的综合消费情况,是一定时期内旅游目的地销售旅游产品或者提供旅游服务过程中所获得的货币收入,包括交通费、住宿费、餐饮费、门票、旅游商品销售等费用。2016年石泉县全年旅游综合收入22.68亿元,增长率为17.82%;2017年旅游综合收入为30.68亿元,增长率为30%;2018年旅游综合收入达到39.24亿元,增长率为20%。近三年来石泉县旅游综合收入逐年增长,且增长率都维持在较高水平,为石泉县经济总量的增加作出来极大的贡献。其次,旅游产业收入的不断增加,可以优化石泉县产业结构,推动石泉县第三产业的发展,提高石泉县的经济发展质量。另外,旅游产业的不断发展,对外地游客吸引力越来越强,外来游客人数逐年增长。游客流量的增大对石泉县的经济发展起到很强的推动作用,促进石泉县的经济发展。

石泉县旅游产业的发展带动了相关产业的发展,为社会提供了大量的就业岗位,有效缓解了"就业难"这一社会问题。旅游业属于服务业,它的产业链较长,对服务人员的需求量也很大,能够为民众提供多种直接就业的岗位。旅游产业也是一个劳动密集型产业,其快速发展的显著效果之一就是为社会提供大量的就业机会。此外,旅游产业的发展带动了石泉县基础设施建设的发展。近年来石泉县寻求产业转型发展,而旅游业作为经济转型的推手得到大力支持。政府为了补齐旅游业存在的短板,投入大量资金进行旅游基础设施的建设与完善。石泉县对县内的交通、公共厕所、停车场等基础设施进行了大力开发投资,极大地改善了基础设施建设落后的状况,为石泉县的对外开放提供了更好的基础设施条件。

7.1.3 存在的问题及原因

(1) 旅游带发展存在的问题

石泉县内水资源丰富,河流众多,堪称陕南水乡,但现有的水资源开发模式主要为发电、灌溉,生态景观开发占比很低。而在现有的旅游开发中,欠缺总体的、科学的规划,旅游码头、游船等配套设施缺乏统一标准,各种船型鱼龙混杂,安全等级不够,制约了汉江流域旅游开发的进一步发展。

根据石泉县旅游产业历年发展数据和石泉县目前经济发展阶段,石泉县旅游产业的发展主要存在旅游产品开发和供给、旅游景点基础配套设施、旅游接待能力、旅游产业人才、旅游产品资本投入、旅游产业管理体制等六大结构性问题。其中前三个属于市场供求方面的问题,后面三个属于要素供给方面的问题。

(2) 旅游带发展问题存在的原因

1) 旅游资源缺乏整合,开发层次不高

石泉县汉江沿江区域旅游景点众多,但多是作为旅游景点而独立存在,缺少景区与景区间、景区与其他旅游站点之间的联系,目前尚未构建有效的旅游整体合作机制,整体区域性质不强、效率有待进一步提高。整个汉江流域内的旅游产品开发和旅游品牌塑造尚没有形成统一的、有效的管理合作机制。区域的互补性和联动性较为欠缺,无法推进汉江旅游大市场开拓。

石泉县沿江区域的旅游资源整合力度不够。县域内的旅游产品结构单一,开发层次不高,缺少针对汉江流域自身水上旅游品牌、文化旅游品牌的开发。同时没有形成规模化、产业化的旅游龙头产品,有实力的旅游企业带动发展的作用不显著,石泉县旅游品牌在陕西省内外缺乏影响力和竞争力。具体来说,观光型旅游产品有待提质升级,休闲度假、养生旅游、民族风情旅游和文化旅游等产品有待拓展,会展旅游、康疗旅游、邮轮游艇旅游、自驾车旅游、内河旅游、山地旅游、低空旅游等高端和新型旅游产品有待深入开发。

2）旅游产业结构和供给结构不合理

旅游产业既考验旅游景区经营者的综合管理水平,也考验石泉县政府对旅游产业结构的顶层设计能力。石泉县景区缺乏合理规划,内部交通体系混乱,游览线路设计开发缓慢,有时甚至会造成游客、车辆的滞留。同时石泉县工业基础较差,很多旅游景区没有批量生产特色产品的能力,销售其他区域产品的价格又受限于交通运费,导致当地特色产品价格昂贵,不利于旅游购物的发展。二、三产业之间的联动性较差。旅游产业体制结构的不合理极大地限制了旅游产业的辐射带动作用。

当前到石泉县旅游的多为国内游客,境外游客较少,国内人均收入水平逐年增加,国内游客对旅游的需求也从最初级的观光旅游逐渐向高附加值的休闲、娱乐、购物等方向转变,游客在景区内逗留的时间也逐渐延长。然而,石泉县现有旅游产品多为观光游览和民俗风情以及文化体验,各地景区重复开发建设,导致同业恶性竞争,不利于长期发展。同时,旅游产品业态不够完善、旅游线路开发设计缓慢,高端旅游产品供给更是严重不足,同时由于本土人文历史等内涵还不为外省游客所熟知,旅游产品开发和供给结构不合理使得石泉县旅游目的地缺乏吸引力,不利于持续刺激旅游业收入增长。旅游商品开发深度不够。农副旅游商品、工业旅游商品、文化旅游商品仍处于初级发展阶段,不能形成产业规模和高附加值产品。旅游文化商品生产难以形成规模化发展,整个产业链较短,产品的附加值不高,导致石泉县旅游商品业对旅游收入的贡献有限,对经济的推动作用也不强,旅游商品业的发展潜力有待进一步挖掘。

3）旅游景点基础配套设施结构不合理

石泉县对旅游服务基础和公共服务设施等财政投入较少,难以支持旅游业的进一步发展,限制了汉江沿江旅游业的开发与发展。旅游产业快速发展的引导性公共配套投入仍为薄弱环节,其中既包括旅游集散接驳、旅游标识、旅游厕所、旅游安全设施等硬件服务,也包括旅游宣传推广、乡村旅游卫生环境整治、文明旅游环境营造、涉旅社会热点矛盾应急处理等软件服务,还包括旅游信息化的科技支撑。过去,石泉县只守着绿水青山,却饱受贫困,而今随着交通路网等基础设施的飞速发展,绿水青山逐渐开发为金山银山。但是交通瓶颈仍然是石泉县旅游产业发展的重要制约因素,如周边城市到旅游景点的道路多为县乡小道,道路蜿蜒狭窄,消耗游客的大量旅行时间,有可能给游客带来负面情绪,降低旅游的满足感、获得感。汉江水路无论是观光型邮船业还是交通邮船业的发展都较为滞后。旅游景区周边的餐饮住宿等环境与城市相比存在较大差距,不利于延长游客在石泉县的逗留时间,加油站等基础设施在数量上无法满足游客自驾游需求。虽然公共厕所的布局、建设逐渐在全县推开,但是公共厕所后期的运营和维护尚未成型,公共卫生环境又直接影响游客对景区的观感与旅行舒适度。旅游景区基础配套设施结构的不合理,必然影响石泉县旅游产业的口碑,可能会损失大量的回头客。

4) 旅游接待能力结构不合理

石泉县旅游接待能力结构不合理体现在旅游景点的季节性波动和旅游酒店的接待能力上。石泉县属于亚热带季风气候,降水量夏天多,冬天少,正是这些自然因素导致旅游景区出现了旅游淡季和旅游旺季的变动;往往旅游淡季人流量少,旅游接待能力大于接待需求,资源被空置,使用效率较低。但是在旺季的时候,一方面旅游接待能力小于接待需求,很多游客会遇到订房困难情况。另一方面,有些景区的接待能力超过景区的环境承载能力,造成旅游资源周边自然环境的破坏,不利于旅游产业长期可持续发展。随着旅游消费市场的不断升级,全区住宿品质不高,度假式饭店、民宿产业、汽车露营基地偏少,服务意识与管理水平尚不能满足现代游客的基本需求。

5) 旅游产业人才结构不合理

任何一个行业的发展都离不开高素质人才的推动,旅游产业更需要熟练的导游、优秀的表演人才、高级厨师、高级酒店管理人才、高级旅游景区经营人才等高质量人才。尽管石泉县旅游产业的发展带动了当地居民的就业,但是当地居民的文化水平较低、现代经营管理理念和能力不足,从长期看,不利于石泉县旅游服务业的转型升级。石泉县旅游产业人才结构对当地旅游产业发展转型升级的影响是不容忽视的问题。此外,结合石泉县旅游资源结构发现,乡村旅游的专业人才也非常缺乏,尤其是缺乏具有现代化旅游管理理念的专业性知识人才,造成乡村旅游业在经营管理上出现漏洞,存在一定盲目开发、盲目建设的现象。乡村旅游从业人员缺乏必要培训,服务程序不规范;小农思想严重,缺乏全局和长远观念,对外来游客肆意漫天要价,欺客宰客现象时有出现。

6) 旅游产品资本投入结构不合理

旅游产品资本投入结构不合理主要是指石泉县旅游产业社会资本比重较低。当前我国地方债务风险较为突出,而在开发建设旅游景点时往往需要大量的基础设施投资,这些投资回报率低,回报周期较长。如果仅仅依靠地方政府投融资平台的资金投入,不仅会恶化地方债务风险,同时会引发投资的挤出效应,造成旅游资源后期管理的低效率。旅游产品资本投入结构不合理导致旅游业发展面临资金短缺的问题,影响旅游产业的可持续发展。

7.2 石泉县汉江特色旅游带发展环境分析

7.2.1 汉江特色旅游带发展的基础条件分析

(1) 旅游资源条件分析

1) 石泉县汉江流域旅游资源分布和发展方向

石泉县属山区县,具秦岭之巍峨,拥巴山之俊秀,汉水及其支脉纵横交错,自然生态资源保存完好,呈现出一派青山碧水、洞奇峡幽的自然风光。旅游资源在空间上呈现大分散、小集中的特点。旅游资源广泛分布于石泉县乡村地区,但又相对集中,在空间上形成三大旅游资源聚集带,如图 7-2 所示。

环石泉县城城郊旅游资源集聚带,主要以自然生态、田园风光、人文民俗和现代乡村聚落为主;秦岭山水旅游资源集聚带,主要以田园风光、古村古镇、森林探险、人文民俗以及产品与工艺为主;汉水风情休闲旅游资源集聚带,主要以自然生态、田园风光、汉水民俗风情、水乡古镇以及乡村景观意境为主。石泉县汉江沿江特色旅游带主要涉及石泉县汉江沿江旅游资源,包括石泉县城城郊旅游资源集聚带、汉水风情休闲旅游资源集聚带和南部后柳水乡到喜河镇段。

石泉县位于汉江旅游经济带上,汉江穿城而过,境内建成石泉县水电站和喜河水电站,形成烟波湖、莲花湖两个库区,美丽的湖光山色更增添了山城的灵秀之气。烟波湖景区位于距离石泉县城 2 km 的石泉县电站库区,总库容 4.7 亿 m³,湖面宽

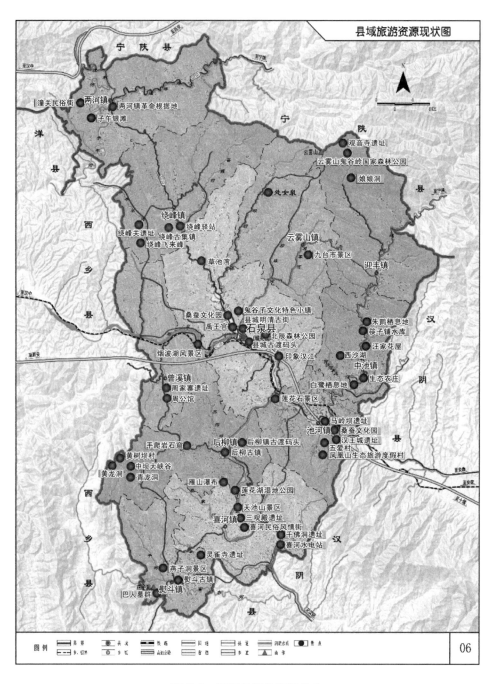

县域旅游资源现状图

图 7-2　石泉县旅游资源分布

阔,烟波浩渺,群山逶迤,树木茂盛,身临其境顿感神清气爽,如饮甘泉;喜河水电站是汉江上游规划的七个梯级电站中的第三级,建成后形成的莲花湖总面积约42 km²。库区内湖面宽广,碧波荡漾,群山巍峨,绿树成荫,山水相连,相映成趣。喜河电站库区正好将莲花石景区和燕子洞景区连为一体,形成县城到燕子洞景区的水上交通通道。位于莲花湖畔的莲花石,由汉江两岸形态各异的白色巨大裸露花岗岩石组成,千百年来岩石在汉江的冲刷下,形成了壮观的千亩石莲。远远望去,一块块珠圆玉润、洁白无瑕的岩石,仿佛一朵朵盛开在江面上的莲花,美不胜收。汉江"一江两岸"的旅游资源丰富,形成水陆联动的汉江景观带,可以开发沿江观光、滨水度假、水上漂流、水上娱乐、体育竞技、水上体验、古镇游憩、乡村旅游、生态教育等旅游产品。目前,石泉县正分期、分段地开发汉江沿江特色旅游项目,汉江沿江旅游资源与主要开发方向具体如表 7-1 所示。

2) 石泉县汉江流域旅游资源特征

① 适宜开发汉江特色旅游带的资源类型丰富、品位高

2007 年由陕西省旅游局、中国旅游报社、三秦都市报社联合主办的"游客最喜爱的旅游目的地"大型有奖问卷调查统计结果显示:石泉县成为陕西及周边最具吸引力的旅游区县之一,名列前十。

根据旅游资源调查显示,石泉县目前旅游资源点数量在陕南地区位居前列,并且各种类型的资源分布均匀。有彰显传统文化的狮子龙灯采莲船、民间社火闹新春等节庆活动,以及赛龙舟、祭蚕神、放河灯、对山歌等民俗活动,多方位展示石泉县民俗文化的精髓;有通过修复的千年古城,改造后的后柳、熨斗、两河三大古镇,充分展现石泉县的文化内涵,形成独特的陕南历史文化旅游产品;有以农耕体验为主的黄村坝原始村庄、杨家坝城市田园;有以灵雀毛峰生态茶园为主的农业观光游;有与蚕桑旅游相结合,在两河潼关、池河五爱建设蚕桑休闲农庄,让游客"住农家屋、吃农家饭、采农桑、饲桑蚕、购蚕桑制品";有利用汉江水产,规划建设的"渔家乐"集群,让游客捕鱼、垂钓,体验"渔民"生活;有注重康体健身开发的富水河漂流戏水、中坝峡攀岩露营、子午古道探险、子午银滩沙浴理疗等户外运动项目;有适应城镇居民近郊游需求的北辰公园、滨江公园、禹王广场等。适宜开发沿江旅游的资源总体质量好,品位高。

表 7-1 石泉县汉江沿江旅游资源与主要开发方向

地区	类型	主要旅游资源	主要开发方向
南部汉水风情休闲带	自然生态与田园风光	中后柳古镇小峡景区、莲花古渡、燕子洞、莲花湖、天池山、烟波湖、中坝河、中坝大峡谷、千年银杏树、中坝小峡谷、长岭大峡谷、黄龙洞、将军石、象鼻峰、黑沟河、灵雀山、白果树林和高山茶园等	(1) 重点提升现有古村镇旅游内涵,从文化观光转向文化体验。在对现有物质文化资源进行故事化、生动化、参与化、娱人化等深度开发的基础上,大力开发非物质文化资源,充实旅游者文化体验内容和时间,使古村镇旅游成为石泉县旅游的明珠。注重不同古村镇旅游开发的个性化和差异化,避免同质竞争,加强区域合作,形成石泉县水乡古镇旅游区的区域形象。 (2) 以后柳古镇为核心,突出"水、乡村和主题公园"的文化特色,进一步完善文化、游乐、商贸和居住功能,大力发展水上运动、商务休闲、健身娱乐等高层次旅游产品,加强与周边旅游点的交通联系和辐射力,使之成为石泉县沿汉江旅游的组织枢纽和服务中心。 (3) 重点建设后柳镇永红村、群英村、喜河镇喜河村、池河镇桂花村等沿江旅游服务基地村。发挥湿地资源优势,大力发展湿地公园和湿地生态,重点发展湿地生态旅游,形成沿江旅游特色品牌。依托汉江三峡、莲花石、后柳湾、牛石川溶洞、梅湖渔乡(网箱养鱼)等旅游资源,大力开发以水上游乐为主的沿江旅游产品,倾力打造永红、群英两个休闲度假村。 (4) 以黄村坝原始村庄为核心,重点建设中坝乡黄村坝村、中坝村、长安村等乡村旅游服务基地村。依托中坝大峡谷、李氏庄园(鹞子崖)、野生银杏和中坝河乡村田园等旅游资源,大力开发以生态观光、农耕体验、水上运动为主的沿江旅游产品,倾力打造黄村坝村休闲度假山庄。 (5) 以沿江生态田园和新村新貌为依托,大力发展乡村观光和乡村休闲,形成沿江观光带。
	遗产与建筑	熨斗古镇、后柳古镇、熨斗古戏楼、灵雀寺遗址、古街、古商道、关帝庙、巴人墓群、黄村坝村、永红村、先联村、千佛洞遗址、羌族民居、古筒车、老字号药铺、老字号旅店、四王庙遗址、望江寺遗址、石佛寺遗址、蒿坪寺遗址、三观殿遗址、中坝造纸厂遗址、李公馆遗址、周公馆遗址、罗国兴故居、喜河水电站、水泊山寨等	
	人文民俗活动	放河灯、玩水龙、渔家乐、农家乐、采茶曲、渔文化等	
	产品与工艺	白果、蒸盆子、蒸碗子、血豆腐、白果炖鸡、吊罐饭、塌辣子、蚕豆、水产养殖品、高山茶等	
	景观意境	汉江风情、古镇风光等	

地区	类型	主要旅游资源	主要开发方向
中部环城游憩度假	自然生态与田园风光	北辰森林公园、县城古渡码头、烟波湖、汉江、滨江公园、禹王广场	(1) 依托千年县城（明清古街）、禹王宫、滨江公园、北辰公园、杨柳片区、石泉县水电站、烟波湖、太阳岛、汉江河虾、堡子草莓等旅游资源,大力开发以园林城市为主的旅游产品; (2) 重点建设城关镇上坝村、红岩村、新堰村、堡子村等旅游服务基地村,倾力打造上坝村城市田园。 (3) 提升现有农家乐和采摘游的管理水平和服务质量,充实休闲娱乐与参与体验内容,打造有石泉特色的参与体验式农家乐。 (4) 在城区加速发展餐饮住宿、文化娱乐、旅游商贸,大力发展星级宾馆、餐饮名店、旅游商品超市和情趣高雅的休闲会所,倾力打造以县城为主体的沿江旅游服务中心。
	遗产与建筑	县城明清古街、明清古建筑群、禹王宫遗址、江西会馆遗址、关帝庙遗址、望江寺遗址、东西南城门、莲花石古渡、刘家庄园、毛家湾遗址、红岩村、新堰村、堡子村、上坝村等	
	人文民俗活动	放河灯、玩水龙、农家乐、采茶曲、采摘园	
	产品与工艺	草莓、传统席口、干腌菜、干鱼制品、宫田贡米、贡笋、核桃、木耳、蕨菜、传统粮食酒、果酒、竹编、棕编	
	景观意境	新农村风貌、田园风光	

② 特色村落、农庄型旅游资源数量多

一般来说,特色村落体现了文化底蕴的丰富性和生态保护的完整性,而休闲农庄正体现着现代生活理念的不断更新和发展。根据调查显示,石泉县的沿江旅游资源中富有文化特色的村落和休闲农庄类型的资源总量占到总数的近一半,充分说明了石泉县沿江旅游开发具有自然与人文、传统与现代完美结合的特点。

③ 农副产品、水产品种类丰富,质量优良

石泉县位于巴山汉水间,尽享资源优势。有以盆景、根雕、奇石、藤编为主的手工制品;以蚕丝被、蚕沙枕、桑枝菌、丝绸衣物、蚕公御酒为主的蚕桑产品;以腊肉、豆豉、豆腐干、香菇木耳、干鲜山野菜为主的山货特产;以红豆腐、血粑粑、蒸碗子、腊八粥、鸡蛋饺子、洋芋糍粑为主的传统佳肴;以汉江鱼虾、鲶鱼豆腐为主的特色水产;以堡子草莓、熨斗白菜、两河花生、中坝银杏为主的绿色食品;以洋桃酒、柿子酒、马桑范酒、桑椹果醋为主的地方饮品等,品种多,质量好,是石泉县发展沿江旅游的特色之一,也是吸引客源的手段之一。

④ 节庆活动多样,资源淡旺季不显著

石泉县沿汉江旅游资源丰富,以此为基础的各项节事活动也办得如火如荼,除了以瓜果采摘为主题的节庆之外,还有彰显传统文化的狮子龙灯采莲船、民间社火闹新春等节庆活动,以及赛龙舟、祭蚕神、放河灯、对山歌等民俗活动。各种类型的节庆民俗活动,多方位展示石泉县民俗文化精髓的同时,极大地丰富了沿江旅游资源类型,更平衡了不同季节的资源特色,使石泉县汉江沿江旅游给游客整体感觉没有季节性,活动类型也丰富多样。

⑤ 沿江旅游资源与常规旅游资源结合紧密

石泉县沿江旅游资源与常规旅游资源的紧密结合既体现在资源类型的互补上,又体现在各种设施和客源市场的共享上。石泉县目前的常规旅游资源基本以传统的观光为主,随着休闲体验时代的到来,人们越来越向往休闲度假,目前的许多沿江乡村休闲山庄正弥补了这块市场的空白。而更多的农家乐、渔家乐、桑家乐、茶家乐等乡村旅游资源类型以所在的景区为核心,提供必要的住宿和餐饮,既缓解了景区压力,更让游客感受了农家的风味。沿江旅游资源与常规旅游资源的紧密结合,形成了一种共赢的发展状态。

(2) 公共设施条件分析

石泉县距西安市 190 km,距安康 90 km,距汉中 168 km。区域对外交通主要以"十天"和"西汉"以及"十天"和"西汉"高速连接线三条高速公路为主,辅以 210、316 国道和石紫公路形成对外交通网络。210、316 国道交汇于县城,阳安铁路横穿中部,位于城区西南部,设有石泉县站,为四等站,年旅客发送量近万人次。已建成通车的(北)京——昆(明)高速公路从县域北部过境并从城南通过,即将竣工的兰(州)——杭(州)高速公路使石泉县东接壤逾、西连宝成、北抵关中、南接巴蜀,是陕、川、鄂重要的交通枢纽之一。县域内有铁路 1 条,高速公路 2 条(其中 1 条正在建设),国道 2 条,县乡道路 14 条,通村公路近 900 km,基本实现村村通水泥路,其中,国道为二级公路,县乡道路为三、四级公路。目前石泉县公路主骨架基本形成,与外界联络主通道为高速及二级公路,通往各乡镇的公路为三、四级公路,乡乡通客车、村村通公路、户户出行较为便捷的覆盖全县的公路网络基本形成。石泉县交通辐射图见图 7-3。

航运方面,石泉县目前正建设完善烟波湖和莲花湖库区水上交通设施,规划建

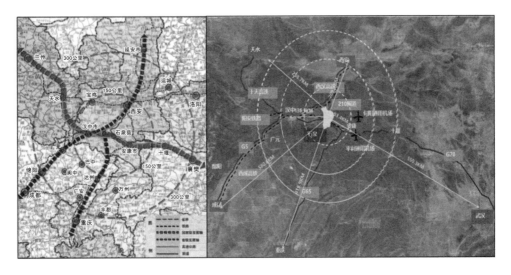

图 7-3 石泉县交通辐射图

设石泉县港、喜河水电站升船机及两大库区水陆联运港口(二里桥港口、后柳客货运转运站)及码头 7 处,全面系统地整治航道,提高水运通航能力,汉江境内航道达到四级。

"十三五"期间,安康市谋划建设石泉县、旬阳、平利通用机场和岚皋、镇坪、紫阳直升机起降场地,以满足农林航空、应急救援、抢险救灾、旅游观光等需求。

(3)旅游服务条件分析

石泉县正推进公共服务体系的健全发展,建设县城游客集散中心和两河、后柳、池河等旅游服务中心,完善信息咨询、惠民便民服务网点及景区接待中心,健全医疗服务体系;正建设布局合理、指向清晰的旅游标识,打造全域无障碍旅游标识体系;正实施旅游"厕所革命",做到数量充足、功能完备、干净卫生、实用免费;正推进停车场建设,建立一体化管理体系,目标到 2020 年县城区停车位达到 5 000 个;建立全域覆盖的垃圾污水处理体系和保障有力的供电、供水、通讯设施,推进天然气使用扩面;正提升智慧旅游平台,建成旅游运行监测、应急指挥、公共服务、服务管理大数据平台和旅游网站、客户端等信息平台,实现"旅游资讯一览无余、旅游交易一键敲定、旅游管理一屏监控";正推进涉旅场所免费 Wi-Fi、视频监控、智能导游、电子讲解、电子票务、网上支付、信息推送等功能全覆盖;Wi-Fi 做特色石泉县美食,挖掘美食文化,办好"庖汤会",开展厨艺创新,开发名特小吃,打造一批特色餐饮街区和品牌美食店,做大美食文化产业,推出汉江河鲜、鬼谷山珍、桑蚕美食以及坝坝宴、二流子席等精品宴席和十大名吃,推广鼓气馍、红豆腐、柚子茶等一系列特色餐饮产品,培育汉江古城、鬼谷庄、后柳水乡、作坊小镇、峰驿站、金蚕小镇等特色餐饮示范基地,引领百家百味餐饮店(农家乐)提等升级,让游客吃得有特色、忘不了"石泉县味道";正做美旅游住宿,着力培育一批功能完善、特色鲜明、兼具体验的主题酒店、快捷旅馆、精品民宿、乡村客栈、休闲农庄、房车营地,重点打造江南和后柳杨帆两个四星级酒店和 100 家精品民宿,配置精细化设施,提供贴心化服务,注重体现地域风情,融入石泉县文化特色,让游客住得有档次、记得住"石泉县乡愁";做精旅游商品,着力培育 10 家集研发、生产、展示、销售旅游商品为一体的商贸服务企业,开发富硒农产品、风味小吃品、康养保健品、工艺美术品、文化纪念品、旅居日用品等一系列热购旅游商品,发展 10 家特色旅游商品示范超市,建立优质高效的销售服务网络,让游客购有所值、留得下"石泉县印象";正做优娱乐项目,利用高山、峡谷、水域、场馆、街区等资源优势,积极申办国内大中型体育旅游赛事,常态化开展竞技活动,打造开展山地运动、文化采风、自驾露营等户外活动品牌,突出地域风情和特色文化,常态化开展系列民俗文化活动,开发夜游和过夜产品,引导发展一批符合市民日常需求、游客娱乐需求的大众休闲娱乐场所,打造 10 家特色休闲服务示范店,让游客玩得有品位、感受到"石泉县风情";正整治城乡环境,制定景观、生态、人文等资源保护方案,整治开发乱象和过度建设,巩固和深化城乡综合创建,推进城镇基础设施综合改造和净化、绿化、亮化、美化工程,加强公路沿线、景区周边改房、改路、改水、改厕工程,整治城镇交通秩序、景区景点秩序及农村乱搭乱建、乱摆乱放、乱排乱倒、乱堆乱弃问题,整体优化城乡环境,形成全域化景观;提升人文素养,广泛开展旅游知识宣传教育,组织开展旅游形象大使、金牌导游、最美服务员等评选活动,推动旅游者文明出游、旅游企业诚实守信、从业人员至诚服务。

7.2.2 汉江特色旅游带发展的环境与趋势分析

(1) 环境分析

1) 宏观引导

①《汉江生态经济带发展规划》(以下简称《规划》)为石泉县汉江沿江旅游创造契机

汉江流域生态环境优良,水资源丰富,上游更是南水北调中线工程水源地,在区域发展总体格局中具有重要地位。规划发展中的汉江生态经济带,区位优势独特,是中国中西部地区的结合部,是西北地区通江达海的重要通道,也是连接长江经济带和丝绸之路经济带的重要桥梁,具有承南启北、贯通东西的枢纽功能,在推进"一带一路"建设、长江经济带发展中具有十分重要的地位。同时该区发展态势良好,传统农业基础雄厚,机械、化工、电子、轻纺、食品等工业蓬勃发展,旅游、物流等现代服务业发展迅速,产业转型升级步伐加快。

自从2014年国务院出台《依托黄金水道推动长江经济带发展的指导意见》后,汉江流域发展引起各方重视,处于汉江上游的陕南三市,结合国家对该区域的发展定位,强化生态环境保护,陕南走出一条倡导"绿色循环经济"发展之路,逐步打造生态产业循环发展的新格局。但是,也存在一些问题影响着该区域的发展。例如,在南水北调中线工程实施后,丹江口库区及上游地区水污染治理和生态建设任务更加迫切,经济发展与生态环境保护的矛盾更加突出,存在区域发展不平衡问题,截至2017年底,秦巴山集中连片特困地区还有160多万贫困人口,另外经济转型与产业升级步伐较为缓慢等问题也严重制约该区域向前奔跑的步伐。

《规划》强调以线串点、以点带面,充分发挥安康、汉中等城市的辐射带动作用,推动流域内经济发展方式加快转变,产业结构优化升级,促进经济社会的可持续发展。在空间布局上打造"两区、四轴"的开放发展格局。"两区",以丹江口水库大坝为界,划分为丹江口库区及上游地区、汉江中下游地区。陕南三市处于汉江上游,三市全境被纳入到《规划》中,可谓是处于打造生态、绿色为主的区域。对于能进行航运的水道区域,将在做好防洪、供水的基础上大力发展水运经济,在保障防洪安全和供水安全的前提下,一方面有序实施汉江航道整治工程,进一步提升航道通航能力,积极发展汉中港、洋县港、安康港;另一方面,依托水带经济拓展公路、航空运输经济。例如积极推进平利—镇坪、安康—岚皋、西乡—镇巴等公路项目建设,完善公路运输网,提高短途运输能力;又如加快安康机场迁建等项目建设,推动汉中机场改扩建,提高区域机场综合保障能力和服务水平等,发挥汉中、安康、商洛等交通枢纽优势,引导物流资源、物流企业跨区域整合,建立物流联盟,从而带动区域间物资流动,带活当地经济发展。此外,《规划》明确指出,做好陕南地区生态扶贫避灾移民搬迁工作。结合小城镇建设和新型农村社区建设,按照集中安置与分散安置相结合、以集中安置为主的原则选择安置方式;结合实际需要对安置区(点)进行统规统建,加大基础设施和公共服务配套;统筹财政涉农资金,探索乡村旅游安置、城镇保障住房安置等模式,确保搬得出、稳得住、能致富。如此,不仅能实现陕南三市乡村振兴,还能有效推进陕南三市城乡一体化发展。

《汉江生态经济带发展规划》提出的在空间布局上打造"两区、四轴"的开放发展格局;对于能进行航运的水道区域,将在做好防洪、供水的基础上大力发展水运经济;做好陕南地区生态扶贫避灾移民搬迁工作无疑将为石泉县全面建成小康社会并向现代化迈进带来发展机遇,为石泉县的汉江特色旅游带发展保驾护航。

② 脱贫攻坚和西部大开发战略为石泉县加快发展提供了强有力支撑

从发展机遇来看,国家做出了坚决打赢脱贫攻坚战役的战略部署,把深入实施西部大开发战略放在了区域发展的优先位置,并将全面推进生态主体功能区试点示范和"一带一路"建设,明确提出要加大对川陕革命老区振兴发展、秦巴山片区扶贫开发、生态补偿力度,加快丹江口库区及上游地区经济社会发展。陕西省加快陕南绿色循环发展,明确支持安康市国家主体功能区建设试点示范工作和深化农村改革试点工作,加快培育区域新增长极,打造以西(乡)汉(阴)石(泉)为中心的汉江上游区域增长板块,为石泉县加快发展提供了强有力支撑。

2)中观定位

①《安康市国民经济和社会发展第十三个五年规划纲要》(2016年2月)

围绕"发展升级、绿色崛起"主线,突出精准脱贫攻坚、循环产业发展、基础设施建设、民生保障改善和生态环境保护,协同推进新型工业化、新型城镇化、农业现代化、信息化和绿色化进程。汉阴县、石泉县要加快基础设施互联互通,促进产业分工协作,推动生态环境共保共治,协同打造月河川道产业带的增长板块。发挥各自优势,厚植"一县一业",重点推动汉阴富硒食品、石泉县生态观光、宁陕全域旅游、紫阳富硒茶饮、岚皋生态旅游、平利美丽乡村、镇坪中药产业、白河汽配制造等县域特色产业加快发展,形成"一业为主、多业并存"的县域经济发展格局。

②《安康市旅游产业"十三五"发展规划》(以下简称《规划》)利好石泉县旅游业发展

《规划》中指出的东西诗画汉江亲水蓝廊:以汉江为轴,东西横贯石泉县、汉阴、紫阳、汉滨、旬阳、白河,以瀛湖为龙头,突出水域风光和人文风情,依托沿江古城镇、古村落、会馆群,深入挖掘汉水文化、移民文化、民歌文化、龙舟文化、茶文化、农耕文化,开发亲水旅游交通,发展游艇游轮旅游,将汉江打造成为人文荟萃的乐山亲水旅游蓝廊。南北秦巴画廊生态绿廊:沿210、541国道,南北跨越宁陕、石泉县、汉阴、紫阳、岚皋、平利、镇坪,以南宫山为龙头,以丰富生态旅游资源为依托,结合石紫岚经济带建设,大力发展自然观光、生态休闲、康养度假、自驾露营、科考探险、宗教文化、农耕体验等特色旅游项目,打造秦巴景观廊道,开发旅游绿道,使其成为山水俱佳的生态健康旅游绿廊。

《规划》指出结合境内4条主要国道建设和改造,加快沿线景点建设,完善沿线绿化,美化沿线民居,完善旅游交通标识,因地制宜规划建设汽车营地、自行车绿道和重要节点的旅游驿站,使4条国道成为串联景区景点,方便游客自驾、骑行、徒步的景观公路线。其中国道210(宁陕-石泉县)景观公路线、国道541(石泉县-汉阴-紫阳-岚皋-平利-镇坪)景观公路线、国道316(石泉县-汉阴-汉滨-旬阳-白河)景观公路线均串联石泉县。《规划》制定的重点景区提升项目包括石泉县中坝大峡谷景区和石泉县汉江燕翔洞景区,新景区开发项目包括石泉县云雾山鬼谷岭旅游景区和石泉县雁山瀑布生态旅游景区。省级文化旅游名镇(街区)建设包括石泉县明清古街区;旅游特色小镇建设项目包括石泉县后柳镇(水乡小镇);重点旅游示范村发展项目包括石泉县后柳镇永红村(中国特色社会主义教育基地);乡村旅游发展特色项目包括石泉县城关镇杨柳社区(杨柳秦巴风情园)。对石泉县发展导引,《规划》要求石泉县发展金蚕之乡山水游,其中导引总目标是国家全域旅游示范区、中国汉江最美印象地,要求整合资源、整合景区、整合游线、整合营销。重点抓好中坝大峡谷、燕翔洞景区提升建设,鬼谷岭、雁山瀑布、云栖后柳新景区开发,明清古街省级旅游文化古镇、后柳水乡旅游特色小镇、黄村坝旅游示范村和秦巴杨柳风情园建设。发展特色民俗客栈5家。

③ 石泉县在省市发展全局中的地位对旅游发展的要求

从发展要求来看,石泉县地处秦巴腹地,是国家南水北调重要的水源涵养地和西部重要的电力能源基地,且位于陕川鄂三省交界处、"西安半日经济圈"、"石紫岚"经济带的结合地带,具备优越的区位优势。肩负着建设国家生态安全屏障、确保一江清水北供、打造"秦巴水乡、北京水源"的重大使命,同时肩负着塑造省级城乡发展一体化试验示范区、打造安康市副中心城市以及加快追赶超越、建设"三宜"石泉县的艰巨任务,在省市发展全局中的地位日益突出。

3)微观实施

①《石泉县县城总体规划》要求利用好、开发好青山绿水和区域文化资源

充分利用汉江纵贯城区,外围青山环抱的自然生态优势,主要依托汉江两岸的

各类冲积平坝发展城市,在保护利用好外围台地、坡地天然植被的基础上,力争在2025年前把石泉县建设成为经济高效持续发展、社会安定和谐、生态环境优美、生活设施配套、人民生活富裕、富有山水园林特色的现代化区域性副中心城市,陕南最美丽的县城。建设与城市发展相适应的城市生态支持系统;建设便捷、畅通的城市交通体系和完善的城市道路网络;建设高效的城市物质、能量及信息循环流通体系;建设独具特色和充满文化内涵的城市风貌景观体系;建设高质量、人性化、与自然和谐的城市人居环境;建设可有效监控的城市环境保护体系。县城建设的重点则应放在营造特色上。石泉县的特色就是在于"青山绿水"的自然禀赋和"区域文化"的历史积淀。因此,县城规划和建设的关键是要利用好、开发好青山绿水和区域义化这两个资源,使其成为石泉县的形象和品牌。

②《石泉县国民经济和社会发展第十三个五年规划纲要》(2016—2020年)

坚持"三宜"石泉县总体定位,稳步推进新型城镇化建设,加快"一心两镇"引领下的城镇体系建设,发挥"三带四园"对县域经济的引领作用;针对工业集中园区要坚持循环发展与率先发展、创新发展相结合,坚持新型工业化和园区特色化相结合,坚持产业集约化和规模化相同步,努力建设成为结构合理、产业聚集生态优良的工业产业化示范园和中小型企业创业示范基地。

③ 乡村旅游、全域旅游发展为石泉县汉江沿江特色旅游带发展创造条件

《石泉县乡村旅游发展规划》在乡村旅游发展空间规划及功能分区中要求打造秦巴汉水乡村文化风情带。规划充分利用汉江航道带来的交通优势,依托汉江沿线丰富多彩的田园、湖波、古镇民居等四季乡村景观所形成的聚集效应,重点发展以乡村文化风情体验为主,兼顾滨水垂钓休闲等乡村休闲活动,发挥汉江沿线乡村旅游点的水运联合优势,打造石泉县秦巴汉水优秀乡村旅游体验带;充分发挥后柳和熨斗古镇良好的带头示范效应,依托燕翔洞、灵雀山、石佛寺遗址、天池山景区等,对乡村文化进行物化及活化,注重乡村文化建设,开发文化体验、文化休闲及垂钓、娱乐等项目,与区内重点景区的开发形成互补,共同拓展石泉县乡村旅游发展局面。利用其对客源市场的巨大吸引力,带动整个乡村游赏体验带的构建;乡村旅游开发要与新农村建设和谐发展,充分调动地方的积极性,结合新农村改造与建设,开发新农村风貌观光、"做一天新农民"等体验活动;依据国家对文物遗迹和历史文化街区保护的有关法律法规,加强对古镇村落、文物遗迹、民居和街道等古建筑的保护。

《石泉县关于实施全域旅游发展战略的意见》指出,石泉县应坚持全域规划,科学布局,全景打造,把石泉县作为一个大景区,着力构建"一心、三区、多点"的全景石泉县空间布局。即县城中心景区,提升汉江石泉县古城景区品质,做精杨柳秦巴风情园、印象汉江、革命纪念园等旅游产品,优化提升城市景观、市民公园、文体场馆等设施,完善配套服务功能,增强全天候吸引力,倾力打造城市旅游休闲体系和游客集散中心。三区,即北区以云雾山为核心,建设鬼谷岭高端领衔景区,辐射带动两河子午银滩、潼关旅游村、峰驿站等景区景点提档升级,倾力打造秦岭生态文化体验区;南区以汉江为轴线,提升燕翔洞和中坝峡谷景区,做优汉江三峡、后柳水乡、中坝作坊小镇、喜河风情街、雁山瀑布、曾溪周家寨等产品,开发利用"一江两湖"及古镇古村、古寨古寺、古航船运等资源,倾力打造汉水文化休闲度假区;东区以池河金蚕小镇为重点,依托鎏金铜蚕、子午古道地标文化,按照 5A 级标准建设池河金蚕小镇,辐射带动中池、迎丰乡村旅游发展,倾力打造"鎏金铜蚕"丝路文化体验区。多点,即围绕"一心、三区",利用山水生态、田园风光、传统村落、历史遗迹、民俗文化等资源,打造个性化、差异化、精细化的景区景点及乡村旅游示范村镇,形成多点开花、全域景观、全域养生休闲格局。

石泉县全域旅游和乡村旅游规划中均提到充分利用汉江水系带来的交通便利优势,发挥汉江沿线旅游资源的水陆联合优势,打造石泉县秦巴汉水旅游美好体验带。

④ 石泉县地域人文优势有利于汉江沿江特色旅游带发展

从发展阶段来看,石泉县正处在产业转型升级、城乡统筹快速推进阶段,新常态、新动力加速释放,改革创新、提质增效成效日益显现,有条件有能力在新常态下保持经济中高速增长。

从自身优势来看,石泉县"山水、人文"资源禀赋,以清洁能源、生态旅游、富硒食品、丝绸服装、现代服务业为主导的长效产业体系基本形成。铺垫的一批骨干项目潜能加速释放,阳安铁路复线、G541 国道改造和 G210 过境线加快建设,安康火电厂启动实质性建设,这些省重大项目将有力拉动经济增长。全面深化改革将释放更多红利,尤其是随着 PPP 融资政策的出台,民间投资更加活跃,有效促进了招商引资和全民创业,蓄积了巨大的发展潜能,为石泉县打开对外开放新局面和促进人流、物流的骤增具有重要作用。在新常态下,这些因素有利于实现县域经济取得新发展、新突破。

综上所述,石泉县正处在旅游业大有作为的重要战略机遇期,也面临诸多矛盾叠加、风险隐患增多的严峻挑战。具体有以下四个方面:①资源散,河流流域自然资源地域分布零散,石泉县水源地和旅游资源图见图 7-4,单一资源开发模式不具备竞争优势;②文化杂,人文资源种类繁杂,品牌不突出,文化辨识度低;③地域交通不便,大多乡村地区因地域阻隔,交通不畅,航运资源有待开发;④产业单一薄弱,发展受限,产业结构单一、基础薄弱。因此,要准确把握战略机遇期内涵的深刻变化,更加有效地应对各种风险和挑战,继续集中力量把自己的事情办好,不断开拓发展新境界,在新起点上实现追赶超越,与全省、全市同步构建全面建成小康社会新局面。

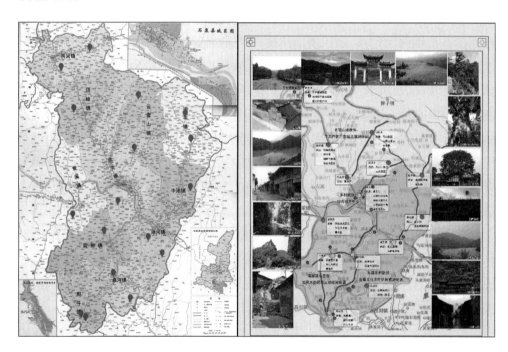

图 7-4　石泉县水源地和旅游资源图

(2)趋势分析

从景点旅游到无处不旅游,全域旅游不仅是一种旅游业发展的新理念、新模式,也是对旅游业发展的新要求,尤其是要加大各类资源的整合力度,提高旅游新供给水平。这不仅只是概念上的全域,也包括人的全域,还包括推动旅游产业发展的机制体制建设。面对日趋激烈的市场竞争,必须加快推进产业结构调整和发展转型升级。

石泉县汉江沿江特色旅游带的发展契机就在于创建国家全域旅游示范县,举全县之力,整合资源,完善旅游发展机制,明晰发展路径,立足精品建设,找准汉江沿江特色旅游带的发展"目标""原则""着力点""关键点",围绕旅游产品"做优、做特、做热、做名",加大旅游精品建设力度,提升汉江沿线整体服务水平,加快产业转型升级,增强市场竞争力,推动汉江沿江旅游发展,成为"秦巴水乡·石泉县十美"旅游品牌下的一条特色旅游路线。目前石泉县旅游发展的趋势即发展全域旅游,打造特色旅游区。具体发展趋势有以下四点:

1)打好生态牌,突出绿色发展态势

石泉县沿江旅游是生态旅游与休闲旅游相结合的新型旅游方式,体现了游客对原生态自然的向往,沿江旅游的休闲度假是吸引游客的一个重要因素。但是随着城市化进程的加快,加之石泉县旅游在现阶段更侧重于经济效益的提高,很多沿江旅游节点在发展过程中越来越现代化。在此过程中,生态破坏,环境污染问题伴随显现。未来的沿江旅游应该是生态旅游和休闲旅游相结合的新型旅游方式,打好生态牌,以生态休闲游吸引游客。

2)丰富文化内涵,使得沿江旅游具有"灵魂"

随着人们生活方式的日益丰富,单一的观光旅游对游客的吸引力逐渐下降,增强沿江旅游的文化内涵是吸引游客的一个重要方面。目前,我国沿江旅游还尚处在不成熟阶段,而游客对沿江旅游的巨大需求量导致很多地区在沿江旅游开发中出现产品结构雷同、档次不高的问题。在沿江旅游开发中,要加强对当地资源的有机整合,尤其是对文化资源如乡村民俗、民族风情等的深入挖掘,增强对沿江旅游文化内涵的建设,具有"灵魂"的沿江旅游才能更好地吸引游客。

3)留地方本色,促秦巴水乡原生态发展

水乡的城市化一方面导致生态环境的破坏,另一方面也使沿江旅游失去了原有的特色,水乡不再是原始的水乡,一味地拆建让水乡面貌面目全非。石泉县的沿江旅游应当以水乡当地的风土人情、民俗文化来吸引游客,或是以古村镇宅院建筑为吸引物,以本土旅游产品的独特性为亮点吸引游客,如果盲目模仿,势必会失去本身的优势。因此石泉县汉江沿江特色旅游带的开发,要注意保护水乡的本色,突出当地特色,强调产品差异化,打造与众不同的旅游产品。

4) 深化融合发展,打造全域旅游新高地

沿江旅游不仅仅是简单对水利资源的开发,是沿江水利、文化、乡村、农业及旅游各类资源的融合发展。国家和地方政府已经出台多项政策全面支持旅游业发展,旅游业迎来了空前的发展机遇。2013年以来,我国先后出台了《国民旅游休闲纲要(2013—2020年)》《关于促进旅游业改革发展的若干意见》(国发〔2014〕31号)、国务院办公厅《关于进一步促进旅游投资和消费的若干意见》(国办发〔2015〕62号)、《国务院办公厅关于促进全域旅游发展的指导意见》(国办发〔2018〕15号)等多项政策,提出了新时期旅游业改革发展的方向和任务。在十八届五中全会上,政府又提出"创新、协调、绿色、开放、共享"五大发展理念,转变了我国旅游发展模式,将从根本上改善旅游发展环境,激发旅游发展动力。同时,国家推动供给侧结构性改革将有效地激发游市场活力。

沿江旅游以水域观光为起点,到现在的多种业态于一体的发展模式,沿江旅游吸引了众多目光,沿江各地都在大力推进发展沿江休闲旅游产业,助力全面建成小康社会。从沿江旅游的发展过程来看,无论是水域观光旅游模式、民俗风情旅游模式、水上运动旅游模式还是休闲度假旅游模式,沿江旅游主要是围绕"吃、住、行、游、购、娱"这六大要素,将旅游产品做大做强,做出本地特色,这样才能吸引来游客,并且留住游客。

7.2.3 汉江特色旅游带发展的市场定位与分析

(1) 市场目标定位

石泉县的游客资源被西安和汉中(距离石泉县3小时车程)等旅游城市分割,通过对石泉县旅游资源、客源和周边竞争环境分析,石泉县游客以省内1～2天短途游为主。石泉县的资源和环境等基础条件决定了其不具备单独打造具有强吸引力的知名景点,因此,石泉县的旅游发展只能依托汉江流域和安康市域旅游的发展来选择自己的定位。作为汉江流域或安康市域旅游带发展中的一个节点,依托自身"鬼谷子文化"和"金蚕桑"等特色来强化吸引力,引起旅游带游客在此停留,以此带动石泉县旅游业发展。

因此,石泉县汉江沿江特色旅游带的目标市场短期内以省内游客为主,远期以邻近省份乃至全国游客为对象。针对目标游客群体需求拓展石泉县旅游项目,使客源市场不断从省内向省外拓展,构建多元化目标市场结构。

（2）游客定位

根据石泉县旅游资源、境内现有的景点情况分析可知,石泉县交通基础设施薄弱,旅游服务水平较低,石泉县汉江沿江特色旅游带当前的游客定位是停留1～2天的省内游客。大致分为以下两种：

1）西安雾霾期间,吸引西安当地居民、过境游客到石泉县短暂度假,躲避雾霾；

2）省内其他地区游客,因时间条件限制而选择石泉县短期旅游。比如：单位集体活动一般只有一天时间,无法去远处,就近选择石泉县旅游；再者,如汉中等旅游城市居民,厌倦了当地景点,到石泉县换个环境,寻找新鲜感。

根据石泉县旅游近年来的游客群体分析,大致可分为以下7类：

① 家庭市场

家庭群体是沿江旅游市场的主体之一,这个群体多是自驾车出行,对停车场有一定要求；同时,对趣味性的项目、父母与孩子共同参与性的项目比较偏好。

② 朋友市场

朋友群体是沿江旅游市场的又一个主体,对休闲性、参与性、娱乐性及刺激性的项目具有较大偏好,是石泉县汉江沿江特色旅游带的重点客户之一。

③ 运动爱好者市场

运动的重要性越来越被人们所重视,而在大自然的运动受到人们的推崇,这也带来了户外运动旅游市场的迅速蹿红,运动爱好者市场具有极大的开发潜力。这个群体对运动地点的可达性有一定要求,同时对运动的自然环境、设施及安全有较高要求。

④ 白领市场

自从实行每周5天工作制以来,人们的自由时间明显增加,给近距离旅游创造了很好条件。这部分群体经济收入高,有较强的购买力和较新的消费观念。激烈的竞争环境和紧张的工作压力,使他们长期处于亚健康状态,迫使他们需要利用双休日通过休闲度假旅游获得放松,消除身心的疲劳,他们对于保健养生和休闲度假产品的需求较大。这类市场是旅游市场中最庞大的一股力量,石泉县沿江旅游与周边省内的大城市交通便利,市场开发潜力巨大。

⑤ 学生市场

中小学生市场有两大需求,一类是上课期间的课外学习教育基地市场,一类是假期的训练营市场。沿江旅游带的潜在学生市场是重点开发对象之一,同时沿江旅游带的文化资源可以开发学生校外教育市场。

⑥ 银发市场

随着中国老龄化社会的到来,银发群体日益增加,城市中的老年人具有较大的市场消费能力,向往安静、健康的生活环境。沿江旅游带具有良好的自然环境、较完善的基础和服务设施,适合周边城市的银发群体对度假的需求。

⑦ 自驾车市场

随着中国汽车拥有量的不断提高,自驾车旅游市场不断火爆,依托高速、国道的城乡旅游是自驾车的常规线路之一。这类人群出游能力强,消费水平高,利用沿江旅游带的交通优势,重点通过运动休闲项目的开发,吸引自驾车人群。

(3) 沿江特色旅游市场开发思路

1) 逐步推进市场开发,在五年之内在全省打响"诗意汉水,丹青田园"的口号,在重点市场树立起石泉县沿江旅游的形象,并形成品牌效应;

2) 提升石泉县乡村旅游在全国市场的知名度,在五年之内,50%的省内商务市场可以与石泉县沿江旅游联系起来;

3) 重视网络营销的力量,加大石泉县汉江沿江旅游的网络营销的力度,整合网络资源,构建集宣传、分销、沟通与促销为一体的沿江旅游网络宣传推广平台;

4) 丰富石泉县沿江旅游产品,提高游客在石泉县沿江旅游的消费预算,在五年之内,消费预算提高50%;

5) 提高游客在石泉县沿江旅游的满意度,提高游客的重游率,在五年之内,回头客比率达到50%;

6) 构建完善的分销体系,在五年之内使省内重点目标市场可随处方便地预订到石泉县的沿江旅游产品,在八年之内,使国内重点目标市场可便利地预订到石泉县的沿江旅游产品。

石泉县汉江沿江特色旅游带发展市场分析,如表7-2所示。

表7-2　石泉县汉江沿江特色旅游带发展市场分析

目标市场	主题产品
商务旅游市场	幽静空间、浓趣风情、设施齐全
银发旅游市场	返童趣情、林泉归隐

目标市场	主题产品
家庭旅游市场	水乡风情、山里人家、滨江渔家
修学旅游市场	高科技农庄、农事体验、乡村暑期实践
康复疗养市场	智慧世界、汉水风情、森林氧吧
自驾车度假市场	碧水、沙滩、渔家、田园、蚕桑、茶园、古镇

（4）乡村旅游市场营销战略

坚持"稳近拓远、固老培新、突出重点、整体促销"的市场方针，建立健全"政府引导、联合促销、全方位、多层次、多渠道开拓市场"的促销机制，以政府为沿江旅游促销的先导，同时搞好石泉县整体形象的设计、包装与宣传，结合陕西省及陕南地区的年度整体促销主题及实施计划，树立鲜明的石泉县汉江沿江旅游形象概念，全面提升石泉县旅游的知名度和美誉度，扩大市场应有的市场份额。充分发挥旅游主管部门、新闻单位、旅游景区（点）及相关部门的作用，广泛利用各种营销网络进行大规模、全方位、多渠道开拓旅游市场的宣传促销活动。

1）品牌营造策略

品牌是旅游地的名片，是构建旅游竞争力的核心。陕南地区作为新开发的旅游地，现有的市场知名度相对较低，一些即将开发的重点地带和景区，不仅旅行社、旅游俱乐部等旅游经销商不甚了解，连当地居民也不太熟悉。因此，石泉县汉江沿江旅游品牌的打造至关重要。品牌的打造主要有以下几个步骤：树立石泉县汉江沿江旅游的主题形象——明确自身的品牌目标——多样的促销方式打造品牌——品牌的长期管理。

2）区域联合策略

随着中国旅游业的纵深发展，区域联合已成为加快旅游地发展的必由之路。区域联合营销可以有效抑制恶性竞争，极大地拓宽一个地区的资源空间和市场空间，并实现旅游业的可持续发展。区域联合策略是指石泉县汉江沿江旅游在三个层面上与其他旅游地联合营销：

① 与陕南地区著名旅游地联合，实现产品互补客源共享

联合区域内高等级的资源点形成多目的地旅游环线，是新兴旅游地吸引旅游者、合理引导客源流向的主要策略。石泉县位于陕南众多的高等级旅游目的地之

间,如安康、汉中、柞水,与这些旅游地联合营销,构成陕南地区新的旅游热线,可以在旅游产品上形成优势互补,在客源市场上形成互动和对流,尤其可以借助汉江的天然联系进行强强联合,打造水上黄金旅游廊道。

② 与汉江沿岸其他城市联合,把"汉江旅游"蛋糕做大

由北往南汉江孕育了汉中、安康、十堰、襄樊、荆门、武汉等一座座历史悠久的城市。随着国内旅游开发热潮的涌动,陕西境内汉江沿岸的城市开始以汉水为品牌吸引旅游者,如汉中打造汉江生态源头品牌,安康打造秦巴汉水生态旅游品牌,可对汉江沿岸的其他城市进行联合,设计联合旅游路线,共同举办各种活动,从整体上增加汉江旅游的吸引力。

③ 与安康市内其他重要景区联合,整体面向目标客源市场

石泉县北依秦岭、南靠巴山,汉江横贯期间,是陕南重要的沿江旅游地,要与安康市其他重要沿江旅游地联合,如宁陕、汉阴、安康等,形成统一的形象整体向目标客源市场推介。

3) 创意营销策略

创意营销是在文化创新产业的发展下,影视营销、网络营销、文学营销、一对一营销等结合时代特征和当代人消费习惯的营销策略。

影视营销可以拍摄与当地资源相关的电影电视作品。如可以通过汉水古镇及汉江题材的大型纪录片,引起人们对汉江及流域内古镇文化的关注。

网络营销则针对时尚的自助旅游、以家庭和汽车俱乐部为主要组织形式的自驾车旅游等。通过网络发表游记、散文、评述文章等聚集人气,从而带火旅游地的旅游。

文学营销是借助流行小说、有影响力的报告文学等作品,通过文字对古镇、古巷和古渡口的描述,打造旅游地的诗意画面,吸引文化层次较高的旅游者。

一对一营销则是针对会议旅游、俱乐部旅游、文化专项旅游等进行有针对客源群体的营销方式。

4) 节事推动策略

节事推动策略就是通过举办各种有影响力的主题节事活动,制造营销亮点,最大范围地吸引目标游客,创造旅游地的旅游发展高潮。

石泉县汉江沿江特色旅游可以通过"流金溢彩汉水文化节""古镇文化艺术节""秦巴汉水踏青采摘节""堡子西瓜节""乡村湿地风筝节"等节事活动来带动汉江风

光在不同季节的旅游。其中"流金溢彩汉水文化节"为石泉县沿江旅游最重要的综合大型节事，覆盖艺术表演、体育比赛、学术研讨、商贸活动等多个方面，需要旅游部门、文化部门、体育部门、民间团体、研究单位等通力合作，集中包装，共同打造石泉县境内汉水流域文化盛事。

5）绿色营销策略

绿色营销主要是从社会与环境可持续发展的角度进行营销，从人们越来越关注的环境入手，吸引公众的注意力提升其好感，并运用一系列符合环境保护的规划、建设、经营方式赢得消费者。在石泉县汉江沿江特色旅游绿色营销的操作中，一方面要突出汉江目前良好的水质及周边优美的自然环境，另一方面，也要强调石泉县原生态的汉江环境，吸引人们关注石泉县汉江沿江旅游。

7.3　石泉县汉江特色旅游带总体规划

7.3.1　目标定位

（1）总体定位

按照石泉县全域旅游发展的总体要求，围绕建设"三宜"石泉县战略定位，积极践行"两山"理论，把"一切为了游客，为了游客一切"的服务理念作为石泉县汉江特色旅游的价值追求，把"水利＋旅游"作为全域旅游转型升级的主攻方向、把旅游业作为富民强县的战略性支柱产业、推进"康养休闲"旅游新业态与传统旅游业的融合发展。根据石泉县"一核、五心、一带、四片区"旅游空间结构的布局，结合石泉县得天独厚的山、水、人文资源，按照市场运作、资源统筹、要素聚合、打造精品、文旅融合的建设思路，构建以汉江为轴心，后柳、喜和为两翼的"水利＋旅游"的特色旅游观光带。以将石泉县建设成为陕西省知名的优质旅游目的地为目标，按照现代理念与高标准开发石泉县汉江沿江特色旅游资源，构建"水利＋旅游"新型特色旅游景区，打造汉江沿岸的休闲旅游功能，重点提升"陕南水乡"城市形象。结合环境友好型城市建设要求和石泉县旅游资源分布现状，确定汉江特色旅游带的规划段为汉江石泉县城区段及后柳——喜河段，如图7-5所示。

（2）发展目标

依托石泉县汉江流域优良的自然环境和浓郁的人文内涵，近期以旅游基础设

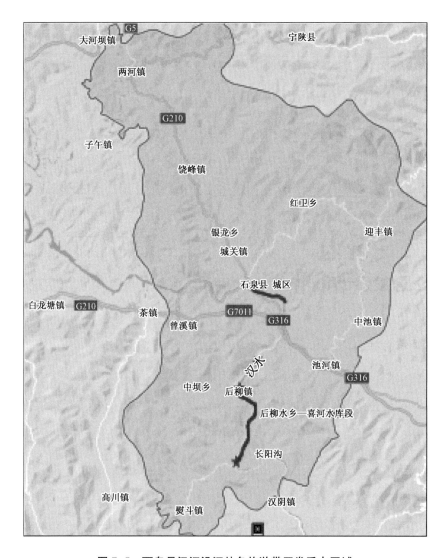

图 7-5　石泉县汉江沿江特色旅游带开发重点区域

施和景观建设为主,提升石泉县的整体形象,打造石泉县汉江沿江特色旅游带;中期着力开发各类旅游产品,在基础市场之上,加强区域合作,发展高端旅游,打造成为陕西汉江流域旅游板块的重要节点,安康市旅游开发建设的经典样板,陕西地区有名的旅游目的地。

① 近期发展:旅游起步阶段

启动石泉县汉江沿江旅游基础设施和代表石泉县旅游形象以及具有拉动作

用的重点旅游项目；建立完善旅游带的管理机制，优化旅游带景观生态环境。初步确立旅游带的主题形象，起步阶段以生态观光、欢乐乡村、民俗文化旅游产品为主。

② 中期发展：旅游成长阶段

旅游建设投入和旅游开发力度继续加大，形成完善的基础设施，景区景观生态环境建设完成。先期建设项目陆续投放使用，其他规划项目滚动发展，成为石泉县旅游的重要节点。旅游产品以浪漫度假、运动休闲旅游项目的开发为主。旅游市场开发成效显著，成为安康市旅游板块的重要节点。

③ 远期发展：旅游成熟阶段

旅游区规划建设项目全部完成，一方面在维护原有旅游产品的基础上，充分利用预留地对景区进行创新改造，在"安康市旅游板块的重要节点"基础上，成为汉江流域有名的旅游目的地之一，吸引来自周边省市的游客，特色旅游带成为汉江流域旅游开发建设的经典样板。

7.3.2　规划理念

（1）旅游扶贫，目标引领

本次规划以概念规划为导向，突出几个现状已有功能区块整体的功能提升以及部分未开发区块新功能的打造，重点提升县城、后柳以及汉江旅游线上的旅游功能以及景观环境，突出"旅游扶贫"的大目标，通过重点区域的打造让游客"留得下、待得住、有事做"，从而促进旅游发展实现百姓脱贫致富。

（2）营造环境，整合资源

本次规划区块的功能打造以提升城郊段及后柳镇到喜河水库段景观面貌为重点，通过多元化功能的打造，营造品质、休闲的生活氛围，这不单单是纯粹旅游功能的塑造，也是为城镇居民提供良好的生活服务。通过城镇功能与旅游功能的融合，体现全域旅游共享的发展理念。

（3）城市双修，彰显特色

本次规划主要以汉江沿江区块的功能景观提升为主，以打造石泉县汉江沿江特色旅游带为目的，整合沿江旅游资源以及彰显石泉县特色文化。通过商业功能、休闲功能、娱乐功能的打造，改变原先沿江单一的景观生态功能，并结合石泉县多元文化的展现，实现石泉县沿江特色的彰显。

(4) 尊重现状，符合实际

考虑汉江沿江地形地貌、建设现状以及水文特征，结合规划区块基地特征要素，考虑实际可操作因素，在成本可控前提下体现规划必要的前瞻性和超前性，既达到提升沿江旅游服务功能以及景观风貌的目的，又符合石泉县发展实际，便于项目的实施建设。

7.3.3 规划策略

根据《石泉县国民经济和社会发展第十三个五年规划纲要》提出的以脱贫攻坚统领经济社会发展格局，以建设"宜居、宜业、宜游"美丽富裕新石泉县总体要求，结合石泉县社会经济资源和人文环境资源等基础条件情况，石泉县旅游发展只能依托汉江流域和安康市域旅游的发展来确定自己的定位。石泉县作为汉江流域旅游带发展中的一个节点，应促进以汉江为轴心的自然资源和"鬼谷子文化""金蚕桑"等人文资源的融合发展，强化石泉县人文自然风光的吸引力，引起西安-安康旅游圈和汉江旅游带的游客在此停留并带动石泉县旅游业发展。在规划上积极融入西安-安康都市旅游圈和汉江流域特色旅游带，在策略上开发汉江"水利＋旅游"资源，延伸安康旅游链。石泉县结合自身发展情况和旅游业发展形态，在资源、品牌、产业和交通等方面突破旅游业发展瓶颈，形成以汉江特色旅游为核心，康养休闲兼备的新兴旅游地。

(1) 资源层面：整合流域资源，提炼关键元素

河流与河流两岸，特色各异的自然风光，纷繁复杂的人文类型需要通过归类整合，提炼出独具特色、在石泉县具有发展优势、能够承载多样性特征的资源元素。变繁为简，不仅有利于后期旅游规划、主题定位，而且对于品牌传播来说也会更具有辨识度和记忆性。

千里汉江发源于陕南秦岭与米仓山之间的宁强县，经过汉中、安康两市，形成美丽的山河风光。石泉县地处秦巴山区，青峰折旋；汉水之滨，碧水逶迤，汉江沿岸遍布风光秀丽之景。在人文资源方面，石泉县涵盖多种文化类型，是汉水多元文化融合的典范。石泉县流域旅游开发应依托汉江人文山水，展示和利用石泉县"茶、歌、道、硒、水、山、城"资源特色，将鬼谷子文化、烟波湖、后柳古镇、喜和民俗风情等呈散点分布的旅游资源通过汉江水域串联起来，构建集中旅游的强吸力。

（2）品牌层面：资源条件和市场需求双向匹配，塑造鲜明品牌形象

品牌在旅游发展中占据显著的位置。当下人群旅游的重游率正在不断提高，打造鲜明的旅游品牌能使自身在众多同质景区中脱颖而出。好的品牌形象需要依托于旅游地自有的资源条件，同时结合市场的旅游需求，从而打造适合自己的旅游主题形象。资源和市场双向匹配才能使旅游品牌保质，找到适合自身的旅游开发模式。

随着人们生活水平的提高，体验旅游时代已然来临。现代旅游需求更加强调对文化、生活和历史的体验，追求的是一种人文发现和自然风光体验。同样因为经济发展、城市化水平的提高，人们对生态自然风光有更多的向往，休闲、康养旅游模式兴起，自驾游也成为受欢迎的出行方式。将石泉县汉江沿岸独具特色的自然风光、历史积淀的人文资源、水利设施资源和地质资源等多样化的资源整合为一致的旅游品牌，形成"山水旅游名城，汉水人文古城"的石泉县城市旅游品牌，积极融入区域旅游圈，创新市场营销模式，制订切实可行的市场拓展计划，塑造统一规范的旅游形象，扩大石泉县旅游品牌的影响力。

（3）产业层面：以全域旅游为抓手，促进全产业融合发展，提升全流域产业发展

旅游活动过程中产生的吃、住、行、游、娱、购等旅游消费活动，将不同的产业类型串联起来而形成一种产业链接关系。汉江流域石泉县旅游开发过程中需要融合当地特色产业，形成旅游与区域内特色农业、健康产业、休闲商业、婚庆产业、运动产业等相关产业的深度融合，促使相关产业与旅游业的联动发展，实现"一三互动、二三互送、三三互融"的产业融合体系。一方面可以促进当地产业发展，另一方面也为游客提供了多样化的产品和体验。

石泉县汉江特色旅游带可以通过"旅游＋"的产业融合方式，促进当地特色"茶、歌、道、硒、水、山、城"资源的产业化发展。通过旅游＋茶种植业，开发汉水茶马古镇、茶园观光、茶园休闲、茶园养生体验；旅游＋水利，发展汉水游船观光带；旅游＋富硒，打造工业旅游，建设硒谷生态工业园；旅游＋道教文化，开发山水道家养生度假；旅游＋文创，将地方历史文化与民俗文化与旅游相结合，开发主题节庆（如渔主题节庆）、特色旅游产品（如茶歌对唱、汉江千古情等）。

（4）交通层面：打通水运交通体系，完善流域交通体系，开发水上旅游观光带

河流水域的交通状况是制约地区发展的重要因素，汉江流域旅游综合开发需

要着重考虑河流水运交通体系的打造,首先完善汉江石泉县段水运交通功能,为区域旅游提供便捷的交通条件,其次可以依托汉江开发水上旅游观光带,使汉江集航运价值与旅游体验价值于一体,充分开发汉江资源价值。

河流水上旅游的综合开发,要以保护沿江生态环境为前提,航运码头设计除考虑"地质水文条件、人流量、外部交通连接、主要景区点"等因素外,还应考虑多类型船只的兼容性。水上旅游可开发类型包括江面观光游览、江岛生态休闲、滨江游憩慢行等旅游线路;建设旅游服务码头、滨江骑行绿道、滨江营地等配套服务设施;开通水上观光游船、滨江游览巴士等特色交通工具,打造水陆交通系统。

总之,石泉县汉江沿江旅游带发展需要立足于旅游综合开发视角,抓取全流域资源特色,凝练主题元素;并将自有资源置于旅游趋势大环境背景下,寻求适合自身的旅游开发定位,打造鲜明的主题旅游形象;要树立文旅融合新思维,通过"旅游+"打造全产业融合发展模式,促进流域产业发展;同时大力推进河流功能的开发调整,从河流原有的航运功能、水利功能,到河流的生态、文花、旅游、休闲、商贸、居住等多重功能转变,进一步拓展河流旅游的发展空间。只有这样,才能突破流域旅游开发资源分散、文化繁杂、交通不畅、产业薄弱的现实困境,打造出资源整合、品牌聚合、区域融合、产业联合的河流流域旅游产品,最终实现河流流域绿水青山变成金山银山。

7.3.4 规划思路

（1）总体布局规划

根据石泉县汉江流域的自然地理情况、旅游资源区域特色、道路交通状况等条件,统筹考虑汉江(石泉县段)航道的主体功能、旅游开发的可行性等因素,统筹谋划、高效协调,明确石泉县汉江沿江特色旅游带的发展重点,形成本规划特色突出、主题鲜明、联动发展的"一核一带"旅游空间格局。

"一核":以城区内的北辰森林公园,禹王宫关帝庙,江西会馆,东、西、南城门,印象汉江等主要旅游资源为纽带,发挥汉江流域石泉县城区段旅游集散、辐射功能,将石泉县城打造成为石泉县汉江沿江旅游带发展的主要集散通道,承载石泉县汉江沿江重要的旅游交通、旅游组织、旅游集散等功能,将"一核"打造成为对接安康市、陕西省等重要市场的旅游大通道。

"一带":以汉江为轴线,以印象汉江、后柳水乡和喜河水库为重点,提升燕翔洞和中坝峡谷景区,做优汉江三峡、后柳水乡、中坝作坊小镇、喜河风情街、雁山瀑布、曾溪周家寨等产品,开发利用"一江两湖"及古镇古村、古寨古寺、古航船运等资源,倾力打造"石泉县汉江沿江特色旅游带"。

（2）岸线利用规划

石泉县汉江两岸,山水景观环境优越,岸线资源丰富。根据石泉县岸线利用情况和石泉县总体规划要求,按照使用情况将主要岸线规划为五类:生产岸线、生态岸线、旅游景观岸线、取水口与水源保护岸线和过江廊道岸线。生产岸线主要是服务石泉县工商业生产的码头岸线;生态岸线旨在恢复生态湿地建设,保护滨水生态环境;旅游景观岸线是指按照环境保护要求进行旅游项目开发的水域和码头岸线;取水口与水源保护岸线是按照汉江水系(陕西段)地面水域功能区划分方案要求对集中式生活饮用水源地(石泉县水库等)一级保护区、珍贵鱼类保护区、鱼虾产卵区场等水域岸线禁止排放污水及新建排污口;过江廊道岸线主要指跨汉江公路桥梁与货运航道水域岸线。目前,石泉县沿汉江各类型岸线利用率与多样化的资源没有得到有效开发,岸线价值未能得到有效体现,山水城市特色缺失,多元城市文化打造不足,不能应对未来旅游发展的需求。为更好地落实全域旅游发展战略和概念规划确定的汉江沿岸景观打造、休闲旅游功能的落实以及城市功能的提升要求,指导下一步具体的开发建设,结合印象汉江项目一期重点建设内容,以旅游景观岸线为例分区编制石泉县汉江岸线利用规划。

1）滨江公园岸线

滨江公园位于汉江北岸,紧邻老城区防洪堤,是结合防洪堤内河滩地打造而成的,受汉江水位变化影响较大,场地标高在海拔 360～372 之间。现状基地内植被绿化较好,有广场游步道等设施,但整体景观较为杂乱,植物搭配无序,景观营造较为粗放。滨水界面的景观缺乏整体考虑,植被缺乏管护,景观视线遮挡较为普遍,滨水空间的营造较为欠缺,公园亲水性不足,滨水公园的特色未能得到体现。此外夜间照明不成系统,公园整体安全感较弱,本应是城区市民休闲健身的主要活动场所,但现实使用率较低。滨江公园包括滨江大道防洪堤以南,石泉县港码头以西,红石包以东,汉江以北区域,总面积 13.32 hm^2,滨江岸线约 1.2 km。滨江公园岸线位置见图 7-6。

滨江公园的总体定位是集休闲娱乐、健身运动、儿童游乐、文化体验、科普教育于一体的城市休闲生态公园。滨江公园被划分为七大功能片区,分别为石泉县古

图 7-6　滨江公园岸线位置图

文化展示区、金蚕文化区、活力运动区、湿地休闲区、儿童游乐区、草坪野营区和集散活动区。

① 石泉县古文化展示区:结合现有石上清泉、防洪堤上刻字、红石包打造体现具有石泉县城市文化特色的区域,位于城市阳台西侧。

② 金蚕文化区:结合石泉县的鎏金蚕文化,打造主题步道,位于城市阳台东侧。

③ 活力运动区:结合原有大型广场,对其景观提升,同时设置运动设施,打造活力运动区。

④ 湿地休闲区:结合红花沟和其东侧地势较低的一条水沟,打造充满湿地氛围的湿地休闲区。

⑤ 儿童游乐区:结合公园东北侧小型广场,将其广场面积扩大布置小型儿童游乐设施,打造儿童游乐区。

⑥ 草坪野营区:结合公园东侧乔木稀疏处,打造大面积草坪野营区,能够为游客和市民提供休闲野营的去处。

⑦ 集散活动区:结合石泉县港和其西侧码头打造成汉江夜游的游船码头,作为游客上下船以及候船的集散活动区。

2) 旅游文化广场岸线

旅游文化广场位于滨江大道古街段,紧邻滨江道,约 0.6 km,涉及沿滨江大道绿化带以及居住建筑,部分建筑超过 6 层,严重影响整个古街区块的整体风貌。区块内建筑密集,居民居住环境较差,建筑新老差异较大,老建筑房屋质量较差,内部道路狭窄,建筑之间间距较小,存在较大的消防安全隐患,并且违章搭建情况较为严重。滨江大道作为城市道路,路边设有沿路停车带,南门虽有一定的景观打造,但周边建筑风貌差异较大,南门的景观特色没能得到体现。

对旅游文化广场的规划构想是结合滨江区域的商业价值和景观价值,提升石泉县城旅游配套水平;融合石泉县古街和新中式建筑群落,形成古街历史文化街区,实现石泉县城人文＋旅游的融合发展。主要从以下几方面规划旅游文化广场功能。现状古街相呼应,将商业功能延伸至滨江界面,将滨江商业价值和景观价值有机结合。

商业业态以餐饮、休闲、娱乐功能为主,以精品商业打造为主,提升城区旅游配套水平。建筑形式以新中式为主,局部采用石泉县地方建筑元素,整体符合现代城市休闲商业氛围,形成古街历史文化氛围的有效过渡。结合场地地形,形成高地错落的商业界面,根据规范要求,结合新老建筑间距打造多样性的步行通道,增加商业界面长度。结合滨江大道分时段管控要求,在封闭时段成为步行街,将原道路空间沿街商业功能进行结合,将休闲功能引入道路空间内,便于开展活动。

3）后柳新村(永红村)——湿地田园

选择比邻后柳古镇的邻江区域岸线约 10 km,以景区旅游服务点建设为前提,结合新农村建设需要,体现后柳古镇的山之美、水之美和古街之美,打造以渔文化为特色的主题文化村。

主要项目:汉水农庄——水乡生活体验与"渔家乐"、竹编工坊、古街文化——民俗工艺制作、果基鱼塘——生态农业观光、音乐水上游戏场——亲水游憩。

性质:农家乐、农家宾馆、旅游商贸、交通等旅游服务专业村和小商品为主的旅游商品生产基地村。

特点:渔民生活体验;水乡民居风貌;山水乡村度假。

（3）陆域节点规划

节点组织有助于快捷地输送客源和组织各种类型的活动,加强各乡村旅游点之间的紧密联系,以便让游客经历更深度的乡村体验。从石泉县的汉江沿江特色旅游带发展的空间布局出发,依托各旅游点的分布特点及交通线路组织,石泉县汉江沿江旅游节点安排如下:

以石泉县中心城区作为一级旅游集散中心,以各二级中心镇(二级旅游集散中心)为重要游览节点,通过活动组织和水陆交通向各沿江旅游点辐射,形成畅通便捷的沿江游览组织。

以石泉县沿江城郊段为中心,向汉江石泉县段下游辐射,重点建设喜河水库到后柳镇段。体现滨江古镇风情和新农村建设风貌,以水上游乐为主倾力打造两个休闲度假村;以生态观光为主,倾力打造一个生态观光园;以农耕体验为主,倾力打造一个休闲度假山庄。

主要陆域节点规划如下。

1)一级旅游集散中心——石泉县县城

石泉县城区段汉江特色旅游主要以沿岸旅游项目为主,依托汉江旅游资源优势,整合城区包括北辰森林公园、县城古渡码头、烟波湖、汉江、滨江公园、禹王广场等在内的主要旅游资源,打造文化底蕴深厚、自然风光优美、休闲娱乐多样的旅游集散中心。

对于石泉县城的规划要点有 4 个方面:①依托千年县城(明清古街)、禹王宫、滨江公园、北辰公园、杨柳片区、石泉县水电站、烟波湖、太阳岛、汉江河虾、堡子草莓等旅游资源,大力开发以园林城市为主的旅游产品;②重点建设城关镇上坝村、红岩村、新堰村、堡子村等乡村旅游服务基地村,借鉴国内如承德避暑山庄等地方的工程措施,增加汉江水深,将周边城镇的水上旅游项目延伸到石泉县城区,倾力打造上坝村城市田园。③提升现有农家乐和采摘游的管理水平和服务质量,充实休闲娱乐与参与体验内容,打造富有石泉县特色的参与体验式农家乐。④在城区加速发展餐饮住宿、文化娱乐、旅游商贸,大力发展星级宾馆、餐饮名店、旅游商品超市和情趣高雅的休闲会所,倾力打造以县城为主体的乡村旅游服务中心。

2)二级旅游集散中心——后柳镇

后柳镇位于石泉县南部,汉江西岸,距县城 22 km。东与池河、长阳接壤,西与中坝交界,南与喜河镇毗邻,北与城关连界。后柳镇位于莲花湖中上游,等级较高的石紫公路穿境而过,水路交通十分发达,地理位置十分优越。从旅游区位上讲,向东可至燕子洞景区,往西可至待开发的中坝大峡谷,还有风景如画的莲花湖库区——后柳湾,千年古镇的风貌依稀尚存,文物遗址火神庙保存基本完好,抗战名人王范堂的故事家喻户晓,还有可供开发的旅游商品竹编、棕编及特产柑橘、水产养殖品,民俗文化也十分丰富。因此,该镇的人文资源优势比较集中。

对于后柳镇应将其作为汉江沿江旅游带的承接点深度开发,做好该镇的旅游发展详规。①根据后柳古镇商业街概念规划,重点是恢复古集镇风貌,架设水码头,突出后柳镇的山、水和古镇之美。②以伞景为主题开发后柳湾天然浴场。③加强沿湖观光柑橘园的栽植,兴办独具特色的水上渔家餐厅。④包装地方特色的旅游商品和食品,开发可参与的民俗活动等,以此吸引游客,使后柳镇成为西安都市旅游圈和汉江特色旅游带过境游客重要的休闲、饮食、购物节点之一。

3）莲花湖

莲花湖是 2006 年喜河水电站建成后形成的湖泊,总面积约 42 km²,在石泉县流经城关镇、后柳镇、长阳乡、喜河镇。景区内湖面宽广,碧波荡漾,群山巍峨,绿树成荫,山映水中,水映山色,形成一幅精美的山水画。置身于此,让人神清气爽,心旷神怡。莲花湖景区不仅有优美的山水风光,更有着丰富的人文景观。后柳古镇和喜河古镇都有着一千多年的历史和人文。位于后柳镇汉江边的八亩地遗址是新石器时代遗址,充分说明早在 6 000 多年前便有先民在汉江边上繁衍生息,孕育出了灿烂的古代文明。

规划要点:①保护与开发并重。在加快莲花湖景区旅游开发的同时,更要注重景区内自然资源的保护。②沿汉江各乡镇要加大种植竹子和植树造林的力度,使两岸的庄稼退耕,尽快披上绿装。③重点开发莲花湖畔永联村、永红村的休闲度假村,开发温泉养生、森林氧吧、森林浴、雾浴、竹海浴、竹文化养生、沙浴、沙疗、生态食疗等休闲养生产品。④在莲花湖畔规划乡村俱乐部,利用山林、湖泊、水库等,积极发展乡村度假村,开发垂钓、马场、水上运动等休闲娱乐产品。以独特的自然风光和多样的旅游休闲产品为亮点,吸引西安、安康等周边城市的游客周末或小长假期间来此享受悠闲的"慢生活"。

4）喜河镇

喜河镇地处秦巴腹地,位于石泉县城南部,距县城 35 km。喜河镇位于莲花湖岸下游,石紫路穿境而过,水上交通十分便利。喜河镇张飞垭-鹞鹰嘴位于距县城 40 km 的喜河镇新喜村,该地因处于汉江边,方圆 6.67 hm²,三面环水呈半岛屿状,沿伸入江的山丘形似鹰嘴,故此得名"鹞嘴子",该地小地名叫张飞垭。石佛寺遗址位于县城以南 30 km 的喜河镇,莲花湖畔,交通十分便利。

喜河镇的旅游资源相对较少,对于喜河镇的规划主要从①依托喜河电站开发"水利+旅游"项目。喜河电站大坝壮观雄伟对游客吸引力较大,与莲花湖旅游项目相融合,进行"游莲花湖,观大坝"项目,同时建议汉江流域各乡镇加大山上植被的保护力度,大力种植竹子,美化两岸风景,杜绝人为破坏。②石佛寺由于位于燕子洞景区大门附近,且佛像保存十分完好,精美,可辟为旅游场所。③加大宣传鹞咀子名人罗国兴,他原为梵蒂冈公国的财政大臣,现为副主教,可通过编写趣闻故事,吸引游客到鹞咀子。鹞咀子三面临水,可规划为农家山庄,此外推出当地优质的茶叶、黑木耳作为农家山庄的旅游商品,带动旅游消费。结合喜河镇的旅游资源情况,重点开发一日游项目。

(4) 水上项目规划

河流水上旅游的综合开发,要以保护沿江生态环境为前提,水上旅游可开发类型包括江面观光游览、江岛生态休闲、滨江游憩慢行等旅游线路;建设旅游服务码头、滨江骑行绿道、滨江营地等配套服务设施;开通水上观光游船、滨江游览巴士等特色交通工具,打造水陆交通系统。以水串景,以水为媒,整合石泉县沿江旅游资源,策划特色水上旅游,引入新兴产业,营造临水、亲水、乐水、智水的石泉县沿江旅游新形象。因此,建议石泉县依托汉江建设以下几个水上项目:

1) 汉江风光游览项目

以汉江(石泉县段)为重点,开通汉江游线,沟通县内主要水道,连接县内主要旅游区点。以画舫、电瓶船和乌篷船为主要交通工具,开发具有地方特色的船餐,提供卡拉 OK 等娱乐活动,以水为媒,在船上观赏水城风貌,在岸上体验水城文化底蕴和生活方式。

船体要有宽敞的视野空间,方便游客观赏四处景观,提供舒适的娱乐空间,增加船体的趣味性,将餐饮、垂钓、沙龙等休闲功能巧妙地融合到船体设计当中,大胆地运用颜色搭配调动起游客的各种感觉,使游艇富于变化,通过船体的造型、内部装修等创造出和谐温馨的氛围,让游船像个移动的家。

2) 水上乐园项目

依托汉江建设水上乐园项目,规划应坚持因地制宜,生态优先理念;中低端精致型主题型产品设计理念;突出特色原则。

在莲花湖打造集绿色生态回归、游园嬉水、休闲度假等于一体的水上乐园,在丰富多种游乐项目,提高亲水文化内涵的同时,还要结合周边的餐饮、酒店等各种配套设施,进一步丰富和完善水上游乐场所的消费内容,形成"可览、可游、可参与"的环境景观,构筑"县城-郊区-乡间-田野"的空间休闲系统,从而带动植物园乃至整个城市的整体规划和文化发展。

3) 水岸娱乐项目

结合水上游线路径,在石泉县城、后柳镇和喜河镇建设融餐饮、购物和娱乐于一体的水岸旅游节点。在民居集中地段开辟社区文化活动场所,开展自娱自乐的社区文艺活动;在滨河重要旅游点,建设开放式表演舞台,根据游客需要定期或不定期开展后柳八亩田水上真人秀以及桂花村对歌台和火狮子表演平台等富有石泉县特色的文化娱乐活动。

4）水上体育项目

在汉江石泉县段水面开阔、水流平稳处规划建设大型全天候水上体育活动场所，提供游泳、戏水、滑水、划船、赛艇、水上滑翔等活动，满足不同游客观赏体育活动和参与体育活动的需求，使之成为水城旅游的兴奋点。

5）湿地旅游产品

重点建设后柳镇永红村、群英村、喜河镇喜河村、池河镇桂花村等乡村旅游服务基地村。发挥乡村湿地资源优势，大力发展乡村湿地公园和湿地生态，重点发展湿地生态旅游，形成乡村旅游特色品牌。

（5）旅游码头规划

航运码头设计除考虑"地质水文条件、人流量、外部交通连接、主要景区点"等因素外，还应考虑多类型船只的兼容性。石泉县汉江重点旅游区水运交通体系建议设计"三主七次"码头格局，打通汉江流域水上交通。"三主"码头应结合石泉县港和其西侧码头打造成汉江沿江旅游的游船码头，并结合目前正规划建设的石泉县港、喜河水电站升船机及两大库区水陆联运港口（二里桥港口、后柳客货运转运站）位置和功能合理布局；"七次"则指应沿石泉县汉江建设码头7处，要求因地制宜设计码头类型，选取不同游船类型，满足游人多元化游赏、交通需求全面系统地整治航道，提高水运通航能力，尽快使汉江境内航道达到四级，成功打造沿江特色旅游带，形成石泉县汉江旅游新名片。《石泉县汉江特色旅游带旅游码头规划》见表7-3。

（6）旅游航线规划

河流水域的交通状况是制约当地发展的重要因素，流域旅游综合开发需要着重考虑河流水运交通体系的打造，首先完善河流水运交通功能，为区域旅游提供便捷的交通条件，另一方面还可以依托河流开发水上旅游观光带，使河流集航运价值与旅游体验价值于一体，充分开发河流资源价值。

石泉县汉江沿江特色旅游带旅游航线：石泉县城（禹王宫、滨江公园、北辰公园、杨柳片区、石泉县水电站、烟波湖、太阳岛、汉江河虾、堡子草莓等）——桂花村（对歌台、火狮子表演平台）——后柳镇（后柳古镇、莲花湖、莲花石、黑沟河景区、火神庙、柑橘园农业观光、渔家乐）——喜河镇（鹞鹰嘴农家乐、石佛寺、喜河水电站、高山茶园）。

213

表 7-3　石泉县汉江特色旅游带旅游码头规划

码头类型	码头名称	位置及措施
主要码头	游船码头	石泉县港西侧,靠近石泉县古街和二里桥码头附近
	石泉县港	在现有的石泉县港处增加旅游专用码头
	后柳水乡港	对现有的后柳水乡码头改造升级
次要码头	曾溪码头	对现有的曾溪码头改造升级
	桂花码头	桂花村附近新建桂花码头
	池河码头	在池河镇附近新建池河码头
	后柳码头	莲花湖中下游,对现有的后柳码头改造升级
	喜河码头	对现有的喜河渡口改造升级
	长阳码头	对现有的长阳码头改造升级

7.4　促进石泉县汉江特色旅游带发展的对策措施

7.4.1　加强政府组织协调

(1) 确立政府引导型旅游发展战略

强化各级政府对汉江沿江特色旅游带旅游产业发展在规划、观念、政策、管理、旅游大环境、建立投融资平台和各相关部门联动、各旅游生产力要素整合、全社会支持等方面的引导。

石泉县可协调汉江沿线各市(县)根据本地区实际,明确旅游业在本地国民经济和社会发展中的定位,制定出台支持旅游业发展的政策措施,加强规划引导,把旅游基础设施和重点旅游项目建设纳入本地国民经济和社会发展规划,在编制和调整城市总体规划、土地利用规划、基础设施规划、村镇规划时,统筹考虑旅游产业发展需要。

(2) 充分发挥旅游行政管理部门职能作用

充实完善沿江各城市、乡镇旅游行政管理机构及人员配置,切实强化对旅游产业的协调管理和公共服务职能,重点抓好宏观调控、发展规划、宣传营销、市场监管、环境营造等工作。加强旅游综合执法队伍建设,进一步充实执法队伍,提高执法能力和水平。加快政府职能转变,催生一批旅游投资咨询、旅游信息服务、旅游企业及旅游人才交流等方面的中介机构,使之成为加强行业自律的主体。

(3)加强政府协调力度,形成促进旅游业发展的合力

加强政府对旅游业的统筹协调力度,各市政府与职能部门应统一安排推进,特别是跨区域之间的旅游合作共建,努力挖掘有价值的旅游线路,实行线路对接和线路共享,加大保障力度,提供优越的旅游大环境,实现市级之间的共同协作最大化,做大旅游产业。旅游主管部门切实承担起旅游规划布局、市场促进、行业监管、队伍建设等行业发展职责。

7.4.2 出台相关优惠政策

对符合国家产业政策、城市总体规划和土地利用总体规划、对地方经济发展带动性强的重点旅游项目,要优先保障用地。对产业结构调整中的旅游项目,在规定的定价范围内转让时,各市(县)可采取适当价格优惠供地。支持旅游企业发展,对吸纳就业多的旅游企业给予支持政策,努力创造公平竞争的环境。旅游企业可享受中小企业的贷款优惠政策,鼓励中小旅游企业和乡村旅游经营户以互助方式实现小额融资。积极探索成立以互联网为载体的新型旅游发展银行,推进金融机构和旅游企业广泛合作,增强金融产品的旅游、旅行服务功能。

(1)优化用地政策

汉江沿江各市(县)应根据旅游产业发展的需要,调整好土地利用规划,并统筹安排好当地年度用地指标,按项目的推进进度需要保障用地。旅游用地进行分类管理和实行差别化旅游用地政策,鼓励各地采用多种方式供应旅游用地。

根据沿江旅游项目实施实际情况,国有农用地、未利用地可采取招标拍卖挂牌出让、租赁等方式有偿提供给旅游项目建设开发者使用。旅游设施建设需要占用符合土地利用总体规划的国有未利用地,由沿江各市、县人民政府依据土地利用年度计划批准使用。支持乡村旅游和旅游扶贫项目用地,鼓励农村集体经营性建设用地、集体农地、未利用地采取作价入股、合作联营或者租赁等方式参与旅游开发。

(2)加大金融支持

鼓励各类国有和民营银行加大对沿江各城(镇)旅游产业转型升级重点项目建设的信贷支持额度。培育一批旅游龙头企业,支持旅游企业上市或挂牌。指导有

条件的龙头旅游企业发行各类企业债券,开发推出资产证券化产品。鼓励综合实力强的大中型文化旅游企业跨地域、跨行业进行股权投资。积极探索成立以互联网为载体的新型旅游发展银行。支持沿江各城(镇)旅游项目通过 PPP 模式融资建设,鼓励旅游企业和从业人员开展"个体创业""大众创业"和"平台创业",推广众筹方式,吸引更多的民间资本参与到沿江各城(镇)旅游开发建设中。

7.4.3 保障旅游资金投入

积极争取国家支持,加大对汉江沿江特色旅游带的扶持力度,重点支持旅游基础设施、精品景区和公共服务体系等方面的建设。将汉江沿江特色旅游带作为绿色旅游、邮轮游艇旅游、自驾车旅游、旅游+互联网、旅游循环经济、旅游区域合作的创新试点,在国家技术改造专项资金、促进服务业发展专项资金、扶持中小企业发展专项资金及外贸发展基金中予以重点支持。各级政府要将支持汉江沿江特色旅游带发展纳入政府公共财政预算,加大对旅游基础设施建设的投入。

(1)加大财政投入

各级财政加大对旅游业发展的投入,设立旅游产业发展基金,推动实现产业转型升级,并根据财政收入增长情况逐年增加旅游发展专项资金,主要支持旅游目的地基础设施建设、旅游宣传推介和奖励、旅游公共服务体系建设和重点项目贷款贴息。其他各类财政性专项资金要向发挥旅游功能的项目倾斜。将旅游目的地营销列为旅游业发展重要措施,并加大投入;引导社会力量参与区域旅游交流与合作的各种公关活动。汉江沿江各城市、乡镇两级应统筹安排旅游发展专项资金,形成政府加大投入的扶持激励机制。

(2)争取国家资金支持

积极争取国家和上级政府以及发改、交通、住建、水利、林业、国土、农业、文化等部门的支持,加大旅游景区水、电、路等配套设施的投入,完善主要交通站点的旅游配套服务设施,改善旅游基础设施条件。在资金有限的情况下,可先开发资金较少、见效较快的旅游配套项目,形成滚动发展的良好态势。重大项目积极争取有偿资本金贷款、贷款贴息等国家资金的支持。

7.4.4 加快旅游人才培养

重视加快旅游人才队伍建设,构建系统、完善的旅游人才体系,优化旅游人才结构,统筹推进旅游人才专业队伍的建设,打造旅游人才小高地。依托区域性教育资源集聚地,整合区域内教育资源,形成辐射陕西的人才高地。通过和国内外各大专院校、科研机构的横向联系,建设汉江沿江特色旅游带旅游专家库,建设"不求所有、但求所用"的用人环境。根据产业发展需要,采取灵活多样的方式,培养旅游领军人才和各类适用人才,培养一批熟悉水域知识和旅游业务的专业人才,加强邮轮游艇水上旅游的专业人才队伍建设。组织开展科普性旅游教育工作,加强基层旅游教育培训。加强人才使用的制度建设,进一步优化导游队伍结构。

(1)加强旅游专业职业培训

重点依托区域内高等院校,建立旅游发展人才教育培训基地,设立专家顾问组,提供指导以保证其培训出有用和适用的各类人才,不断调整培训内容以适应旅游发展的需要。

(2)加强专业人才的引进与培养

制定相关政策,多渠道、多形式重点引进和培养熟知地质地貌、民俗文化等专项知识的人才,引进国内外高层次的饭店管理、旅行社经营、职业经理、营销策划、旅游外语等方面的紧缺人才,鼓励区内外院校毕业生从事旅游行业工作,建立健全激励机制,积极构建旅游人才发展平台,建设旅游人才小高地。

(3)制定、编制《汉江沿江特色旅游带旅游业人才专项发展规划》

研究、出台《汉江沿江特色旅游带旅游业人才专项发展规划》,对旅游业发展所需人才的总量、类型、专业、层次、质量、培养步骤和措施等重要问题进行中长期计划安排和控制,确定旅游人才发展的战略目标和任务。

7.4.5 实施旅游市场监管

加强旅游市场监管,要加大旅游执法力度,完善监管机制,相关部门要加强联合执法,切实规范旅游市场秩序。跨区域间旅游部门实现网络化共同监管,共同促进旅游业发展。实施旅游质量提升计划,加强文明旅游正面宣传教育,传播行业正能量。推动旅游者文明出游,旅游企业诚实守信,从业人员服务至诚,推进旅游行业诚信体系建设。加强旅游执法队伍建设,切实给予保障,不断提高各级旅游执法部门的工作水平,寓管理于服务,创新服务手段,维护市场环境。

7.4.6 加强部门联动发展

构建区市协调机制。加强沿江各市、县区之间的全方位合作,构建区市协调机制,加大支持力度,携手打造区域协同发展,推进旅游联动发展。将汉江沿江经济带沿线的市、县旅游资源整合,强化旅游服务,提升旅游质量,实现区市共建模式。加大对沿江各市、县的旅游交通基础设施建设、水上航线、航道整治建设的支持力度。强化旅游联动,构建有效的区市发展协调机制。

加强与发改部门联动。发改部门在经济社会发展规划中进一步突出旅游业的地位。拟定年度重大项目投资计划和基本建设计划时,优先安排沿江重点旅游项目建设,相关项目立项充分征求旅游部门意见。

加强与国土部门的联动。旅游部门应加强国土部门的联系沟通,共同指导业主申报沿江旅游项目,协调解决业主用地过程中遇到的问题。

加强与交通部门的联动。旅游部门应配合交通部门共同解决好沿江各城(镇)重要景区的公路、水上客运航线和完善旅游交通标识系统相关问题。优先考虑解决沿江重要旅游乡镇和景区与高等级公路相连接的问题,形成畅达的交通网络,提升完善交通站场的旅游功能,与旅游部门共同推进交通站场的旅游咨询中心和旅游集散中心的建设,开通旅游观光专线;整合相关水上旅游资源,合理布局沿岸旅游码头等。

加强与住建部门的联动。沿江各市县住建部门在城镇建设规划时要结合旅游发展,充分考虑旅游功能,并将历史文化融入到城市建设中,在环境营造、建筑控制等方面满足旅游发展的要求,尽快实施沿江各城市、乡镇的景观和旅游设施的建设。

加强与文化部门的联动。旅游部门应加强与文化部门的信息沟通,建立联动机制,积极探索旅游市场文化经营主体的信用监管,加强对沿江各城(镇)的旅游节庆、民俗活动、旅游演出的挖掘,以及对非物质文化遗产和文物古迹的保护规划工作,划定保护范围,明确旅游可开发的范围,积极引导和规范旅游开发活动。

加强与环保部门的联动。开展沿江各城(镇)内河水域污染防治工作,加强对旅游开发的环境评估,对旅游开发提出建议和进行监控,保证旅游项目开发能控制在环保要求范围之内。加强沿江各城(镇)旅游景区开发项目的环境管理,对沿江环境有较大影响的旅游建设项目应坚决不予通过。加强对沿江各城(镇)重要景区的生态环境监测,对这些沿江的景区旅游开发应提出限制性的要求,明确旅游开发内容,督促景区环保工作,采取环保措施减轻因发展旅游对生态环境的影响。

加强与林业部门的联动。旅游部门在对涉及森林资源的旅游开发以及沿江的湿地公园的开发上要加强与林业部门的沟通,林业部门对沿江城(镇)森林旅游的开发和沿江的湿地生态环境综合利用需要给予必要的指导和监督,避免因旅游开发造成对生态环境的破坏。此外,还应进一步加强对沿江两岸的造林绿化。

加强与农业部门的联动。农业部门在调整种植业结构和布局时,应适当考虑与旅游的结合。大力发展生态农业和特色农业,打造沿江现代特色农业(核心)示范区,将其建设成为创新驱动城乡一体化发展示范区、农民创业万众创新的聚集区;改善农村卫生条件,开展生态乡村建设。大力发展休闲农业和乡村旅游,促进农村发展、农业增效和农民增收。

加强与水利部门的联动。旅游部门应积极配合水利部门支持水域的旅游开发。沿江水域资源的旅游开发应符合《中华人民共和国水法》《中华人民共和国防洪法》和《广西壮族自治区河道管理规定》的要求,在沿江的重点江段以及水库等水域资源开发水利风景区、在河道管理范围内建设旅游项目,须办理洪水影响评价审批。

加强与扶贫部门的联动。旅游部门配合扶贫部门支持沿江各城(镇)贫困村屯的旅游开发活动,协调解决旅游开发建设中的重要问题,积极与扶贫部门联系对接;加强旅游扶贫调研和统计工作,完善旅游扶贫村建档立卡制度,落实精准扶贫,强化对旅游扶贫发展重大决策、项目布局以及配套措施的督促落实,推进旅游扶贫村的重大项目和旅游项目建设。到旅游扶贫村服务,鼓励干部到旅游扶贫村工作,加大对贫困村干部和旅游人才的培训力度;帮助贫困人口就业,有效带动脱贫。

加强与其他部门的联动。旅游部门要加强与宣传、法制、金融、财政、科教、工商等部门的联动,在各自职能范围内大力支持旅游相关的工作,以保证和促进沿江旅游业的健康持续发展。

7.4.7 强化绩效考核机制

建立规划推进实施的考核制度,强化绩效考核,建立健全监督检查机制,推进规划的实施。将旅游发展业绩纳入各级政府综合目标考核体系,建立目标责任制,进一步细化完善工作计划,明确责任分工,排定工作进度,按照时间节点科学有序地推进规划实施。按照年初有计划、年中有检查、年底有考核的总体要求,实行目标考核奖惩制度,对工作成效突出的单位和个人积极给予表彰奖励。加强对旅游企业的考核,对效益好的旅游企业和旅行社,给予表彰、奖励或补助。建立健全退出机制,对游客投诉率高、经营管理不善、破坏资源环境的旅游企业和从业人员,依法依规严肃处理。

第八章 石泉县河长制信息化建设

8.1 石泉县水利信息化建设现状与问题分析

8.1.1 石泉县水利信息化建设现状

(1) 石泉县辖区河湖概况

石泉县位于陕南安康西部,总面积 1 525 km²,辖 11 个镇、161 个行政村(社区),人口 18.2 万,是国家南水北调工程重要的水源涵养地和西部重要的电力能源基地。

石泉县境内有河流沟溪 456 条,总长度 1 740 km,流域面积 5 km² 以上河流 43 条,50 km² 以上河流 6 条,100 km² 以上 3 条,汉江在境内流长 58.5 km,河网密度为 1.14 km/km²,流域总面积 1 051.8 km²。石泉县多年平均降水量 877.1 mm,总水量为 13.52 亿 m³;多年平均自产水资源总量 6.567 亿 m³,其中地表径流量为 5.587 亿 m³,地下径流量为 0.98 亿 m³,另有过境客水 14.175 亿 m³(不含汉江)。石泉县现有各类水利设施可控制水量 4 460 万 m³,其中地表水 4 156 万 m³,地下水 270 万 m³,共计仅占自产总径流量的 6.79%,客水利用占 0.074%(不含汉江)。

石泉县是南水北调核心水源涵养区,也是保护责任最重的地区。全面推行河长制既是实现"一江清水送北京"的重要保障,也是保护石泉县水生态,实现绿色发展的历史使命。自全面深化河长制工作以来,该县创新提出"河长＋警长＋四员(水政监察员、环保监察员、海事监察员和城建监察员)"的督察联动管理模式,得到了水利部、省水利厅的多次肯定和社会各界的广泛好评。全县共明确了 230 名河长,其中 11 名县级河长、23 名镇级河长、196 名村级河长。同时,从在册贫困户和就业困难人员中选聘了 245 名公益性岗位护河员。坚持巡河、执法、治水并举,建立起了县、镇、村三级河长管理体系,完善了相关制度建设,实现了江河沟溪"网格化"管理,构建起了全面覆盖、层层履职、责任到人的"河长"治水监管体系。通过县、镇、村三级河长的共同努力,汉江石泉段出境水质始终保持在国家饮用水Ⅱ类标准。

（2）信息基础设施情况

1）自动水位雨量一体站

石泉县现建有自动水位雨量一体站 18 处,具体位置如表 8-1 所示。

表 8-1　自动水位雨量一体站

自动水位雨量一体站			
序号	站名	站址	站号
1	喜河	喜河镇蔡河村	61815928
2	迎丰	迎丰镇梧桐村	61815900
3	西沙河	西沙河水库	61815902
4	长阳	喜河镇奎兴村	61815916
5	曾溪	曾溪镇油坊湾桥头	61815934
6	筷子铺	中池镇筷子铺	61815924
7	银桥	云雾山板桥村	61815906
8	中池	中池镇政府	61815930
9	红卫	云雾山镇双河村	61815904
10	古堰	城关镇古堰中学	61815922
11	后柳	后柳镇黑沟河村	61815932
12	城关	城关镇红花沟	61815920
13	兴坪	两河镇兴坪村	61815910
14	中坝	后柳镇黄村坝	61815914
15	饶峰	饶峰镇饶峰村	61815908
16	熨斗	熨斗镇燕子洞口	61815918
17	银龙	城关镇丝银坝村	61815926
18	胡家湾	两河镇胡家湾电站	61815912

自动测报站的水位±30 cm 起报,降雨量 0.5 mm 起报。设备自动采集数据,然后通过 GSM 网络(手机卡)进行传输。水情自动测报站实时 5 分钟自动采集 1 次水位、实时采集降水量信息,水情分中心在 1～5 min 内完成所辖自动测报站水情信息的收集处理,实时传到省中心、流域机构和水利部。

2)水利设施

石泉县现有水库 11 座:石泉县水库、陕西省汉江投资开发有限公司喜河水力发电厂水库、石泉县席家坝水电站水库、石泉县万家宝水电站水库、石泉县鹅项颈水电站水库、石泉县胡家湾水电站水库、石泉县青石水电站水库、石泉县庙梁水电站水库、石泉县迎丰水电站水库、石泉县筷子铺水电站水库和石泉县西沙河水库。各水库已根据《中华人民共和国防洪法》《中华人民共和国防洪条例》和《水库大坝安全管理条例》等法律法规,制定了相关预案和安全运行制度,设立了视频监控、雨量水位测报系统,从监测预警、运行调度和避险抢险三个重点环节具体抓安全促生产。每个水库都制定有《抢险预案》《水库汛期运用计划》《洪水调度运用方案》等,且每年予以修订完善,并严格执行。

3)水质监测

石泉县现共有地表水水质监测点 5 处:汉江曾溪水质自动站、汉江小钢桥水质自动站、汉江高桥断面、池河口断面和饶峰河断面。通过对水质的实时监控,使上述断面地表水均达到国家Ⅱ级标准以上,确保用水安全。

4)计算机与通信网络

现有计算机与通信网络主要包括政府内网、政府外网和采集通信网。其中,政务内网属于保密网,主要用于公文交换及审批等;政务外网通过 Internet 与政府各级组织相连;采集通信网主要包括水情自动测报传输网和工程监控传输网络,水情自动测报传输网采用 GPRS 等无线网络,所有已建的水情自动测报站均已接入。

(3)应用系统

1)电子政务系统

目前已建设了办公自动化系统、财务管理系统、报文审批系统等。

2)水电站生态监控系统

水电站监控系统,实现对水电站的实时监控,有效降低人工成本,提高安全性。

3)河长制业务系统

包括河长制信息管理系统和河长制 APP 两个部分,初步实现河长制信息化。针对河长制的巡河管理APP已经在线运营。该系统平台共分为四个模块,分别是开始巡河、巡河记录、河道资料、综合巡查。其中,河道资料为所有河道基本信息资料的查询,巡河记录是护河员实施巡河工作的记录。护河员每次巡河时,点击开始巡河,手机会自动进行轨迹记录,巡河过程中如发现问题就点击发现问题按钮,对发现的问题可以进行拍照或者视频录制,同时填写好相应问题信息点击提交并选择处理方式后,再次点击结束巡河就可结束单次巡河。该河长制业务系统如图8-1所示。

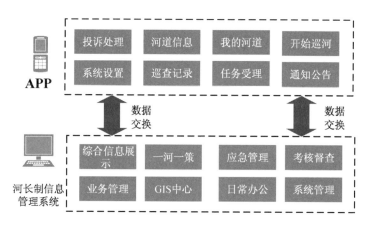

图8-1 河长制业务系统图

4)国家防汛抗旱指挥系统

国家防汛抗旱指挥系统是以信息采集为基础,以通信与网络为依托,以水利数据中心为核心,以满足防汛抗旱指挥系统需求为主线,构造水利信息化综合体系,提高防汛抗旱业务的效率和效能,形成可持续改进的防汛抗旱指挥系统。系统由信息采集系统、网络(通信)系统、数据汇集平台、数据库、应用支撑平台、用户应用和安全体系及安全管理服务系统等组成,各个部分间由标准化的协议与接口结合为一个有机的整体。应用软件是整个系统的核心部分,承担了整个系统的日常应用工作。主要功能包括以下功能模块:汛情监视、水雨情信息、工情信息、险情信息、数据分析、洪水预报、防汛会商、洪水风险、文件交换、数据维护、短信平台、防汛管理维护系统。

(4)保障环境

1)投资强度大幅提升

为保障河长制的贯彻执行,各级政府均加强了河长制信息化的投资力度,为河长制信息化发展提供了资金保障。

2）加强对水利信息化工作的领导

县水利局加强了对信息化工作的领导，多次召开办公会议，对水利信息化工作作出部署。

3）整合共享取得突破

在顶层设计框架下，水利部整合已有资源，建设基础设施云、水利一张图、安全设施等共享资源，信息资源目录框架也基本形成；水利一张图已为多个水利业务应用提供了地图服务，形成了与水利部一致的目录服务、统一的共享基础数据库、协同的应用支撑平台、互通的数据交换平台。

4）标准规范纳入体系

石泉县水利局针对水利信息化建设的实际需要，开展了石泉县河长制信息化建设和运行管理的相关规章制度的研究工作。

5）运行维护逐渐规范

石泉县水利部门明确了专门的运行管理机构，配备了管理人员及运行维护人员，制定了日常管理制度，运行维护经费也不同程度地得到了落实，"重建轻管"的局面开始得到扭转。

8.1.2 河长制信息化建设需求分析

（1）河长制基础信息的报送

从报送层级上，河长制基础信息需要水利部、省、市、县四级河长办逐级汇总、逐级审核、逐级报送，用户覆盖四级河长办，信息覆盖省、市、县、乡、村等全部层级。从报送内容上，河长制基础信息不能仅满足于旬报制度要求的范围，需要涵盖工作方案、河长、河长办、工作制度、督导检查、考核评估、河长巡河、一河一档、一河一策、任务落实、专项行动、社会监督、经费投入、河湖管护成效等各项内容。从报送形式上，河长制基础信息既可按具体行政区查看河长制基础工作开展情况和任务落实情况，又可按具体河湖查看河（湖）长、巡河（湖）情况、涉河（湖）事件处理、管理保护成效等信息，还可以从宏观上通过图表等形式汇总展示全国河长制工作进展及成效。

（2）河长制工作平台

河长制工作平台主要针对地方各级河长、河长办及成员单位工作人员，应由地

225

方根据各自工作实际开发相应信息平台来实现该信息化需求,并为水利部统一建设的信息平台提供河长巡河、涉河(湖)事件处理等数据共享支撑。

(3)河长制宣传与社会监督

由于社会公众监督信息平台允许社会公众广泛参与使用,因此具有互联网信息平台的开放特性。从易推广性和使用便捷性的角度,该需求适合通过微信公众平台来实现。考虑到水利部河长办了解掌握地方涉河(湖)事件举报和处理反馈情况的需要,可由水利部统一组织建设社会公众监督微信平台,在全国范围内公开使用,地方也可根据各自需要单独建设。

(4)其他水利业务系统信息共享

第一次全国水利普查基本查清了全国流域面积在 50 km² 以上的河流,水面面积大于 1 km² 的湖泊,水库、水电站、水闸、泵站、堤防等涉河湖水资源调配管理的水利工程,形成了"水利一张图",河长制信息化可在"水利一张图"基础上进行补充完善,在河长制管理信息系统中建立规模以下河湖全覆盖的河湖基础名录。

8.1.3 石泉县河长制信息化建设存在的问题

(1)信息化工作的体制机制还不完善

目前,石泉县水利局没有配置完善专职的水利信息化建设和管理人员,难以全力关注水利信息化的发展。信息化建设仍是以项目为主,规划引领不强,造成部分重复建设、资源共享困难等问题。缺少运行维护人员,维护经费不能满足需要,造成升级改造困难,影响已建系统发挥作用。

(2)数据采集能力有待提高

目前,数据采集存在采集密度不够大、采集类型不够全、突发事件数据采集不够及时等问题。已建采集系统标准不统一,各种传感器及监测仪器之间缺乏关联性,存在采集数据不准确、不规范、不及时等问题,使得采集数据难于用于信息系统的交换和共享。另外,还存在通信网络及检测点覆盖面不够广、系统架构不合理等现象。目前的数据采集能力也难以满足水利的"水安全、水资源、水环境"三位一体的管理体系需求。

(3)工程监控体系有待加强

目前,水库和泵闸站的视频监控已建并较完善,但仍缺乏对汉江等重点水系的重要工程、重要水资源的全局全域视频监控能力。

（4）通信和网络系统需进一步优化

随着水利信息化系统相关应用的不断深入，特别是远程视频监视系统的建设和实施，有线及无线带宽资源和通信组网方式将无法满足实际情况的需要。目前系统的多个网络之间采用的是物理逻辑隔离，网络及计算资源共享率低，网络安全方面仍存在一定的安全隐患需有待提高。

（5）资源还不能充分共享利用

由于缺少以资源共享为目的的数据中心建设相应的政策法规及规划，导致信息交互通道不畅、效率不高、资源消耗大、安全缺少保障等，极大阻碍了信息资源的传输和共享，因此出现部分资源重复建设及少数数据互相矛盾的情况。目前，大部分数据库都完全依赖于其业务系统，数据共享能力弱；有些系统验收后的数据库文档不全，只有部分人员对其熟悉，缺少普适性的推广应用；大部分业务管理部门只考虑各自的业务管辖范围，以各自主管业务应用目标，开发相应的应用软件系统，解决各自的业务需求，并未考虑业务系统之间的共享与交换。因此，目前的数据库和应用系统大多分散在各个主管或不同的业务部门，形成了以地域、职能部门等为边界的孤岛系统。

（6）业务应用系统还不能协同工作

一方面目前还有很多业务并没有建设相应的信息管理系统，而已建的业务系统功能也不够完善，仍需进一步优化业务流程及全局部署。另一方面，大多业务系统仍沿用传统的管理方式，未能利用新的技术来优化管理流程，需进一步加强各业务系统的信息交换共享和业务协同处理能力。因此，需要实现综合、协调、高效的河长制信息化系统，有效利用信息技术推动河长制的实施与管理。

（7）数据安全考虑不足

石泉县目前的系统建设大多没有从全局考虑数据库的安全机制及保障条件建设，如数据的备份等，因此在缺少专业数据人员定期维护的情况下，极有可能造成重要数据丢失的灾害，产生严重后果。

（8）缺少必要的运行维护经费

目前在建信息系统缺乏有效的运行管理办法，也没有将足额的运行维护经费纳入年度财务预算，以致有些系统运行中出现的问题无法及时处理，难以充分发挥各信息系统应有的作用，造成资源的浪费，而且这一问题也会随着信息化需求的越来越多而越来越突出。

（9）河长制 APP 的功能需要完善

河长制 APP 虽然已经上线运行，但目前该系统的功能仍不完善，有的业务模块还需要进一步改进，如每月需要巡河次数等。同时巡河人员文化程度不高，虽然经过培训，但仍然不太熟悉该系统，很多问题发现后直接在微信群里反映，未能充分使用该系统。同时，水利局也缺少专门管理该系统的责任人。

（10）水行政执法存在一定的问题

目前，与河流相关的监控设施少并且维护难，仍存在非法捕鱼和蓄意破坏监控设备的现象。而现有的执法人员偏少，面对河流多（石泉县境内有 456 条河流）、面积大的全县水域监管捉襟见肘。而且执法的方式相对落后，主要依赖人为举报来进行执法，其收效甚微，因此急需现代化信息手段辅助执法。

8.2 河长制信息化总体思路

8.2.1 指导思想

深入贯彻党的十九大、十九届三中全会精神，围绕"十三五"水利改革发展目标，瞄准水利"十四五"规划动向，以科技创新为动力，以水利需求为导向，以技术整合为手段，以系统应用为核心，以网络及数据安全为保障，不断强化水利业务与现代化信息技术的深度融合，深化水利信息资源的开发利用与共享，促进社会公共服务与水利业务应用的协同发展，加强水利立体化监测、精细化管理、智能化决策和便捷化服务能力的建设，推进"数字水利"向"智慧水利"转变，为水利改革发展提供全面的技术服务和支撑能力，推进石泉县河长制信息化体系全方位的智能化。深入贯彻习近平总书记系列重要讲话特别是来陕视察重要讲话精神，落实"节水优先、空间均衡、系统治理、两手发力"的水利工作方针，以加强水管理、保护水资源、防治水污染、修复水生态为主要根本任务，依托现代化信息手段全面推行河长制信息化建设，为维护河湖健康生命、实现河湖功能永续利用提供技术保障。以石泉县河长制信息化建设需求为导向，以科技创新为动力，促进水利系统的应用协同发展，坚持信息化体系架构的统筹规划，统一技术标准，强化数据、网络资源的有效整合，建立水利信息的共享机制，完善河长制信息化的体制机制，保障河长制信息化系统和平台的良性管理,全面提升石泉县河长制信息化水平。

8.2.2　发展思路

加快石泉县河长制信息化统一平台建设,完善水资源管理系统、监测系统、水质监测系统、日常事务管理系统等平台的建设和数据共享。强化跨域的水断面和重点水域的监测能力,提升其信息获取的准确性、持续性及有效性;加强江河库渠等跨域断面、主要交汇处和重点水域的水文水质信息监测,强化对突发水污染的应急监测与处理能力。统一所需的信息化技术要求和标准,建立河长制信息化体系统一、布局合理、功能完善的河长制信息化统一平台,完善水利信息监测中心的建设。建设全县河湖管理的地理信息系统平台,利用卫星遥测遥感和无人机巡查系统等先进技术手段,加强河湖水域环境的动态监管能力,从而有效严厉打击非法侵占水域岸线、非法采砂、非法倾倒废弃物、擅自取水排污以及电、毒、炸鱼虾等破坏水域生态环境的违法犯罪行为。

8.2.3　基本原则

石泉县河长制信息化建设坚持"需求牵引,应用主导;统筹规划、协调发展;引领创新、深度融合;网络安全、数据准确;资源优化、新旧融合;服务驱动、共建共享"的基本原则,如图 8-2 所示。

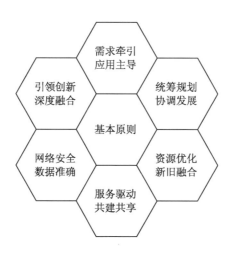

图 8-2　石泉县河长制信息化建设基本原则

（1）需求牵引，应用主导

河长制信息化建设应紧紧围绕河长制相关业务的实际需求，积极研发使用相关业务应用系统，充分发挥信息技术的优势，在实际工作中充分发挥其应有的效益。

（2）统筹规划、协调发展

石泉县河长制信息化是涉及全县的水利信息化建设项目，涉及到全县所有与河长制相关职能单位的每一个部门，必须在统一的河长制信息化规划的指导下逐一落实搭建，积极协调推进河长制各部门信息化的建设进程，保证河长制信息化建设的统一性、整体性和可扩展性。遵循统一部署、有效规划，加强对河长制信息化平台的全局性调控，统筹平台建设，建立并完善各级河长的横向协同、纵向联动、政府主导、社会参与的协调发展机制。

（3）引领创新、深度融合

针对面向社会公众的河长制应用系统，注重河长制信息化平台的应用成效，有效提高河长制信息化平台的效益。加强科学技术与系统应用、业务管理与制度规范、数据共享与系统建设的深度融合，充分发挥河长制信息化系统的作用，有效推进科技创新、业务创新、管理创新、服务创新。

（4）网络安全、数据准确

网络方面，河长制信息化平台的网络架构需要考虑其安全性并具备一定的灵活性和可扩展性，能够适应业务场景变化的要求。数据方面，能适应各种业务需求输出，如报表的更新需求、硬件存储变更等，适应结构化数据和非结构化数据多种多样的业务处理要求，为适应将来的业务系统升级需求，数据库设计应具有扩展性和兼容性，并尽量简洁明了，优化数据布局。

（5）资源优化、新旧融合

河长制信息化平台建设必须处理好业务实用与现代技术的关系，在采用实用方案的前提下，尽量选择先进的现代技术，整合优化资源，提升系统性能。在统一架构初期便需制定统一的建设标准及规范，优化配置资源，防止系统的重复建设；不断进行系统升级，充分利用已有业务系统平台，先行解决关键问题，提高已有系统资源的价值，形成良性发展的机制。

（6）服务驱动、共建共享

充分利用其他政府部门的公共信息基础设施及业务系统和已有的水利信

息基础设施及业务系统,全面推进河长制信息化平台的数据中心建设,有效促进信息资源的广泛共享,建立数据驱动的业务共建共享机制。完善公共信息资源共享的技术支撑体系和管理机制,提高公共信息资源的共享及其经济社会效益。

8.2.4 规划范围

(1)业务范围

以河长制信息化为目标,建设统一的河长制信息化平台,建立统一的数据中心与业务应用系统,接口已有的视频监控系统、数据感知采集系统、防汛抗旱应用系统等,并开发所需的业务系统,借助无人机辅助巡查和水行政执法,实现信息的交互、传输与共享。河长制信息化平台主要利用信息化技术开展河长制管理业务,其中具体包括水资源保护、水域岸线管理、水污染防治、水环境治理等业务范围。

(2)应用范围

河长制信息化建设主要应用于河长制相关政府职能部门及人民群众。

(3)规划依据

1)《中华人民共和国国民经济和社会发展第十三个五年规划纲要》,2016年

2)《国家信息化发展战略纲要》,2016年

3)《"十三五"国家信息化规划》(国发〔2016〕73号),2016年

4)《关于全面推行河长制的意见》,2016年

5)《关于在湖泊实施湖长制的指导意见》,2018年

6)《全国水利信息化"十三五"规划》,2016年

7)《对河长制湖长制工作真抓实干成效明显地方进一步加大激励支持力度的实施办法》(水河湖〔2019〕63号),2019年

8)《关于加强河湖管理工作的指导意见》,2014年

9)《河长制湖长制管理信息系统建设指导意见》,2018年

10)《河长制湖长制管理信息系统建设技术指南》,2018年

11)《安康市推行湖长制实施意见》,2018年

8.3 河长制信息化目标与总体布局

8.3.1 发展目标

提升河长制信息化程度,围绕河长制中心业务工作,整合水利信息资源,优化资源配置,深化河长制信息资源的开发、利用与共享,强化信息技术与水利相关业务深度融合,构建智能、协同的河长制业务应用体系,其融合水利信息资源共享子体系、水利信息化基础设施子体系、信息网络的安全体系及具有鲁棒性的水利信息化保障体系,全面提升河长制信息化水平,推动传统河长制向智能河长制转变,推进河长制的现代化。

建设石泉县河长制信息平台,结合、完善、并优化全县已建成重要水文水情、水资源、水环境、水利工程等信息的采集体系,建设数据中心实现信息资源的统筹管理、交换、访问、共享,并继续升级完善包括机房、服务器、通信和计算机网络在内的系统运行软硬件环境。具体包括:

(1)完成河长制相关业务的信息化规划,为搭建信息化平台需根据有关标准建成统一数据交换平台,构建标准的基础信息数据,并设有统一的信息资源目录和对象基础信息库,为河长制信息化平台提供标准统一的数据支撑,从而对河长制数据进行高效的利用和共享。

(2)数据采集方面,利用现代传感和感知、传输、大数据分析与处理等高新技术,逐渐开展全域全时水资源环境信息全自动采集工作,对取用水有效计量,对水质进行实时监测,逐步代替传统的人力采集工作,从而构建天地空一体化的河长制信息采集与传输网络。同时,逐步实现已有大型工程的全方位监控和重点工程实时在线监控。继续加强基础网络设施的建设工作,加大网络的带宽,提升网络的传输能力,拓展网络的覆盖范围,并提升网络高速率的实时传输能力,从而满足大范围的视频会议磋商应用需求。利用北斗卫星通信技术,实现以往盲区的全域覆盖,提升应急通信能力,从而满足河长制信息的采集及应急需求。利用人工智能、大数据分析等技术,对数据进行有效汇聚、筛选、处理,为河长制业务提供决策支持。利用数字孪生、虚拟化、三维建模等技术,实现水利等基础设施的数字资产管理,支撑河长制业务系统的应用,进一步提升河长制信息化水平。

（3）利用各类信息化技术提高河长制业务应用的支撑能力，加强应用整合，梳理并建立河长制多业务协同共通机制，基本实现对河长制业务的全覆盖。基于河长制数据平台，优化河长制业务关联模型，利用人工智能等技术提高河长制综合决策水平。针对河长制执法业务需求，实现河长制行政管理、执法监督的信息化应用全覆盖，对河长制行政许可事务，推进网上办公流转，实现事前审批、事中跟踪、事后评价的全过程信息化管理，并配置手机端应用业务系统，促进移动办公的发展，为现场办公提供服务便捷的技术支撑。

（4）利用网络安全技术，建成覆盖河长制各级业务主管部门的纵深网络安全防御体系，全面提升河长制信息化网络安全保障能力。其中，重要河长制信息系统、重要水利工程监控系统、重要水文信息采集系统、重要办公自动化系统等都应具有相应等级的安全防御能力；对于网络安全的管理工作，需形成覆盖各单位的河长制网络安全监督检查体系，建立常态化的网络安全监测、信息通报、安全检查等工作机制，促进河长制信息化网络安全能力的有效提升，形成覆盖河长制各业务单位的信息网络的安全事件应急响应与恢复体系，提高应急响应的组织能力，细化应急预案并强化应急演练，从而提高应对突发网络安全事件的组织指挥和应急处置能力。

（5）全面梳理国家、省、市等各级河长制信息化相关管理制度和技术标准，完成河长制信息化建设管理、信息的统一和共享机制等相关管理办法的修订与编制工作，利用异构网络、全域感知、移动计算、大数据分析和处理等新技术创新业务的应用示范。为保障河长制信息化的推进及实施需落实运行维护经费、完善运行维护体系，同时加强河长制信息化队伍建设，加大河长制信息化的宣传与交流，为河长制信息化发展提供全面保障。借鉴并结合水利部的以一个中心（数据中心）、一个体系（数据采集体系）、一个门户、一张图、一套体制（标准体系、建设管理和运行管理体制）为特征的水利信息化体系建设河长制信息化的综合体系。

8.3.2 建设原则

从顶层统筹的高度来对河长制信息化平台进行总体设计，坚持河长制信息化系统的统一性，以有效推动河长制各业务部门间的业务流转和信息共享，确保业务流程、信息化系统、平台数据、各业务系统之间的兼容、融合及交互。河长制信息化平台应具备如下特点：

（1）先进性

河长制信息化系统采用成熟的 B/A/S（Browser Application Server）三层架构[60]，各客户端使用浏览器，业务应用软件和平台数据放在服务器端，可分设有应用服务器和数据库服务器。服务器端建议采用分布式应用模式，从而实现业务应用控制、业务逻辑、数据存取相分离的架构方案，具备可伸缩、易访问、易管理的特点。针对业务应用软件，程序设计的设计和开发采用模块化、组件化结构，从而实现代码的可读性、易开发、可升级等，具有易扩展性，为程序的维护升级提供基础。针对数据库设计，可采用大型关系数据库作为核心数据库，利用当今最新的数据库访问技术设计数据库，提高数据库的访问速度和效率。对用户来说，数据库系统应具有非常好的可伸缩性和先进的数据仓库技术，数据库的安装、使用和升级等操作的步骤都应简单、明了、易行。为简化操作，可根据信息的属性差异采取分类别、分层次的信息查询与维护方法，也可以将信息查询与维护等相关功能进行合并和优化。同时，数据库的设计和研发遵循国家标准、水利行业标准和信息化建设标准等最新的标准规范，保证河长制信息化平台数据库系统的适用性和扩展性，建立与其他行业领域、部门等系统的共融共同及数据共享机制。

（2）可靠性

河长制信息化平台需从各方面保证系统的可靠性[61]。从网络架构角度，需采用最新的安全架构技术及组网技术，保证信息的采集及数据的安全、可靠、及时。从应用软件的研发角度，应采用安全的面向对象的编程技术，实现软件功能的模块化、模块之间接口的标准化、代码的鲁棒性及程序流程的安全完备性，确保业务应用软件运行的稳定可靠性。从数据库设计角度，要以数据安全标准为指导核心，设计安全的设计"数据导入/导出"等数据迁移功能，实现安全的数据库系统的备份/恢复功能，并能在操作系统崩溃、数据被破坏污染、服务器硬盘故障及数据库管理系统升级等情况下，实现数据库系统的快速修复、恢复及换代升级，并确保用户数据的安全可靠及完备性。

（3）易操作性

对于业务软件系统、APP 和微信小程序，需设计友好交互的人机操作界面，提升用户使用软件程序的可操作性，从而实现信息更高效的共享与交流，方便信息资源查询和检索。对于管理用户来说，需要设计友好可操作的管理界面及工具，让操作管理更简单明了；设计模块化的管理模式，让管理员更容易根据业务流程及需求自行定制、扩展业务模块及报表设计。

（4）标准化

河长制信息化平台从数据、网络到应用程序的研发都需严格按照最新的国际、国家和行业标准，各种网络协议、数据格式和接口标准都必须符合标准规范，实现系统的可扩展性并能与其它行业领域及业务部门的其他系统进行信息的交互与共享，也更容易让管理维护人员进行信息化系统的操作管理和维护。

（5）稳定性

河长制信息化系统从网络架构到应用软件都需详细考虑系统的稳定性，建议系统采用成熟稳定的操作系统、数据库、网络技术、软硬件和中间件等，从而有效保证系统的稳定性。

（6）兼容扩展性

基于标准规范的数据库设计，能提供易使用的数据库查询、检索、修改等功能，并能随时查询信息并易按需制作数据报表。软硬件设计需有标准化接口和程序，保证系统的运行可靠及应用软件的可升级操作及扩展性。软硬件系统平台所涉及的技术必须具有一定的先进性，满足业务的需求，尽量避免将来可能出现的技术更迭的重复投资。河长制信息化平台采用标准化、模块化、易扩展的设计思想，实现系统的开放性、可靠性、可扩展性、可维护性等特点。

8.3.3　总体布局

石泉县河长制信息化将依托先进的大数据、人工智能、云计算、物联网和移动互联技术，结合并完善已有的水利信息基础设施，以数据中心建设为基本，建设异构融合网络实现信息的采集、传输、汇聚，通过大数据分析及处理等技术支撑各业务应用系统建设，建设完善的保障体系，最后构建河长制信息化平台，为领导会商及决策提供支撑。

（1）数据采集平台

数据采集平台主要基于水文、水质等各类传感器及视频监控系统组成。数据采集来源于全县水流域的各个水文、水质等传感数据及水利工程监控系统的视频信息，覆盖面广，信息资源丰富，传感器种类繁多，监测手段多元化，因此需要利用遥控遥测遥感、物联网、空天地一体化网络等新技术进行设计建设。通过对流量、雨量、水位等水文数据和水质数据的监测和采集，形成全县统一的河长制信息化数据采集和网络传输体系,改变以往建设多个数据采集系统的布局,实现信息的有效共享,为河长制信息化平台的数据中心提供宝贵及时的数据资源,为各业务的开展提供重要的基础信息。监控数据主要通过已有或需进一步完善的工程监控系统,实时获取各水利工程的运行信息及视频监控信息,从而为工程运行、管理、维护提供数据支撑,充分发挥水利工程的经济社会效益,提高水利工程的智能化管理水平。

(2)基础设施平台

基础设施平台主要包括服务器、交换机、路由器、防火墙、机柜、UPS、会商大屏、计算机机房、通信网络、计算机网络和信息安全设施等。通过虚拟化技术优化服务器、交换机、路由器等基本设施并构建云平台服务,实现基础设施的实时可靠的监控管理,充分管理调度各类资源。其中,计算机机房可为电子设备提供安全可靠的运行环境,通常为一幢建筑物或建筑物的一部分,主要包括主机房、辅助区、支持区和行政管理区等;计算资源主要指用于计算和提供服务的硬件资源,包括云边端等各类服务器,并可采用虚拟化技术、边缘计算、云计算等先进技术,高效动态地优化分配计算资源,提高计算资源的利用率;存储资源主要包括硬盘、磁盘阵列、磁带库等计算机通信安全网络设施,目前存储技术主要分成 DAS、NAS 和 SAN 三种类型,同样可采用虚拟化技术动态分配存储资源从而提高存储资源的利用率,同时需全面充分地考虑存储灾备;系统软件主要包括操作系统、数据库系统、分布式软件系统、网络系统和人机交互系统等;计算机通信网络主要为各类信息的传输提供可用的通信通道,主要包括有线通信、移动通信、卫星通信、物联网、NBIoT、光纤通信等。信息安全设施主要包括物理安全、系统安全、网络安全和应用安全四部分,其中物理安全主要包括计算机的物理安全和网络的物理安全,为信息系统的安全运行提供硬件和环境安全的支撑,系统安全主要包括操作系统和数据库系统的安全,其主要确保信息系统的安全运行和数据的安全保护,网络安全主要包括有线/无线局域网、广域网、城域网的安全,应用安全主要包括应用系统的安全运行和应用系统支撑工具的安全运行,同样为系统的安全运行和数据安全保护提供安全支撑。

(3)数据中心平台

数据中心平台主要为应用系统提供标准化的、安全的、统一的数据,为业务软件系统提供标准数据的访问共享服务。充分利用数据挖掘、数据关联分析、数据处理等技术实现多源异构数据的整合利用,并实现查询检索、分类统计等功能,为数据服务层的数据分析提供标准有效的数据资源。数据中心应遵循统一的技术架构,实现统一规范设计、统一建设、分级部署等方案,这是石泉县河长制信息化建设的核心。其中,数据存储系统用于保存各类水文、水质、视频监控等信息,由多个数据库系统、文件系统、元数据库、知识库、规则库等元素组成,并应考虑数据灾备存储等功能;数据管理系统主要针对石泉县河长制信息化的发展和各类业务应用系统的实际需要,有效整合信息资源,建立全县河长制信息共享交换机制,构建具有存储管理、共享交换、数据维护等功能于一体的数据管理系统,为政府及相关部门实时掌握河长制信息提供高效可靠的服务。

（4）网络传输层

采用物联网、移动通信技术、天空地一体化网络技术、无线局域网技术等构建河长制信息化采集、传输、处理的网络技术。基于各种技术的最新标准协议实现网络的设计、搭建和运行服务。

（5）应用服务平台

应用服务平台为河长制信息化平台的各个业务系统。业务应用系统建设应基于统一平台搭建,采用统一的技术标准,根据各自的业务流程进行开发,应用数据中心的数据资源,将系统生成的成果数据存储在数据中心和在内外网门户上发布,形成一套可管理、可扩充、可拓展的业务应用系统,为河长制管理工作提供快速、高效的手段。

（6）保障体制

石泉县河长制信息化保障环境由河长制信息化标准体系、安全管理、建设管理体制和运行管理体制组成,是河长制信息化建设有序推进和持续发挥效益的重要保障。标准体系是河长制信息化建设中涉及的所有标准的集合,是河长制信息化建设的各个项目能否顺利集成为一个有机整体的重要保障。安全管理是对一个组织机构中信息系统的生存周期全过程实施符合安全等级责任要求的管理。建设管理体系包括建设管理机构、职责、规章制度、管理流程的集合,是河长制信息化建设保质保量完成的重要保障。运行管理体系是项目运行管理机构、职责、规章制度、管理方式的集合,是河长制信息化建设能够充分发挥效益的重要保障。

8.3.4 关键技术

（1）B/A/S 三层体系架构

B/A/S 三层体系架构是针对政企等单位网络开发的软件渠道。在软件开发和系统集成用了结构＋模块的设计思想，充分体现业主用户的特性信息。

（2）数据可视化

大数据时代的数据复杂性更高，数据可视化指综合运用计算机图形学、图像、人机交互等技术，将采集或模拟的数据映射为可识别的图形、图像、视频或动画，并允许用户对数据进行交互分析的理论、方法和技术[62]。现代的主流观点将数据可视化看成传统的科学可视化和信息可视化的泛称，即处理对象可以是任意数据类型、任意数据特性以及异构异质数据的组合。数据可视化将不可见现象转换为可见的图形符号，并从中发现规律和获取知识。针对复杂和大尺度的数据，已有的统计分析或数据挖掘方法往往是对数据的简化和抽象，隐藏了数据集真实的结构。而数据可视化则可还原乃至增强数据中的全局结构和具体细节。数据可视化不是一个单独的算法，而是一个流程。除了视觉映射外，也需要设计并实现其他关键环节如前端的数据采集、处理和后端的用户交互。可视化流程以数据流向为主线，其主要模块包括数据采集、数据处理和变换、可视化映射和用户感知。整个可视化过程可以看成数据流经一系列处理模块并得到转化的过程。

（3）专家系统

专家系统是一个或一组能在某些特定领域内，应用大量的专家知识和推理方法求解复杂问题的一种人工智能计算机程序，属于人工智能的一个发展分支，其研究目标是模拟人类专家进行的推理判断[63]。一般是将领域专家的知识和经验，用特定的知识表达模式存入计算机。系统对输入的事实进行推理，做出判断和决策。根据知识的表现形式，专家系统可被分为基于规则、基于案例、基于框架和基于遗传算法的专家系统。根据使用目的，专家系统可被分为诊断型、解释型、预测型、设计型、决策型、规划型等类型的专家系统，涵盖了医疗、机械、经济、地质分析、气象预报、建筑设计、机场监视等领域。

专家系统的组成包括人机交互界面、知识库、推理机、解释器、综合数据库、知识获取等 6 个部分。各功能介绍如下。

1）人机接口：用于系统和用户交流。在人机接口界面，用户可以按照系统设计的要求输入相关需要的信息,配合系统进行运行。此外,该界面还能展示出系统的推理结果和对结果的解释。

2) 知识获取:获取的是特定领域的专家经验和知识,以此来建立、修改和扩充知识库,从而提高专家系统的性能。对于知识的获取可以采用手工、半自动或自动的方法,可按照用户需求自行设计。

3) 推理机:知识库的核心执行机构。包括推理和控制两个方面,控制是指推理的方向,探索策略,冲突消解策略等;推理是指在推理控制策略确定后,进行具体策略时采取的匹配方式或不确定性匹配算法等方式。按照推理方向的不同,推理可被分为正向推理、反向推理与双向推理三种方式。正向推理是一种根据数据进行目标推理的方式,又被称为前项链推理和自底向上推理。反向推理是一种根据目标推动条件推理的方式,也被称作反项链推理或自顶向下推理。双向推理是具备了正反与反向两种方法形成的混合推理,是同时进行目标推理,同时以目标驱动求解该事实,通过结合两种方向的推理对问题进行求解使得推理方式变得更加复杂。

4) 解释器:该部分主要是用于回答用户的疑问,将系统的推理过程进行解释说明,一般包括两个方面的问题:为什么和怎么做。

5) 知识库:专家系统实现的核心部分。库内的知识来源于特定领域的专家,涵盖了方方面面,包括系统求解问题所需的经验、事实和规则等,具有多种多样的表现形式,包括框架、规则、语义网络等。专家系统的水平取决于知识的质量和数量,存储的知识越丰富,专家系统运行的效果则越好。

6) 综合数据库:综合二字体现出该部分是用于存储系统相关的所有信息,具体包括有需要处理的事件信息,推理过程中产生的各个中间结果等,因此又被称为动态库或工作存储器。

在这六部分中,专家系统的基础结构为知识库和推理机,这两个部分使得专家系统能够模仿专家的思维去判断解决相关事情,从而获得专家水平的结论。

(4) MVC 设计模式

设计模式代表了最佳的实践方式,通常被有经验的面向对象的软件开发人员所采用。设计模式是软件开发人员在软件开发过程中面临的一般问题的解决方案。这些解决方案是众多软件开发人员经过相当长的一段时间的试验和错误总结出来的。MVC 模式代表 Model-View-Controller(模型-视图-控制器)模式,Model

（模型）代表一个存取数据的对象，它也可以带有逻辑，在数据变化时更新控制器，View（视图）代表模型包含的数据的可视化，主要负责视图的展示，Controller（控制器）作用于模型和视图上，控制数据流向模型对象，并在数据变化时更新视图，使视图与模型分离开[64]。MVC 设计模式的好处在于可以将前台展示界面与后台业务逻辑解耦合，两者之间通过控制器来进行调度，前台展示界面开发人员只需要关注界面开发即可，后台业务逻辑开发人员只需要关注业务逻辑开发。让整个系统开发过程更加高效便捷。这种模式大量用于应用程序的分层开发，如今还在被大规模使用，也是基于 JavaEE 的 Web 应用开发的首选模式，这种设计模式十分适合本课题项目的系统开发工作。

（5）SSM 框架

SSM 框架是由 Spring，SpringMVC 和 MyBatis 三个开源框架整合而成的框架集，是目前比较主流的 Java EE 企业级框架，适用于搭建各种大型的企业级应用系统[65]。Spring 是从实际开发中抽取出来的一个轻量级控制反转（IoC）和面向切面（AOP）的容器框架，它完成了大量开发中的通用步骤，留给开发者的仅仅是与特定应用相关的部分，从而大大提高了企业应用的开发效率。它是为了解决企业应用开发的复杂性而创建的。Spring 的作用就是完全解耦类之间的依赖关系，一个类如果要依赖什么，那就是一个接口，至于如何实现这个接口，这都不重要了。只要拿到一个实现了这个接口的类，就可以轻松地通过 XML 配置文件把实现类注射到调用接口的那个类里，所有类之间的这种依赖关系就完全通过配置文件的方式替代了。在 Spring 中，一切 Java 类都是资源，而资源都是 Bean，容纳这些 Bean 的是 Spring 提供的 IoC 容器，从简单性、可测试性和松耦合的角度而言，任何 Java 应用都可以从 Spring 中受益。Spring 框架总结起来有以下优点：（1）低侵入式设计，代码的污染极低。（2）独立于各种应用服务器，基于 Spring 框架的应用，可以真正实现"一次编写，到处运行"的承诺。（3）Spring 的 IoC 容器降低了业务对象替换的复杂性，提高了组件之间的解耦。（4）Spring 的 AOP 支持允许将一些通用任务如安全、事务、日志等进行集中式管理，从而提供了更好的复用。（5）Spring 的 ORM（对象关系映射）和 DAO（数据访问对象）提供了与第三方持久层框架的良好整合，并简化了底层的数据库访问。（6）Spring 的高度开放性，并不强制应用完全依赖于 Spring，开发者可自由选用 Spring 框架的部分或全部。

Spring MVC 是 MVC 设计模式的一种具体实现，是在 Spring 框架原有基础上增加的一个 Web 模块，将 Web 层进行职责解耦。Spring MVC 框架的主要构件包括前端控制器（Dispateher Servlet）、处理器映射器（Handler Mapping）、处理器适配器（Handler Adapter）、处理器（Handier）、视图解析器（View Resolver）、视图[66]。Spring MVC 分离了控制器、模型对象、过滤器以及处理程序对象的角色，这种分离让 Handler Mapping（处理器适配器）、View Resolver（视图解析器）等能够进行非常简单的定制。在 Spring MVC 中的模型都是由 POJO（简单的 Java 对象）对象组成，无需继承框架特定 API，可以使用命令对象直接作为业务对象。

MyBatis 是一个基于 Java，可以自定义 SQL、存储过程和高级映射的持久层框架。MyBatis 摒除了大部分的 JDBC（Java 数据库连接：用于执行 SQL 语句的 Java API）代码、手工设置参数和结果集重获，将 SQL 语句的参数与输出映射为类[67]。MyBatis 只使用简单的 XML 和注解来配置和映射基本数据类型、Map 接口和 POJO 到数据库记录。它的使用解决了与数据库建立联系这一问题，也更好的分离了数据库和应用程序中使用的不同对象模型，同时为 Spring 提供稳定可靠的数据库存储和查询服务。Mybatis 架构主要分成三层，分别是 API 接口层、数据处理层、基础支撑层。API 接口层负责为上层服务提供各种功能的 API 接口来操作数据库中的数据。数据处理层负责处理对数据库的操作，对接口层请求进行参数映射、SQL 解析、SQL 执行和处理结果和映射。基础支撑层主要是提供基础服务，所有的核心功能都集中在这一层，包括基于 XML SQL 语句配置、基于注解 SQL 语句配置、事务管理、连接池管理、缓存机制等。

（6）Java 与 JavaScript

Java 语言是在 1995 年由 Sun 公司推出的面向对象的高级程序设计语言，已经更新到 Java 13，如今已经成为全世界最为流行的编程语言之一。Java 语言继承了 C++语言优点的同时抛弃了多继承、指针、运算符重载、虚拟基础类等复杂的概念，成为了一门十分强大、简洁且严谨的语言，深受广大开发人员的喜爱。

Java 最大的优点就是与平台无关性，真正能够实现"一次编写，到处运行"的高移植性特点，利用 Java 语言写出的程序不需要任何修改就可以在 Windows、Linux 和 MacOS 等平台上运行[68]。Java 利用内置的 JVM 虚拟机机制来消除平台差异性带来的影响，程序员编写的源码经编译器编译转化为字节码，字节码被加载到 JVM，由 JVM 解释成机器码在计算机上运行，并不需要关注计算机底层。Java 语言也非常适合用于 Internet 分布式系统的开发，能够直接处理 TCP/IP 协议，通过网络编程接口如 URL 等可以做到访问网络资源如同访问本地文件资源一样方便。Java 还支持多线程,允许进程内部多个线程同时工作,使程序拥有更好的交互性、实时性,提高了程序运行的效率。如今伴随着 Java 产生的应用场景和生态都是十分成熟的,在企业级开发(J2EE)中拥有 SSM 框架、Spring Boot、Spring Cloud、JPA 等,客户端(J2ME)开发拥有安卓生态,大数据开发中拥有 Spark、Hadoop 等。

JavaScript 语言是一种面向对象的脚本语言(无需编译即可执行),是 Web 的编程语言,所有现代的 HTML 页面都使用 JavaScript[69]。JavaScript 和 Java 没有任何联系,两者是完全不一样的语言。在 Web 前端页面制作中需要 HTML(超文本标记语言)定义网页的内容,CSS(层叠样式表)规定网页的布局,JavaScript 实现对网页行为进行编程。JavaScript 是采用事件驱动的脚本语言,不需要服务器的支持,便可直接响应用户的输入。在访问一个页面时,用鼠标在 Web 页面上上移下移点击都可以通过 JavaScript 对其进行响应。JavaScript 已经被广泛用于 Web 应用开发,用来为网页添加各式各样的动态功能,为用户提供更流畅美观的浏览效果。JavaScript 的运行不依赖于操作系统,由平台上的浏览器负责执行,目前绝大多数的网页浏览器都是支持 JavaScript。JavaScript 因其脚本特性、基于对象、动态性、跨平台性等特点受到开发者们越来越多的关注,成为当今 Web 前端最为主流的编程语言。

(7) Eclipse 开发平台

Eclipse 是一款完全由 Java 语言编写的开源集成开发工具[70]。Eclipse 最大的特点是扩展性很强,拥有丰富的插件,支持多语言多框架开发,开发者可以根据需求安装对应的插件进行项目开发工作。最重要的是这款强大的开发工具是免费的,而且不需要安装,前提是已经部署了 Java 环境。

(8) Tomcat

Tomcat 是 Apache 授权下的一个非常流行的开源 Java Web 服务器[71]。Web 服务能够被网络上的远程使用者使用就需要一个可以部署 Web 应用的 Web 服务器,用来响应页面的访问请求。Tomcat 是 servlet 程序的容器,且同时具备 Web 服务器的功能,运行时占用的系统资源小,扩展性好,支持负载均衡与邮件服务等开发应用系统常用的功能。servlet 是 Java 编写的服务器端程序,也是提供能够被别人访问自己写的页面的一个程序,是专门用来处理网络请求的一套规则,专门用来浏览和生成数据。servlet 的出现就是弥补以前 Web 服务器只能访问静态资源的问题,有了 servlet 我们就可以通过浏览器与服务端进行动态交互了。

(9) 虚拟化技术

云计算离不开虚拟化,虚拟化技术的出现促进了云计算的发展,服务器虚拟化是云计算基础平台的核心部分[72]。服务器虚拟化技术是将服务器的硬件资源转换为逻辑资源,让 CPU、内存、硬盘、I/O 等硬件变成可以动态管理的"资源池",将一台服务器在逻辑上划分成多个服务器,每台虚拟服务器都是拥有完整服务器的所有功能,使用者可以根据自己的需求在虚拟服务器上安装不同的操作系统,部署应用程序,让我们不再受限于传统物理资源,各个虚拟服务器之间是相互隔离,互不干扰的。此外还有将多台物理服务器虚拟成一台虚拟服务器,以此来提高服务器的性能。通过虚拟化技术,能够更加高效地利用服务器资源,提高计算能力。

(10) 边缘计算

边缘计算起源于传媒领域,是指在靠近物或数据源头的一侧,采用网络、计算、存储、应用核心能力为一体的开放平台,就近提供最近端服务[73]。其应用程序在边缘侧发起,产生更快的网络服务响应,满足行业在实时业务、应用智能、安全与隐私保护等方面的基本需求。边缘计算处于物理实体和工业连接之间,或处于物理实体的顶端。

边缘计算具有更快的传输和响应速度,相对于云计算从终端到云端再到终端的传输,大大提高信息的传输效率。其摆脱了网络环境制约,让信息更加安全,也避免了数据上传到云端带来的泄露风险。同时,边缘计算将附近的运算资源调用起来,形成"中心＋分散"的形势,从而可有效提高资源利用率。

(11) 物联网

物联网(IoT,Internet of Things)即"万物相连的互联网",是互联网基础上的延伸和扩展的网络,将各种信息传感设备与互联网结合起来而形成的一个巨大网络,实现在任何时间、任何地点,人、机、物的互联互通[74]。物联网是新一代信息技术的重要组成部分,意指物物相连,万物万联。因此,通过物联网技术可以将水情、水质等传感器进行物联网组网传输,有效解决了传统组网方式的各种弊端。

(12) D2D 通信技术

在传统蜂窝网络环境下,在空间位置上相接近的终端可以通过复用小区内蜂窝通信频谱资源,在近距离范围内使用直连链路进行语音通信或者传输数据,不需要经由中心节点基站进行转发。因此可以有效地缓解基站的负载、提升蜂窝网络的频谱利用率、提升系统整体设备容量。这一通信方式与传统的蜂窝网络通信有较大区别。在传统蜂窝通信网络中,两个同等地位的蜂窝通信设备想要在相互之间进行通信,就必须通过中间节点进行转发,蜂窝网络中中间节点通常是基站。因此基站在整个通信过程中扮演着重要的角色。而在 D2D 通信中,每一个同等地位的 D2D 用户设备都具有发现其他 D2D 设备的能力,并且设备能够根据自己通信的需求去主动寻找发现对应设备[80]。在其复用的频谱资源频段内,所有设备都具有完整的发射和接收信号的能力。随着智能移动终端的持续发展,其性能大幅提升,将能够满足 D2D 通信过程中发现目标 D2D 设备,完成信息处理等操作的能力要求。所以,在 D2D 通信的整个过程中,D2D 用户设备充当了两个角色。即作为接收设备时充当传统蜂窝通信中的蜂窝用户终端,发现其他 D2D 设备时充当了基站的角色。因此,使用 D2D 技术甚至可以在没有基站信号覆盖的情况下,完成某些特殊场景下的紧急通信,或者实现特定情景下的数据传输和分享功能。在当下普及使用的第四代移动通信系统中,使用 TD-LTE 与 FDD-LTE 制式的通信网络相比较,前者改造升级成本较低。因此,具备上述各种条件的终端设备相互之间需要进行语音通信,或者是进行数据传输时,就可以使用 D2D 技术的直连链路,不再通过基站进行转发。可以有效规避大量用户设备接入网络时对基站造成的负担,有效地提升系统容量和数据吞吐能力。

(13) 4G/5G

第四代移动通信(4th Generation, 4G)系统包含的制式标准有由 TD-SCDMA 长期演进而来的 TD-LTE 标准,以及由 WCDMA 长期演进而来的 FDD-LTE 标准[81]。就我国 4G 商用的情况而言,蜂窝用户终端设备多使用高通、麒麟和联发科等芯片厂商研发生产的芯片,其能较好地支持 TD-LTE 和 FDD-LTE 两种制式的通信网络。来自工信部的数据显示,用户对移动通信带宽有着巨大的需求,并且保持着高速增长。第四代移动通信系统采用正交频分复用(Orthogonal Frequency-Division Multiplexing, OFDM)技术,支持使用多载波聚合技术(Carrier Aggregation, CA)。因此与第三代移动通信技术相比:无论是上行链路还是下行链路,信号的传输速率都有大幅提升。例如,在 TD-LTE 网络下,理论下行速率最高能够达到 100Mbps,同时上行速率能够达到 50Mbps。对于当下已开始部署的第五代移动通信技术(5th Generation, 5G),能够提供最高 20Gbps 的理论下行传输速率和 1Gbps 的理论上行传输速率[82]。而实际测试中,用户能够获得不低于 1Gbps 的下行传输速率。

（14）云计算

云计算是一个全新的服务模式，它将资源虚拟化、动态扩展，并作为一种服务在互联网上提供[83]。云计算改变了传统 IT 资源的提供和管理模式，实现了 IT 资源的集中共享，为传统用户提供了一种低成本的信息解决方案。"云"的概念是指将 IT 资源转化为虚拟资源池，用户可以像使用水、电一样按需使用 IT 资源，直接通过互联网实时扩展现有的功能和资源，从而从整体上充分提高资源的利用率。从普通用户的角度来看，云计算平台可以分为公有云、私有云和混合云。公共云已经部署在互联网上，由第三方运行提供，并在云服务器存储系统和其它基础设施中混合来自许多不同客户的分配。私有云是由单个用户拥有的，一般都建在企事业单位的防火墙内，与公有云相比，具有更高安全性的私有云能够满足企业整合现有资源、降低信息成本的需求。由于涉密等原因，部分企事业单位不会把所有数据都放在公有云上，它们中的大多数会采用混合云服务模式，即公有云和私有云两种服务的结合。

云计算根据三层模型来提供三种服务：IaaS（基础架构即服务），PaaS（平台即服务），SaaS（服务即服务）。

IaaS 将云端的计算、存储、网络等资源作为服务对外提供，用户可根据需求在服务上部署任何的软件和应用程序，用户不用关注和管理任何基础设施。

PaaS 将软件开发所依赖的开发环境作为服务对外体提供，抽象掉了硬件和操作系统细节，开发者只需要关注自己的业务逻辑，不需要关注底层。

SaaS 将部署在服务商平台的软件作为服务提供，用户可根据实际需要向服务商购买相应的软件服务。

云计算技术为当今通信网络技术的发展做出了巨大贡献，它改变了传统的数据分析和处理方法，为海量数据的存储、分析和处理提供了解决方案。云计算采用集中式控制，将各种虚拟化的资源统一存储在云数据中心，云数据中心为网络用户提供各式各样的服务。

（15）雾计算

雾计算的概念是由云计算扩展而来的，正好能解决云计算当前面临的一些不足[84]。思科公司首次提出了雾计算的概念，即在"云"层和终端设备之间引入"雾"层，"雾"层也同样拥有数据存储设备和数据处理设备。在雾计算网络中，雾节点拥有计算、存储和通信等能力,而这几种能力之间是可以相互影响和约束的。信息论领域的权威学者 T. Cover 曾指出:"通信是由计算约束的,而计算是由通信约束的。"计算能力的提升可有效卸载网络通信负载,而通信能力的提升正反馈于计算,带来更强的网络计算能力。因此,雾计算网络可以通过多个雾节点的计算及存储能力来解决无线信道传输能力的瓶颈问题,有效卸载核心网业务,从而获取无线网络性能的跳跃性提升。

与云计算的集中式计算方式不同,雾计算是新一代的分布式计算,顺应互联网"去中心化"的发展趋势。雾计算同样包含云计算所具有的计算、存储和网络传输服务等性能,除此以外它还有两个本质特征:第一,雾计算层距离终端设备很近,能够就近处理数据与应用,缩短了处理业务所需计算时间;第二,雾计算对数据进行分布式处理,在本地进行数据处理可以降低对网络带宽的需求,同时降低海量数据的存储需求。

(16) 无线传感器网络

无线网络一般可以分为两种,一种是需要建立固定基站的网络,如移动蜂窝网络必须通过大功率基站和高大的天线来支撑;另一种是无需基础设施的网络,如AdHoc 和 WSN 网络,独立于专门的固定基站,所有节点均采用分布式管理[75]。AdHoc 网络是一种无中心的、多跳的无限自组织网络,网络中每个节点都是快速移动的,并且能够以多种形式与其他节点保持动态联系。而 WSN 网络作为一种分布式传感器网络,其终端节点是大量能够感受和监测外部事物的传感器终端节点,通常处于静止或缓慢移动的状态,这些传感器节点之间会以自组织和多跳的形式通过无线通信技术相连接,所以网络系统更具灵活性和动态性,不仅如此,还能通过有线或者无线的方式和互联网进行连接,达到远程监控的目的。除了具有低功耗、高可靠性、容错性好、自组网等自身特点之外,网络的部署也很方便,不需要大量布线、安装维护费用以及固定基站的建立,节省了开发成本;其次,网络的自组织性使得节点拥有自我配置的能力,有利于扩展,把现有的监控范围拓展到相邻范围中去。最后,由于环境、设备自身因素造成的单个传感器节点的故障,或者存在新节点的加入,整个网络都能够适应,并做出动态的变化。因此,无线传感器网络十分适应于水域环境的监控需求,具有广泛的应用前景和开发意义。

无线传感器网络结构主要分为三部分:管理节点、网关节点和传感器节点。在监测范围内,大量传感器节点之间通过点对点模式进行通信,并根据通信协议以自组网的形式构成了一个局域范围内的传感器网络。网络中每个节点理应具有信息采集和数据融合转发两种功能,将检测到的数据经过初步处理后,沿着路由节点以多跳中继的方式,或者直接传输到网关节点进行汇总,然后再通过移动蜂窝网络、卫星等技术上传到管理节点。远程用户便可以通过操作管理节点,实现对监测范围内的传感器节点的远程监管和配置。

传感器节点是 WSN 网络中的基本功能单元,是一种微型的嵌入式设备,因其功耗和成本的限制,导致处理器的功能偏弱以及存储器容量不高,所以一般情况下传感器节点对于数据处理的要求并不高。但这并不意味着传感器节点的作用不高,网络中的每一个节点都同时具备着信息采集、转换、数据的初步处理,应答汇聚节点,转发来自其他节点的数据等多个功能。

网关节点与传感器节点不同,不具备数据采集模块,一般情况下只需要通信、处理器和电源三大模块。作为整个网络的协调者,网关节点将大量传感器节点与管理节点相连接,负责监控范围内传感器网络与互联网等外部网络之间的信息转换,在物联网的运作中占有着重要的地位。于是,就需要网关节点具有功能强大的处理器,从而实现复杂数据的处理、存储、转发以及对远程管理节点指令的响应等功能。

管理节点处于整个无线传感器网络的最上层,负责整个网络的管理和配置工作,中心站用户可以通过该节点实现对测站数据的远程监控和查询,不仅如此,还能够对远程设备下发指令实行控制。

（17）无人机通信

5G 时代的到来使得移动通信技术发展日益成熟,其覆盖范围广、通信速率高、时延低等优点为无人机的通信发展提供了有利条件。无人机通过将嵌入式系统与通信设备、计算模块和控制模块集成在一起,使得无人机网络可以从数据感知、信息交换、决策制定到最终执行形成一个闭环[76]。无人机作为物联网和 5G 网络的重要组成部分,与传统的固定基础设施通信相比,具有部署灵活、可控制移动性和附加的自由度等突出特点,不仅可以为地面用户提供低延迟、高可靠性的数据传输,也可以为计算能力有限的物联网设备提供弹性计算服务。无人机无线通信已经成为未来无线通信系统中一项很具吸引力的技术。

（18）LPWAN

LPWAN 是一种低功耗的无线通信广域网,能够以较低的数据速率覆盖更远的通信范围,非常适合于许多大规模物联网场景的部署,目前已被应用于多个领域,如智能水利、智慧工业、智慧城市以及智慧农业等[77]。其主流技术包括 LoRa、NB-IoT、eMTC 等,其中 NB-IoT 与 eMTC 都属于授权频段,与蜂窝网络类似,由运营商主导且具有专门的通信通道,使用过程中需要额外的付费。而 LoRa 通信工作在 1GHZ 以下的免费频段内,包括 433 MHz、868 MHz 等,其基于 ALOHA 的异步通信协议更具灵活性,可以根据不同的应用场景进行睡眠时长的调节,非常适用于小规模网络的部署,适合水利区域性监测。通常情况下,传输速率可达 300kbps,传播距离在城市中约为 1～3 km,郊区甚至达到 5 km 之远,最高能容下 5 000 个终端节点,理论上可以实现水域较大范围内的数据传输。

由于无人机自身网络拓扑结构的动态变化、网络环境变化快以及信道质量变化大等特性,与传统地面通信系统相比,无人机通信系统存在很多新的技术难点与挑战。(1)需要更有效的资源管理和特殊的安全机制。除了地面系统中的常规通信链路外,无人机通信系统还需要满足 CNPC 以及有效载荷通信的需求,以支持实时控制和避免碰撞等安全功能。(2)需要设计多无人机协调确保可靠、持续的网络连接。无人机系统高移动性的特点使得其网络拓扑稀疏且连接断断续续。(3)需要提出智能能源感知型无人机部署方案和运行机制。无人机的大小、重量等约束条件,限制了无人机的通信、计算和续航能力。(4)需要研究专门针对无人机辅助蜂窝网络的干扰管理技术。无人机缺乏固定的回程链路和集中控制功能。

(19) LoRa

LoRa(Long Range Radio)属于低功耗广域网通信技术中的一种,是由美国升特公司开发和推广的一种基于扩频调制的无线传输技术,该技术打破了以往远距离传输与低功耗无法共存的弊端,向用户展示了一种最大程度实现超远距离传输、超长使用周期的大容量系统,到目前为止在全球范围内已被广泛地应用[78]。其工作频率主要分布在低于 1 GHZ 的 ISM 频段(非授权频段),我国常用的频段包括 433 MHz、470 Hz～510 MHz、780 Hz,欧美地区国家通常使用 868 Hz 以及 915 Hz 的频率,除此之外的频率因为不能很好地支持 LoRa 开发所以不常使用。LoRa 结合了扩频调制、FEC 以及数字信号处理等技术,结合其覆盖范围、功耗以及开发成本等相关指标,可以发现其主要优势有如下几点:

1) 传输距离远

LoRa 技术将扩频通信与传统 GFSK 调制结合在一起,拥有高达 −148 dBm 接收灵敏度和超强信噪比。一般,在野外空旷的地区,若信噪比增加 6 dB,那么传输距离就会变成原来的两倍,而 LoRa 的信噪比较传统 GFSK 调制信噪比高出28 dB,其传输距离也相应地增加。在建筑物较多的城市区域,LoRa 的传播距离通常为1~3 km,而在空旷的郊外地区,其通信距离最高可以达到 5 km 左右。在相同的功耗条件下,与其他无线方式相比,LoRa 具备超长距离的通信范围既实现了低功耗和远距离的兼得,还能够减少系统中继设备的使用,从而简化了系统降低了开发成本。

2) 低功耗

LoRa 的低功耗操作模式可以使得其在不同的工作之间来回切换,并保持较低的功耗。LoRa 通信时,因其扩频调制技术与多状态 FSK 调制十分相似,能量可以扩散到更宽的频段内,所以它保持了与 FSK 调制相同的低功耗特性。同时又具备 1 K~3 000 Kbps 的低数据传输速率,在接收状态时其电流仅为 12 mA,在发射状态时,若发射功率为 20 dB,则电流一般为 120 mA。LoRa 进入睡眠状态时,电流消耗小于 200 nA。如此便延长了电源的使用周期,常年不用更换供电设备。

3) 抗干扰能力强

在扩频调制中,扩频因子值越大,传输数据的误码率就会越低。通常情况下,LoRa 的扩频因子可以达到 6~12,大大增加了接收信号的可靠性。不仅如此,扩频因子通过 OVSF 可以得到正交的扩频码,使得不同扩频序列的终端,即使处于相同的频率同时传输无线信号也不会互相干扰,提高了利用效率。

4) 低成本

拥有免费的 ISM 频段,不需要额外的频谱费用;属于轻质网络,无需复杂的辅助设施以及后续的运营费用;网络建设的成本低,终端模块成本小于 5 美元,集中器成本小于 30 美元,室外的基站成本大致在 500~1 500 美元,这相比于蜂窝网络,成本有了很大的优化。

8.4　河长制信息化重点建设项目

8.4.1　数据采集体系

（1）建设目标

综合利用物联网、遥测、遥感和移动采集等技术和手段,整合已建的信息采集系统,改变以往建设多个独立信息采集系统的布局,建设覆盖全县、布局合理、功能齐全、有效共享的河长制信息采集体系,满足河长制各类业务应用需求、类型充足、正确、时效性强的统一信息资源体系。

(2)建设任务

在现有系统的基础上,提高河长制相关信息采集范围和实时采集能力,完成石泉县全县的中小河流、中小流域、中小水库水文和水雨情信息采集,完善以水源、取水、输水、供水、用水、耗水和排水等水资源开发利用各个主要环节的监测以及所辖河流的控制断面的水文水质监测,加强对饮用水源地、大型取水用户、地下水、水功能区等重点监测水域的在线信息的采集能力,加强水土流失、生态环境、水土保持的信息采集建设,加强农村水文水质信息采集建设,建设一体化数据采集平台。

(3)建设内容

1)遥测及监控站点建设

① 在现有基础上,进一步完善汉江各条支流水情遥测站点建设。

② 完善水源地水质自动监测系统建设。

③ 完成重点水土流失地区的观测场(站)建设。

④ 完成主要街道、低洼地区的涝情自动监测系统建设。

2)数据采集平台的建设

目前,水利信息已建有不少自动化数据采集系统,这些系统对于提高数据的采集效率和准确性发挥了巨大的作用。但由于受建设资金和技术的限制,各种自动化数据采集系统标准不一,导致集成困难,影响了水利信息的共享。

在分析现有各种水利自动化数据采集系统的基础上,设计能集成已有的各类水利数据自动采集系统,支持动态扩展和分层部署的一体化数据采集平台,该系统可实现各种水利自动化数据采集系统的集成,提供统一的运行管理平台,实现信息共享。

(4)实施要点

1)水文遥测站建设

水文遥测站点遵循统一规划和技术标准,由相关部门分别建设,并负责日常运行维护。县城区主要街道、低洼地区的城区涝情自动监测系统的建设应充分利用已建的系统,并作适当的补充。

水文遥测站点的建设应严格按照《水文自动测报系统技术规范》(SL 61—

2015)、《地下水监测规范》(SL 183—2005)、《水土保持监测技术规程》(SL 277—2002)等标准实施。数据传输规约必须公开,以利于集成。

2)平台建设

数据采集平台进行统一建设,并部署到相关的部门。

8.4.2 视频监视系统

(1)建设目标

建设重点水利工程、重点水域及水源地的实时视频监视系统,使得河长制相关部门的相关人员及时了解工程和相关水域的现场情况,为相关工程管理和行政执法提供帮助。为方便移动办公,建设移动视频监视系统,为应急响应提供及时、准确的现场情况。针对河长制的监控需求,主要实现以下目标:

1)能够对河长制有关的重要水利工程的重点区域进行实时监控,监控录像能够长时间保存,并进行至少1年的视频备份。

2)实现视频监控系统的多级平台级联,明确各级权限,上级平台能够对下级平台及所辖监控点进行管理,能够按时按地查询调阅所有相关录像。

3)采用智能化视频设备,能够实现智能主动监控,监测可疑人员和可疑事件的发生。

4)定期高频率地采用无人机对监控死角进行巡查监控,相关巡检视频做好至少1年的备份保存。

5)能够对河长制有关的重要水利工程及水域的水位状况、闸门开启度等进行实时准确的监控,具备在发生紧急情况时报警并联动相关系统的能力。

6)整合河长制有关的重要水利工程内门禁、安全防范、火灾报警等系统,实现集中监控的目的,便于统一管理。

7)对河长制有关的重要水利工程管理场所的人员、车辆进行管理,对进出与河长制有关的重要水利工程内各操作、管理室的人员进行管理。

(2)建设任务

与河长制有关的重要水利工程视频监控系统由各级监控中心、前端监控站、无人机监控系统和后端处理器组成。在河长制有关业务部门、水利有关部门、防汛抗旱指挥中心以及重要的水利枢纽分别设置监控中心,在前端水域和水利工程管理等单位设置监控站。监控中心、监控站、无人机监控通过传输网络连接,构成一个多级联网的视频监控系统,如图 8-3 所示。

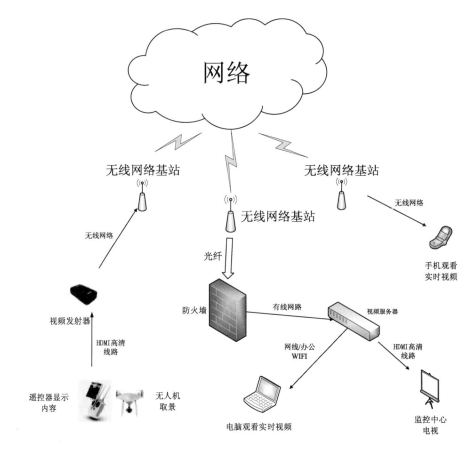

图 8-3 监控网络

前端监控站作为整个视频监控系统的第一线,负责对视频图像的采集、编码、传输以及报警信号的采集[79]。

监控中心负责对所辖区域内前端监控点视频图像、报警信号的汇聚,并转发给相关单位及上级部门,同时对重要的录像和报警进行备份[85]。中心有权对前端系统实施管理、控制,能够调阅前端录像、控制摄像机云台操作等。大屏显示系统能够对前端采集的图像解码上墙,以轮巡、拼接等方式呈现。

上级监控中心对视频监控系统内所有下级中心和前端监控站进行监管,能够调阅系统内所有监控点的录像和备份的重要录像,并通过流媒体转发给相关权限人员。平台预留有通信接口,用于和上级平台的对接。

　　无人机监控作为辅助使用,对于存在的一些监控死角可以用无人机进行巡查监控,也可以在执法人员进行巡河时使用,完成快速取证。无人机航拍的视频可以实时传输到监控中心,完成对信息的采集[86]。

　　（3）建设内容

　　1）前端系统设计

　　前端系统主要由视频监控系统、音频系统、安全防范系统、火灾报警系统、网络设备等组成,实现对自然水域和水利工程现场音视频及各种入侵报警、火灾报警信息采集、处理、监控等功能。

　　视频监控系统包括常规视频监控及智能视频分析。音频系统包括监听、广播及语音对讲。安全防范、火灾报警等子系统通过前端视频处理单元进行接入,如图8-4所示。

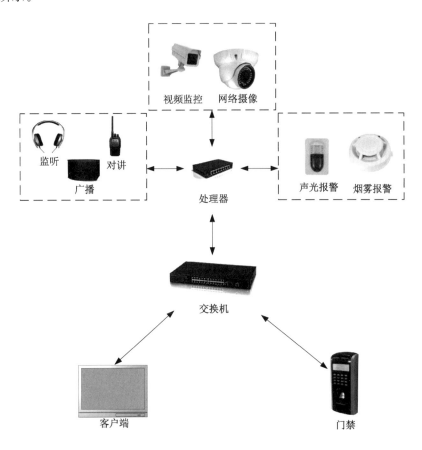

图 8-4　前端系统拓扑图

2）监控中心设计

监控中心是所在地区所有前端监控站的汇聚点，负责配置管理所在地区监控点的设备，能够调阅区域内所有监控点的图像信息，并接收由所辖区域上报的告警等信息。根据实际需求，可在监控中心部署集中存储，作为对部分重要录像的备份。监控中心对系统的视频、数据等进行转发，满足用户的观看需求。监控中心配置有级联服务器，能够和上下级平台实现对接。

3）无人机监控系统

无人机通过遥控操作或自主巡航来实现，通过摄像头采集视频数据，直接传输至视频采集设备，视频采集设备对数据进行转换编码压缩，通过接口输出，传输至地面控制站内的路由器，地面控制站内计算机可通过路由器获得压缩后的视频流，通过安装在地面控制站内的各个计算机上的视频显控软件，对获取的视频流进行解压显示。

（4）实施要点

水利视频监控系统应具备如下功能：

1）实时视频监控

通过客户端和浏览器可以实时掌握水利工程现场的一切情况，对所辖区域的任一摄像机进行控制，实现遥控云台的上/下/左/右和镜头的变倍/聚焦，并对摄像机的预置位和巡航进行设置，控制应具有唯一性和权限性，原则上同一时间只允许一个高权限用户操作。

2）智能视频分析

通过智能视频设备，支持穿越警戒面检测、进入离开入侵区域检测、物体快速移动检测、大型物体落水检测、水面漂浮物检测、徘徊检测、人物聚集检测等应用。针对监视目标进行实时检测并按照用户设置的预案触发报警，发生入侵或违法行为后，系统能对非法目标实现移动跟踪[87]。除了行为分析外，系统还可通过智能车牌识别功能对河长制有关的重要水利工程的来访车辆进行识别，已登记车辆自动开启门禁放行，未登记车辆联动报警并抓拍记录[88]。

3）第三方系统整合

河长制有关的重要水利工程在建设时及投运后，会陆续部署一些系统，比如门禁、安全防范、火灾报警等系统，这些系统大都独立运行，给管理维护带来不便。为实现智能化控制，需要把第三方系统整合至水利视频监控系统，实现远程控制功能，并制定联动预案，可以有效提高系统高效性，实现智能化[89]。

4）预案系统

通过现场设备和平台软件对各子系统进行关联，制定联动预案。当安全防范或火灾报警设备被触发时，有预置功能的摄像机还能自动转到预置点，按需设置联动录像功能，同时联动灯光装置，对目标位进行照明，预设的报警能弹出窗口，配合电子地图显示[90]。

5）语音功能

客户端主要有语音对讲和语音广播功能。通过语音对讲，上级管理部门和河长制有关的重要水利工程工作人员可以进行沟通。通过语音广播，工作人员可对现场工作进行指导，对非法闯入人员或违法行为进行警告[91]。

6）电子地图

支持 JPEG、BMP 格式位图的导入和显示，可导入河长制有关的重要水利工程的平面图，在平面图上添加关联设备，并在电子地图上实现远程设备控制，设置报警图标闪烁等功能[92]。

7）录像回放

对监控视频进行实时存储，记录告警前后的现场情况，记录与河长制有关的重要水利工程内设备操作、事故检修过程；通过网络调用回放录像，提供事故发生时的资料，为事故分析和事故处理提供帮助，并为事故处理和标准化作业教学提供宝贵的资料[93]。

8）远程配置维护

系统提供远程访问功能，管理员不必到达设备现场，就可修改设备的各项参数，实现校时、重新启动、修改参数、软件升级、远程维护等功能，提高设备维护效率[94]。

9）B/S方式访问

MIS 用户通过 B/S(Brower/Server)方式访问系统，B/S 方式采用标准的 HT-TP 协议，具有很强的开放性和兼容性，完全能融合在系统现有网络中。通过标准的 IE 浏览器，相关负责人和管理人员可根据不同的权限对系统进行配置及监控，操作界面全部为中文可视化界面，使用方便[95]。

8.4.3　传输网络设计

（1）建设目标

将自动采集的水质、水雨情、视频监控等信息进行高效、及时的传输。

（2）建设任务

采用 Zigbee、LoRa、NBIot 等物联网技术、无线 4G/5G 网络、有线 Internet 网络、卫星通信等技术组成一体化网络进行水利信息的传输。

（3）建设内容

建设以水情、水质等各类传感器及摄像头设备为核心，采用 Zigbee、LoRa、NBIot 等物联网技术、无线 4G/5G 网络、卫星通信有机互补的通信网络体系架构，形成空天地一体化网络架构，实现数据的随时随地传输。

（4）实施要点

接入网络种类多，传输距离远，需要进行异构组网。组网需要具有开放性、兼容性和扩展性。网络应支持多种不同类型的设备接入，用户、监控点可方便地增减。需要带宽保障，利用边缘计算等先进技术使传统的本地录像经过数据处理后在网络上传输，从而促使海量数据传输转存成为可能。同时，多种网络异构融合的架构方式需要高安全性的保障，需要多种网络安全机制的协同运转。

8.4.4　数据中心

（1）建设目的

以信息资源交换和共享为目的，建设集水利数据存储、管理、交换、发布与应用服务等功能于一体的石泉县水利数据中心。对数据资源进行统一管理，并提供统一的访问服务，以及为业务应用系统的开发和运行提供支撑，实现信息资源的高度整合和共享。

（2）建设任务

参考国家部委对数据中心建设的基本技术和标准要求，建设石泉县河长制数据中心，完善石泉县河长制数据库的建设，完成信息的共享与交换系统、信息服务与发布系统、安全备份等系统建设。

（3）建设内容

1）数据库建设

建设河长制基础地理信息数据和高分辨率遥感影像，开展河长制业务部门的河长制地理空间信息的采集，进行与河长制信息化有关的基础地理信息数据的更新，完善河长制信息化的地理空间数据库。同时应加快对现有数据库的完善工作，特别是人工采集数据的整理和录入工作[96]。

结合业务应用系统的建设,完善专业数据库的建设,特别是防汛抗旱数据库、水情水质数据库、农村水利管理数据库、水土保持数据库、水利工程建设管理数据库、水利工程运行管理数据库、水政监察数据库、行政办公数据库等专业库的建设。

2)数据维护系统

依据数据中心各类数据库结构标准和数据库维护管理要求,研制数据库维护管理系统,开发数据搜索定位、数据显示预览、数据筛选排序、数据编辑维护、数据验证校核、数据统计分析、数据导入导出、数据库系统性能监测等维护与管理功能,涉及数据库查询预览、数据库数据维护、数据库系统维护等三个功能层次。

3)数据管理系统

数据管理系统包括元数据管理、目录服务、质量管理、使用管理和安全管理等内容。元数据管理主要包括元数据的录入、元数据查询、元数据的上传和元数据审核等四个功能。其中元数据录入与元数据上传是元数据生成的两种不同途径,元数据查询模块实现对已注册元数据的管理功能。元数据审核用于管理员对已注册的元数据的审核功能。目录是元数据所属分类的聚合,每条元数据根据其内容的不同,在进行注册时需要挂到不同的目录节点下。用户在检索元数据时,目录提供对元数据的快速分类查找。目录服务实现对系统目录的创建、编辑和删除等功能,并提供各种灵活的数据查询服务,如组合查询、分类查询、时空查询以及公开目录查询等。性能管理是对数据资源性能进行有效的管理,主要包括性能测试、性能分析和性能控制等功能。对数据资源的使用状况进行管理,主要包括使用日志生成、日志查询、统计分析等功能。数据资源的安全管理主要通过统一的身份论证和访问控制来实现,也包括数据的备份和恢复等。

4)数据交换系统

在相关标准体系的框架下,开发数据交换系统,以满足现有系统与上级各管理部门系统对接,主要包括数据抽取、数据集成、数据规约、数据装载等。数据共享交换系统可实现各级水利部门水利数据、空间数据的共享和交换,为各级水利部门实时掌握河长制信息提供高效的信息共享服务[97]。

5)智能数据处理

综合利用预报、调度、评估等专业模型,使用数据仓库、数据集市、数据立方、数据挖掘等智能数据处理技术,依据河长制业务应用系统的需求,对各类原始数据进行处理和加工,为河长制业务应用系统提供所需的专题数据和知识[98]。

6）数据访问服务系统

数据访问服务系统基于 SOA 结构，使应用程序可以透明地访问数据库，解决异构平台、异构环境、异构数据库的统一访问、统一存取。数据访问服务系统主要由一组数据库访问中间件组成，数据库访问中间件的应用程序接口将应用程序语言转化为可被目标数据库理解的语言，在目标数据库中进行查询，将结果集转化为应用程序可以理解的格式，然后通过网络返回到应用程序[99]。

因此，数据库访问中间件提供一组数据库访问 API 以及数据库引擎选择、访问请求解析、数据库操作生成、转换并返回操作结果等功能，支持各项业务应用程序通过数据库访问中间件定义良好的 API 访问数据库服务器。

7）应用支撑平台

应用支撑平台面向水利各类应用系统提供基础服务和通用的应用服务功能，实现软件构件高度复用的目标，为整个应用系统的高可用性、灵活性、可扩展性、安全性、稳定性以及其他性能指标等提供基础保障。

应用支撑平台分为资源管理、基础服务、应用支撑等三个层次。其中，资源管理层主要提供的服务包括统一的数据访问接口、数据抽取、数据字典服务等；基础服务层主要提供数据查询、数据交换服务、消息服务、目录服务、服务管理、用户管理和安全服务等；应用支撑层主要包含了与业务应用紧密相关的各类服务，它所提供的服务包括：空间信息服务（含电子地图服务和遥感信息服务）、数据分析服务、数据展现服务和告警服务等。

8）灾备中心

建立数据灾备中心，实现数据灾备[100]。

（4）实施要点

根据服务级别数据中心可以分为单级、多级数据中心。单级数据中心即指单位以大集中方式进行数据中心建设，整个单位只设立一个数据中心；单位以多层次、分布式建设的数据中心是多级数据中心，总部成为一级数据中心，直接下级单位为二级数据中心，再下级单位为三级数据中心，以此类推。目前，单位数据中心部署以单级和两级数据中心为主。根据石泉县水利局数据交换和共享的实际需求以及数据中心建设技术的发展，建议采用一级数据中心建设方案。

由于数据中心是实现信息资源共享的核心，除数据库中的数据和应用支撑平台中的业务逻辑组件外，所有的内容都必须集中建设。

数据中心建设必须遵循水利部公布的《水利数据中心建设指导意见》和《水利数据中心建设基本技术要求》。

数据中心针对不同的共享需求提供不同的共享方式,信息查询服务通过门户实现,定制信息服务通过申请、审批、发布的方式实现,业务应用系统访问数据通过统一的数据访问中间件实现。

8.4.5 系统访问界面

(1)建设目的

建设简单易用的系统访问界面,为石泉县河长制所有工作人员提供一站式的、个性化的系统访问。

(2)建设任务

建设集成所有业务应用系统的石泉县水利内网门户;建设集信息发布和公众服务为一体的石泉县水利外网门户。

(3)建设内容

1)内网门户

开发石泉县水利内网门户,提供单点登陆、界面和功能定制等功能,并可通过门户方便地使用所有业务应用系统的功能。

2)外网门户

开发石泉县水利外网门户,提供用户注册、用户登录、信息发布、信息查阅、网上交流等功能。

(4)实施要点

综合利用门户技术、地理信息系统、虚拟现实等开发内、外网门户等。

8.4.6 业务应用系统

(1)建设目标

在现有河长制业务应用系统的基础上,对照河长制信息化的要求,建设覆盖河长制信息化业务的主要应用,满足河长制工作人员日常业务工作各类系统,为河长制管理和决策提供全面的支持。业务应用系统需遵循统一架构模式,严格按照MVC模式进行设计,提供一站式的、个性化的系统访问。

（2）建设任务

完善已有与河长制信息化平台有关的防汛抗旱指挥系统、水质监测系统、水利工程监视系统等系统的建设，完善水资源管理系统、电子政务系统的建设，开展河长制相关的农村水利、水土保持、工程管理、专题信息服务系统等业务系统的建设，最终建设集成所有河长制业务应用系统、集信息发布和公众服务于一体的河长制信息化平台业务系统。

（3）建设内容

1）防汛抗旱指挥系统

继续完善防汛抗旱指挥系统建设，完成防汛抗旱监测预警系统建设、城市防洪系统建设、防汛应急响应系统建设、洪水预报和防洪调度系统建设、防汛异地会商系统建设、防汛信息管理系统建设。全方位支持防汛抗旱日常业务、城市防洪、应急处理等需要，灵活适应固定终端、智能移动终端等多种接入方式，扩展防汛抗旱范围到乡镇，提高会商能力加强安全保障，推广应用到所有重点防洪工程（包括重点中小河流、中小流域、中小型水库），推进旱情监测和分析处理，提高洪水预报精度和优化调度方案，深化业务应用水平[101]。

2）水资源管理系统

进一步完善水资源管理系统的建设，以水资源配置、节约和保护为重点，强化用水需求和用水过程管理，建立严格控制用水总量、全面提高用水效率、严格控制入河湖排污总量三大监控体系，提高水资源监测能力，全面满足最严格水资源管理和高效利用的实际需要。实现突发性水污染事故的动态监控系统。开发包括水资源评价、规划、配置、应急处理的辅助决策支持系统，实现水资源实时评价、来水量预报、需水量预测等。建成覆盖全县对接国家省市各层级的水资源管理信息系统[102]。

3）农村水利管理系统

紧紧围绕农田水利基本建设、农田灌溉排水和农村供水三大核心任务，建设统一的农村水利管理信息系统，实现覆盖农村水利全行业的基础数据采集和定期更新，实现重要数据的实时监测采集。建设包括农村饮水安全、农村水利基本建设、大型灌区、中型灌区、小型农田水利、节水灌溉、泵站与农田排涝、雨水集蓄利用和中低产田改造等数据的农村水利数据库。建设面向农村饮水安全、农村水利基本建设、大型灌区建设与管理、中型灌区建设与管理、小型农田水利建设、节水灌溉、泵站建设管理与农田排涝、雨水集蓄利用和中低产田改造等业务的项目管理系统[103]。

4）水土保持管理系统

建设完善水土保持监测管理系统，实现水土保持信息采集，水土保持监测信息处理，水土保持规划设计支持，水土保持方案编制，水土保持工程管理决策支持，水土保持监督执法，水土保持效益评价，滑坡、泥石流预警决策和水土保持综合信息管理等功能。

5）水利工程管理系统

为了对各类水利工程运行情况进行全面管理，完善水利工程运行管理系统。对已建工程的基础数据、实时运行情况、日常维护进行统一管理。在信息采集监控体系建设的基础上，实现重点水利工程实时监控与管理[104]。

6）综合决策支持系统

在各个专项业务决策支持系统的基础上，开发综合决策支持系统，为全局性的决策提供综合信息服务和决策支持[105]。

7）综合应急响应系统

在各专业应急响应系统的基础上，搭建综合应急响应平台，为更好地调动各专业人员、设备，从而更好地处理突发事件提供服务[106]。

8）河长业务管理系统

河长业务管理系统主要包括河长制信息采集、工作任务、监督考核、巡河管理、河长通讯录、统计分析、河湖档案等功能，并对接上述各业务系统，互相支撑，为河长制河湖管护工作提供有力技术支撑、决策依据和辅助参考[107]。

河长业务管理系统需包含河长制信息平台、任务分配、监督考核、巡河记录、河湖基础档案、数据分析、通信录等模块。为更好地辅助巡河和方便河长制业务监督，需进行 APP 端开发，应包含河长制信息、任务管理、监督管理、我的巡河、考核记录、奖惩记录、河长日志等。同时，可开发微信公众号或微信小程序，为公众提供监督管理和信息服务。

（4）实施要点

河长制应用系统建设需按照业务部门的相关业务组织实施，遵循统一的架构，严格按照 MVC 模式进行设计。

8.4.7 运行环境

（1）建设目的

通过运行环境的建设，为各类业务应用系统的高效、可靠、安全运行提供保障。

（2）建设任务

建设专业的计算机房，搭建高速的计算机与通信网络，配备足够的计算资源、存储资源和系统软件，建立完备的安全设施。

（3）建设内容

1）计算机房

严格按照高标准建设专业计算机房，配备相应的供电系统、空调系统、清风系统、消防系统、防雷系统等，以保障计算机设备的可靠和安全。

2）通信与计算机网络

进一步完善石泉县水利信息网络的拓扑结构，根据安全的要求，结合石泉县政务内网和政务外网的建设，把石泉县水利信息网络划分为政务内网、政务外网、Internet网三个物理隔离的网络。其中，政务内网是保密网；政务外网是内部网，与上级政务外网相连，运行各种业务应用系统；Internet网是公开的网络。考虑到数据共享的需要，政务外网与Internet网之间通过单向网闸相连，实现数据的单向传输。

3）存储资源

存储资源规划不仅要考虑数据存储的需要，还需要考虑数据安全的需要。

① 数据量估计

数据量的大小与数据库表结构、数据采集频度和保存时间有关。其中，数据量＝单个数据大小×频度×保存时间。对于数据库表中长度可变的字段，一般取最长长度进行计算，对于采集频度不固定的数据，可以采用概率统计的方法计算平均采集频度。

② 正常数据存储资源

目前，存储技术大致可以分成三种类型，分别是DAS、NAS和SAN。为了保证存储资源最大程度的共享，存储资源的建设宜采用SAN方式，同时，在此基础上采用虚拟存储技术来进一步提高存储资源的利用率。

存储区域网络（SAN）是一种高速网络或子网络，提供在计算机与存储系统之间的数据传输。存储设备是指一张或多张用以存储计算机数据的磁盘设备。一个SAN 网络由负责网络连接的通信结构、负责组织连接的管理层、存储部件以及计算机系统构成，从而保证数据传输的安全性和力度。

存储虚拟化的基本概念是将实际的物理存储实体与存储的逻辑表示分离开来，应用服务器只与分配给它们的逻辑卷（或称虚卷）打交道，而不用关心其数据是在哪个物理存储实体上。

逻辑卷与物理实体之间的映射关系，是由安装在应用服务器上的卷管理软件（称为主机级的虚拟化），或存储子系统的控制器（称为存储子系统级的虚拟化），或加入存储网络 SAN 的专用装置（称为网络级的虚拟化）来照管的。

③ 备份资源

在 SAN 架构下，很容易实现数据的备份，仅需估计备份数据的容量，从而增加相应的备份存储资源。备份包括本地和异地备份。

4）计算资源

计算资源主要由各种类型的服务器组成。河长制信息化平台中需要用到的服务器类型主要有：应用服务器、数据交换服务器、数据采集服务器、门户服务器、Web 服务器、电子邮件服务器、IT 监控管理服务器、IT 运维服务管理服务器、备份服务器等[108]。

为了降低计算资源建设和运行维护的成本，可以采用虚拟机技术，把多个服务安装在一台服务器上。通过虚拟机软件，可以在一台物理计算机上模拟出一台或多台虚拟的计算机，这些虚拟机完全就像真正的计算机那样进行工作，例如可以安装操作系统、安装应用程序、访问网络资源，等等。同时，可以根据实际需要，灵活地调整每个虚拟机实际用到的物理资源，以适应业务应用系统运行的需要。

由于不同的业务应用对服务器的性能有不同的要求，所以，建议石泉县水利局配置两组服务器。一组服务器运行重要性相对较高，属于关键业务的应用系统，继而对性能、可用性、安全性要求也比较高，推荐采用 UNIX 小型机，以满足其要求。另一组服务器相对第一组服务器，在满足性能和可靠性的基础上，更强调性能价格比，故建议采用运行 Windows 操作系统的 PC 服务器。

5）系统软件

石泉县水利局需要配置的系统软件主要包括：操作系统、数据库管理系统等（其他软件在数据中心配置，如在线备份软件、中间件平台等）。

① 操作系统

操作系统用于管理计算机的资源和控制程序的运行,操作系统的功能包括处理器管理、存储管理、文件管理、设备管理和作业管理。语言处理系统的功能是各种软件语言的处理程序,它把用户用软件语言书写的各种源程序转换成为可为计算机识别和运行的目标程序,从而获得预期结果,如编译程序等。

目前,操作系统主要有 UNIX 和 Windows 两大类。当需要高性能、高可靠性和高安全性时,应选择 UNIX 操作系统,而仅仅考虑易用性时,可以选择 Windows 操作系统。

② 数据库管理系统

数据库管理系统的主要功能包括数据库的定义和操纵、共享数据的并发控制、数据的安全和保密等。按数据定义模块划分,数据库系统可分为关系数据库、层次数据库和网状数据库。按控制方式可分为集中式数据库系统、分布式数据库系统和并行数据库系统。

综合数据库的功能、性能、可靠性及安全的保障,要求采用成熟、大型的数据库管理系统软件,支持空间数据、多媒体、大文本等数据类型存储,支持购买的数据库服务器及集群技术、双机切换等应用,提供丰富的数据管理和数据处理插件。

6) 安全设施

安全设施包括物理安全、系统安全、网络安全和应用安全四个部分。

① 物理安全

物理安全是指为了保证信息系统安全可靠运行,确保信息系统在对信息进行采集、处理、传输、存储过程中,不至于受到人为或自然因素的危害,而使信息丢失、泄露或破坏,对计算机设备、设施(包括机房建筑、供电、空调等)、环境人员、系统等采取适当的安全措施。

物理安全主要包括设备物理安全、环境物理安全和系统物理安全三个部分。物理安全应遵循《信息安全技术信息系统物理安全技术要求》(GB/T 21052—2007)等标准,主要在计算机房建设时考虑。

② 系统安全

主要包括操作系统安全、数据库管理系统安全等。操作系统安全既要考虑操作系统的安全运行,也要考虑对操作系统中资源的保护。操作系统安全的安全技术要素包括身份鉴别、自主访问控制、标记和强制访问控制、数据流控制、审计、数据完整性、数据保密性、可信路径等方面。操作系统安全应遵循《信息安全技术云操作系统安全技术要求》(GA/T 1346—2017)。

数据库管理系统的安全既要考虑数据库管理系统的安全运行保护,也要考虑对数据库管理系统中所存储、传输和处理的数据信息的保护。数据库管理系统安全的安全技术要素包括身份鉴别、自主访问控制、标记和强制访问控制、数据流控制、安全审计、数据完整性、数据保密性、可信路径、推理控制等方面。数据库管理系统安全应遵循《信息安全技术数据库管理系统安全技术要求》(GB/T 20273—2019)。

石泉县水利局在系统安全方面首先应购买具有相应安全等级的正版软件,并及时地安装安全补丁,同时应配置主机加固、防病毒等安全软件。

③ 网络安全

网络安全是指网络环境下存储、传输和处理的信息的保密性、完整性和可用性的表征。从信息安全的角度,网络安全可以概括为"保障网上信息交换的安全",具体表现为信息发送的安全、信息传输的安全和信息接收的安全,以及网上信息交换的抗抵赖等。网络安全需要通过协议安全来实现。通过对七层协议每一层安全的描述,可以实现对网络安全的完整描述。网络协议的安全需要由组成网络系统的设备来保障。因此,对七层协议的安全要求自然包括对网络设备的安全要求。网络安全应遵循《信息安全技术网络基础安全技术要求》(GB/T 20270—2006)。

石泉县水利局在网络安全方面应在每一个网络出口配置硬件防火墙,在每个网络配置入侵防御系统,在互联网出口部署安全网关系统,在内外网终端上统一部署终端管理软件,在政务外网和 Internet 网之间配置单向网闸。

④ 应用安全

应用系统安全设计应保证信息的保密性与完整性,利用认证、加密、访问控制、数字签名等安全服务完成,应解决主体(用户)的标识与认证、客体(资源)安全属性(包括密级)的定义、主体对客体的访问权限,即访问控制或授权等问题。

石泉县水利局应用安全方面应建设 WEB 服务防篡改系统、安全内控系统、安全审计系统、日志审计系统和统一身份论证系统等。

(4)实施要点

运行环境必须统一建设,这样可以避免重复建设,节约投资,同时,也是为了便于业务应用系统的整合和协同。综合考虑建设和今后的运行管理,并作适当的补充。

8.4.8 保障体制

（1）建设目的

信息化建设不仅需要先进技术的支撑，还需要制定相应的保障体制。通过保障体制的建设，为石泉县河长制信息化有序、顺利实施提供保障，为石泉县河长制信息化系统的正常、安全运行提供保障。

（2）建设任务

建设石泉县河长制信息化标准体系，建设石泉县河长制信息化项目建设体制，建设石泉县河长制信息化运行管理体制，建设石泉县河长制信息化安全管理体制。

（3）建设内容

1）河长制信息化标准体系

标准体系是指在一定范围内的标准、办法、规定等，按其内在联系形成的科学有机整体，按照《水利信息化标准指南》的规定，水利信息化标准体系由术语、分类和编码、规划与前期准备、信息采集、信息传输与交换、信息存储、信息处理、信息化管理、安全、地理信息十个部分组成。石泉县河长制信息化标准体系以《水利信息化标准指南》进行建立。

2）河长制信息化建设管理体制

河长制信息化建设管理体制首先应遵循国家、水利部、省政府和市政府有关基本建设管理的相关法规和制度，同时应充分分析河长制信息化项目建设的特点，制定出既满足基本建设管理要求，又适应河长制信息化项目建设的管理体制。

3）河长制信息化运行管理体制

河长制信息化的运行管理是一项复杂和繁重的工作，对于充分发挥水利信息化的效用具有重要的作用。目前，基本的运行管理体制有两种，一种是成立专门的信息化运行管理机构，负责整个单位的信息化运行管理；另一种是委托专门的运行管理公司，负责水利信息化日常运行管理。

河长制信息化运行管理体制主要包括：建设运行管理机构及其职责、制定各类运行管理制度（如网络使用管理办法、数据中心运行管理制度、数据共享管理办法等）、运维经费管理办法、信息资产管理办法等。

4）河长制信息化安全管理体制

安全管理是对一个组织机构中信息系统的生存周期全过程实施符合安全等级

责任要求的管理,包括:落实安全管理机构及安全管理人员,明确角色与职责,制定安全规划;开发安全策略;实施风险管理;制定业务持续性计划和灾难恢复计划;选择与实施安全措施;保证配置、变更的正确与安全;进行安全审计;保证维护支持;进行监控、检查,处理安全事件;安全意识与安全教育;人员安全管理等。

管理安全应遵循《信息安全技术信息系统安全管理要求》(GB/T 20269—2006)、《信息技术安全技术信息安全管理实用规则》(GB/T 22081—2008)、《信息技术安全技术信息安全管理体系要求》(GB/T 22080—2008)、《信息安全技术信息安全风险管理指南》(GB/T 33132—2016)和《信息安全技术信息安全应急响应计划规范》(GB/T 24363—2009)。

石泉县河长制信息化安全管理体制建设内容包括:制定安全策略体系、建立安全组织机构、制定安全管理制度、开展安全管理培训、加强日常安全管理等。

(4)实施要点

1)信息化标准体系的建设主要是收集、选择和整理现有的各种相关标准,必要时可以制定一些实施细则或规定。

2)信息化建设管理体制重点要明确石泉县河长制信息化建设管理的主管部门,避免多头管理,重复建设。

3)信息化运行管理体制重点要明确共享部分的管理机构和管理制度,如计算机网络、数据中心等。

4)信息化安全管理体制重点应明确各类业务人员使用信息资源时的安全职责。

第九章 水利科技扶贫的对策与建议

9.1 石泉县农村污水治理对策与建议

（1）因地制宜构建农村污水治理体系

污水处理工艺方案的优化选择是确保污水处理站运行性能、确保出水水质、降低费用的关键,需要根据确定的污水处理水质标准和一般原则,从整体优化的观念出发,结合设计规模、污水水质特性以及当地的实际条件和要求,选择切实可行的处理工艺方案。所要遵循的一般原则包括:处理效果稳定可靠、工艺控制调节灵活、工程实施切实可行、运行维护管理方便、投资运行费用节省及整体工艺协调优化。污水处理工艺流程选择是根据进水水质、出水水质要求,污水处理厂(站)规模、污泥处置方法及当地温度、工程地质等具体条件作慎重分析后决定的。各种工艺有其适用条件,应该具体分析以上各要素,确定适用的工艺流程。借鉴一些工程的成功经验,在确定处理工艺的过程中应遵循以下原则:①工艺性能先进性:工艺先进而且成熟,流程简单,对水质适应性强,出水达标率高,污泥易于处理、处置;②高效节能经济性:耗电量小,运行费用低,投资低,占地少;③运行管理适用性:运行管理方便,设备可靠,易于维护;④提高项目社会效益、环境效益及综合经济效益。

实际实施时应综合考虑石泉县各村庄自然地理因素、布局形态规模、基础设施条件、环境改善需求、经济发展水平等,充分考虑当地农民的生活习惯和资源利用、环境优美的生态要求,结合村庄环境综合整治和绿化景观布置共同实施,因地制宜确定生活污水治理模式,优选成熟稳定、实用低耗的处理技术。强化全县村庄污水治理一体化推进、规模化建设和专业化管理。

（2）采取集中式与分散式并存的农村污水治理模式

对全县各镇（街道）农村现状、污水处理现状，以自然村（组）为单位，进行彻底摸底排查，并对农村各种生活污水处理方式进行全区经济技术比较。充分考虑现状，尽量利用和发挥原有排水设施的作用，并按标准要求改造提高，使规划排水系统与现状排水系统有机结合。结合石泉县村镇规划布局，统筹城镇污水专项规划、河道整治规划及水生态建设、村庄环境综合整治和"美丽乡村"建设，统筹实施城乡、区域生活污水治理。坚持环境敏感区域和规模较大村庄优先，突出规划发展村庄和撤并乡镇集中区所在村庄污水治理。

以"效果好、成本低、维护少、生态效益高"为导向，选用石泉县农村生活污水适宜处理装备，以"融"为农村生活污水设计的核心内容，因地制宜的设计污水处理系统，力求融入当地人文、景观和环境。

（3）重视农村生活污水处理项目运营与维护

建管并举、重在管理。以村庄生活污水处理系统"建得起，用得好"为导向，强化物联网和无线通信远程技术作为长效管理工作的基础，构建具有项目建设单位交流、项目建设资料管理、污水处理运行数据查询、设备故障报警的监控监管平台，实现互联网一站式集中监管与运行，逐步实现农村生活污水处理设施运行维护管理的正常化、规范化，切实提高农村水环境质量。

分散型的生活污水智慧管理平台建设是以"互联网＋"思维设计的，面向政府、事业、企业管理者的一个资源应用整合、数据分析、设备托管的系统平台。为用户提供生产运营、安全管理、故障预警、数据查询、专家决策等实时、丰富、准确的信息化管理服务；为分析、决策提供大数据支持；为无人值守、应急处置、节能减排、工艺改进实现智能化、精准化统一的管理技术手段。

（4）重视农村生活污水配套管网建设

根据地形条件、道路高程、水流方向、污水处理厂（站）位置等因素，合理布置污水管网系统，污水经管网收集后，进入污水处理厂（站）进行处理，最终排入汉江。污水管网为截污主干管，主要收集排污口污水，根据管网布置原则，对原有管道不做改建，仅在原有出户管管道排污口处建设截留井，结合现状雨污合流制管道，组成项目区污水收集管网系统，承担生活污水收集任务。

采用管道可使施工安装方便，沟槽开挖断面较小，但是管道在河岸需考虑抗浮措施，且沿线需预留支管；管沟可现场砌筑，抗浮相对简单，方便沿线污水的就近接入,沟槽开挖断面较大,施工难度大。排水管渠必须具有足够的强度,以承受外部的荷载和内部的水压,外部荷载包括土壤的重量——静荷载,以及由于车辆运行所造成的动荷载。由于管道建设所占投资的比重较大,且因管材选用不当造成事故或出现资金浪费的实例也较多,因此合理且经济地确定管材的选用对节省投资、方便施工、安全运行意义重大,结合工程实际,从投资可靠、稳妥的角度出发,污水管管材选用 UPVC 管较为合适,部分管段可选用玻璃钢加砂管。

（5）重视农村黑臭水体修复

在国内外河道生态修复相关理论方法和工程实践的调研基础上,分析石泉县乡村河道现状和存在的问题,并在生态安全与和谐理念指导下,将研究重点放在乡村河道采取以植物修复技术为主,河道曝气技术、人工湿地技术以及生态浮床技术为辅的方式进行生态修复,以实现农村黑臭水体的修复。乡村水体或河道水质的好坏,直接影响人们的生活与生产。总体上看,我国乡村流域内生态比较脆弱,生态平衡极易被破坏,乡村河道水生态系统的修复势在必行,通过乡村河道沿河两岸水土流失综合防治和构建水生态系统自然修复体系,来加强河道水环境并提高河道的生态修复能力,具有非常显著的环境效益前景。

（6）建立地方农村污水水质信息库

农村生活污水水质、水量变化大,分散型生活污水智慧管理平台反馈的大量运行数据,利用计算机深度处理,上传污水处理站点施工图纸、调试手册、检测报告、测量数据、运营报表、维护记录,使运营管理统一化、标准化、可控化,实现智能化、精准化的统一管理,数据共享,同时加强农村饮用水水源保护,做好水质监测,建立农村水质信息数据库。平台对分布各地的处理设备信息和实时数据进行整合,并建立起设备统一的运行档案和体征监测系统,从行政规划、设计、建设、运营、监管等方面提供生产运营、安全管理、水质监测、故障预警、数据查询、专家决策等实时、丰富、准确的信息化管理服务,为分析、决策提供大数据支持,未来会成为站点工艺参数云调控的基础。

（7）构建农村污水资金长效保障机制

目前农村污水项目还是存在着较为严重的只建不管问题,中央专门安排资金支持了农村污水处理项目的建设,但是没有提供长效运维的有保障资金,为加强污水处理系统运行管理工作,必须对处理成本、处理总量、处理质量、设备（设施）完好率、设备运转率、能源（材料）消耗、安全生产等一系列指标进行考核,以便反映和掌握运行系统总体状况。污水处理的成本包括：人员工资及附加、材料费、电费、折旧、管道维护、设备维修、化验费、车辆费、管理费、财务费用、污泥处理费用及其他费用。运行成本是除折旧费和财务费用的其他所有费用。根据项目实际情况，我们把污水处理厂(站)的运行成本分为：人员费、动力费、维修费、药剂费和管理费。其中人员费包括人员工资及附加，动力费包括全厂电费和运输费，维修费包括日常的设备维修保养费、仪表的校验费、设备大修费和管道的维护费，药剂费包括各种化学试剂、絮凝剂。

（8）构建突发情况应急保障机制

污水处理单位、部门和个人在突发事件处置中应执行"科学预警、处置及时、统一指挥、分级负责"的工作原则。坚持以人为本，预防为主，把预防和处置突发事故的责任层层落实到班组和职工。及时收集与污水处理有关的综合信息，建立灵敏、快捷的预警机制，对可能发生的突发性事件及时预防和处置，力争把损失、危害降到最低程度。发生各类突发事故时，由县级统筹安排，镇级应急指挥办公室统一发布各项命令，各类事故应急组织，按照划定的责任范围，采取处置行动，并和上一级指挥组织保持密切联系。预防为主，重在防范异常情况的发生，平时运维单位要注重建立信息交流制度，定期总结运行经验，并和镇级、县级主管部门汇报。

9.2 石泉县河长制对策与建议

（1）管理层面

1）加强组织领导

成立河长制工作领导小组，由县委书记、县长担任组长。领导小组下设河长制办公室，办公室设在政府办，负责全县河长制工作领导小组的日常工作，负责拟定河流管理和保护制度及考核办法，监督、协调各项任务的落实、组织考核等工作。

各河长、河段长要切实履行职责，加强工作指导，及时分解落实各项工作任务。各联系单位要积极配合河长、河段长开展工作，充分发挥职能作用，及时研究解决职责范围内的问题，形成齐抓共管的工作合力。各河流所在镇(办、处、区)要加强领导，切实履责，对本辖区河流进行全程踏勘，摸清辖区内各河流、河段环境状况，制定切实可行的方案，明确所辖区域内河长、河段长、河道专管员，领导班子成员带队经常进行巡查；要主动加强与相关职能部门的沟通衔接，确保河长制管理工作有序推进并取得实效。各职能部门要认真履行工作职责,强化工作措施,完善工作机制,坚决查处各类违法违规行为,做到"有案必查、查必有果",巩固河道整治成果。河长(河段长)因职务变动后由接任者自动接任该河河长(河段长)工作,确保重要河流生态环境保护及河道管理工作实现常态化、长效化。

要明确各项任务和措施的具体责任单位和责任人,落实监督主体和责任人,层层传导压力,落实各项措施,确保石泉县九条县级河流管理保护各项目标如期实现。

2)完善工作制度

建立全县推进河长制工作联席会议制度。联席会议由县编办、发改局、经信局、住建局、公安局、财政局、国土资源局、交通运输局、农业局、林业局、水务局、卫计局、环保局、"五创"办及镇(办、处、区)政府主要负责人组成。水利局、环保局为业务牵头单位,县委、县政府分管领导担任联席会议召集人。

河长办负责牵头,建立健全推行河长制的各项制度,主要包括河长制工作联席会议制度、信息共享制度、信息报送制度、工作督察制度、考核问责和激励制度、验收制度等。积极探索和建立"生态补偿""日常巡查""监督考核"等长效机制,保障"河长制"顺利推进。

健全河流管理保护机构,加强河流管护队伍能力建设。推动政府购买社会服务,吸引社会力量参与河流管理保护工作,推行奖惩措施,鼓励设立河流警长、企业河长、民间河长、河长监督员、河道志愿者、巾帼护水岗等。

3)加大经费保障

根据河长制方案提出的主要任务和措施,按照资金使用方向,市相关部门通过整合资金、调整支出结构,加大河道管理与保护投入;整合部门涉河项目资金和资源。年度财政预算专项经费强化涉河资金、项目的统筹整合;积极吸引、鼓励社会资本参与河流水污染防治、水环境治理、水生态修复等任务,建立长效、稳定的经费保障机制。各级财政按照部门预算编制规定,落实各级河长制办公室办公经费。逐步建立建设项目占用水域、岸线补偿制度。鼓励从业人员特别是基层一线人员的工作积极性,划拨经费落实劳动报酬。

4)强化监督考核检查

结合全面推行河长制的需要,从提升河流管理保护效率、落实方案各项要求等方面出发,由县河长办具体负责,加强河流管理保护的沟通协调机制、综合执法机制、督察督导机制、考核问责机制、激励机制、公众参与、舆论引导等机制建设。

建立监督考核机制。一方面,加强政府部门自上而下的考核力度。将河流管理与保护列入各级政府目标责任制,统一纳入政府对各部门年度目标责任考核体系。加强同级党委政府督察督导、人大政协监督、上级河长对下级河长的指导监督;运用现代化信息技术手段,拓展、畅通监督渠道,主动接受社会监督,提升监督管理效率。督导检查是发现问题、解决问题的重要手段。要综合采用飞行检查、交叉检查、联合督查等方式,坚持明察暗访相结合、以暗访为主,及时深入了解各级河长履职和河湖管理保护的真实情况。对发现的突出问题,采取约谈、通报、在媒体公开曝光等方式,督促问题整改到位,推动各级河长把责任抓牢抓实。加强"一河一策"实施监管的信息化建设与管理,允分利用河长制信息化工作平台,定期或不定期的现场督察,及时通报工作进展情况,研究制定监督考核办法,加强监督考核,完善河长制长效监管机制。

另一方面,加强社会监督。加大对河长制管理的社会监督力度,要在河道显著位置树立河长公示牌,公布河段范围,河长姓名职务、职责和联系方式,接受群众监督和举报;拓展环保志愿者服务,聘请社会监督员对河道和管理效果进行监督和评价,扩大社会公众参与度。

通过传统媒体、新媒体等多种方式,搭建微信公众信息平台,加大对河长制及"一河一策"的宣传,鼓励公众参与和监督城关镇河流管理保护工作,积极拓宽公众参与渠道,使群众充分感受河湖生态环境改善带来的生活品质提升,自觉增强护水意识,形成全社会共同爱水、管水的良好社会氛围。

(2)技术层面

1)水资源保护

建设水源地安全项目,重点改善偏远地区、农村地区水源地水质,保障农村地区饮水安全。

第一,加强河流排水管理监测。加强河流排水水量、水质的监测监控,建立入河排污口门监督管理制度,建立入河道排污口门台账,完善档案、统计、巡查、监测等制度,强化排污口门监测监控,做到沿线无偷排现象。重点加强区界断面的水功能区的监测,建立和完善水质监测网络,并定期发布水功能区水质公报。重点整治严重污染水质和未登记的入河排污口。

第二,实行污水处理回用、中水利用。城镇建设应同步配套建设污水收集、处理设施,注重再生水利用设施的配套建设。

针对水资源利用效率不高的问题,考虑到区域监测设备布设及资金消耗过大等实际困难,建议结合现有监测体系,加强科技的引进与投入,强化新技术、新方法的应用,以提高水资源利用效率。如开展区域水资源可利用量估算的问题,可基于现有监测设备和遥感监测手段,构建天地空一体化监测体系;运用多源数据同化及融合技术,结合集合预报方法,实现全面估算分析区域水资源可用量。

2)水域岸线管护

现九条县级河流河道侵占现象严重,应尽快建立河流河道管理范围线并相应设置界桩(牌)、里程桩以及管理和保护标识,设立管理范围界桩标志牌,开展土地确权登记。划定河道管护范围,落实河道管理范围划界确权工作。科学划分岸线功能区,严格水域岸线用途管制,根据规划确定岸线保护区、保留区。落实分区管理要求,加强各单位之间的联系和交流,明确各单位和有关人员的管理范围及权属,并向社会公布石泉县河流沿岸现状。

3)水污染防治

在全县范围内,加强对农村生活污水的监管,杜绝生活污水直接排入河道内。目前要重点关注较分散的居民点、生活污水排水量小的村庄,推进清洁处理技术在农村生活污水回收处理上的应用,构建适用于山区的区域清洁能源循环结构,以防治农村面源污染严重的问题。建议加快推进厕所革命,每户补助二千元建三级化粪池,经三级净化后的污水进入人工湿地进一步净化后还田;多建小型污水处理厂,如50多万一个的日处理30 t污水的、日处理50 t 70多万元的处理厂,在山区很适用,将生活污水处理后还田利用,大力发展循环农业。

4)水环境治理

做好河道清淤与河道保洁工作,加快建设生态护堤与护岸建设。重点整治河道垃圾,在石泉县内建立起完善的"户分类、村收集、镇中转、县处理"的城乡垃圾一体化处理模式,配置垃圾桶、垃圾箱(池)、压缩式垃圾中转站(车)、密闭式转运车辆等收集转运设施,生活垃圾渗滤液规范处置,实行垃圾的统一收集、清运和处置。加大力度向民众宣贯良好的公共卫生习惯,不向河道倾倒垃圾,不在河里洗衣涮桶。

5)水生态修复

石泉县横跨汉江,全县中小水电站数量众多,如池河流域就建有六座水电站。全县小水电建设破坏了河道最小生态基流量,破坏了流域内的生态环境,亟需建立河道生态基流量保证方案,合理使用水库进行流量下泄,改善河道生态,尝试推行生态补偿机制。

针对河道生态流量保证率较低的问题,应研究确立区域水电工程下泄生态流量标准体系。梳理水电站下泄生态流量管控现状,开展水电站水能利用效率的研究,提出水电站下游河流生态环境保护应对策略,全面提高河流生态流量保证率。

另一方面,县域河流水土流失问题严重,降雨丰季水库和水电站附近河道雨水冲刷严重,例如迎丰镇将军坟水库和中池镇筷子铺水电站附近。目前,应加大水土流失治理工作,同时,要考虑到退耕还林措施侵占了农田,做好生态补偿工作。

6)执法监督

一方面要严格依法查处水事违法案件。各地各级要加强巡查检查痕迹管理,建立执法台账,对于违法违规项目(活动),坚决做到有废必查、有污必罚。清理整治非法排污、设障、养殖、围垦、侵占水域岸线等违法行为,加大加快处置力度。

另一方面要全面加强应用现代化巡河装备 APP。严格使用河长制实施管理系统 APP 进行巡河,使各级河长可即时地记录和查询巡查轨迹、巡查频率、巡河问题等信息,达到及时发现问题、及时反馈的效果,确保巡河工作系统化、科学化、规范化。

9.3 石泉县小型水利工程管理机制创新对策与建议

(1)构建多方协同创新的小型水利工程建设与管理机制

小型水库、堤防、农村饮水安全工程的公益性较强,经济属性较弱,可以由水利部门主导建设和管理机制改革工作。农田水利工程直接服务于三农,具有较为复杂的工程属性、经济属性和社会属性。因此,农田水利的建设与管理机制创新不能脱离农业生产、农村发展、农民脱贫的实际情况,单方面强调工程属性而忽略其他方面。所以农田水利机制创新的关键是准确把握三农发展趋势,在乡村振兴过程中统筹协调各方利益,联合农业、国土、水利等部门共同制定适应农村发展的工程建设管理体制和机制。只有协同扶贫攻坚、农业开发、工程建设等各方力量,才能探寻破解资源约束、财政不足、基础设施短缺条件下的机制创新道路。

(2)构建政府主导、公众参与的小型水利工程"1＋N"投资建设模式

对比分析市场化模式、政府主导投资建设模式和多元化投资建设三种模式的

适用条件可以看出,石泉县农田水利管理机制创新适合采用多元化投资模式,需要构建以政府主导、公众参与的"1+N"投资建设模式。首先,石泉县的人均耕地、耕地类型、机械化情况均不适合开展大规模种植,难以吸引农业企业和社会资本参与农田水利建设;其次,石泉县财政收入也不满足东部地区所采用的政府主导投资建设模式,以泗洪为例,该县虽地处苏北地区但 2017 年一般公共预算收入为 26.33 亿元,而石泉县的预算收入为 1.51 亿元。因此,石泉县农田水利改革需要以政府为主导,并且充分发挥农户积极性,随着农村经济社会发展逐步引导公众参与农田水利建设管理,形成"水利促脱贫,致富兴水利"的良性机制。

通过开展农田水利工程项目策划和项目结备,结合施方实际突出工作重点,因地制宜制定出台相关政策,采取建立政府引导资金、政府投资的股权收益适度让利、财政贴息、投资补助和安排前期经费等方式,充分发挥公共财政引导作用,鼓励国内外企业、社会和民间资本采取多种形式参与农田水利设施建设、运营和管理,推动农田水利工程建设维护资金的社会化运作,形成农田水利设施多元化投资新格局。不断优化社会资本投资农田水利项目的审批流程,创新社会资本投资农田水利项目的审核审批方式,加快审核审批进度,同时积极开展试点示范,加强跟踪指导。建立完善水利工程管理购买服务的模式,逐步推行农田水利工程运行管理、维修养护、技术服务等水利公共服务向社会力量购买,研究制定政府购买农田水利工程建设和维护公共服务的指导性目录,明确购买服务的种类、性质和内容,以及承接主体的要求等,以市场化手段不断强化水利工程设施的建设与管护。

(3)引资与培养投资主体相结合,形成小型水利工程多元化投资主体

由于资源约束,石泉县农田水利改革的投资机制创新难度较大,这就需要从社会资本服务和民间投资主体培育两方面同时发力,形成多元化投资结构。一方面,需要对符合条件的各类国有企业、民营企业、外商投资企业、混合所有制企业,以及其他投资、经营主体愿意投入的小型水利工程,原则上优先考虑由社会资本参与项目建设和运营。另一方面,需要在脱贫攻坚过程中,注重培育专业合作社、返乡创业企业家、种粮大户等脱贫致富带头人作为农田水利的投资主体,为民间投资主体提供水费、融资、产权等一系列优惠措施。

(4)构建与小型水利工程相适应的建设管理机制

石泉县小型水利工程建设管理机制应遵循国家基本建设程序的相关要求,及

时向社会发布鼓励社会资本参与的项目公告和项目信息,按照公开、公平、公正的原则创新建设管理机制。首先,在项目立项遴选时实行公开公示,提高立项水平。在工程立项阶段,县水利局应向各乡镇征集项目申报意见,各乡镇在遴选中需要引入群众参与机制,初步确定建设内容后公示并征集意见。其次,在项目建设中实行公开公示,保证工程建设质量。在项目建设中,要求建设单位就工程内容、质量标准、技术要求等进行公示,或由镇村派驻监督员和群众代表,建设单位对监督员及群众代表进行培训和技术交底,在建设期间积极接受群众监督,及时解决和处理环境协调、质量安全管理中存在的问题。最后,在工程验收及建后管护中引入群众参与机制,明晰工程产权,落实管护责任,将产权人及管护人进行公示,接受社会监督,为建后管护工作创造良好条件。明确项目参与范围,通过招标方式择优选择投资方,确定投资经营主体。并由其组织编制前期工作文件,报有关部门审查审批后实施。

(5)加强基层水利服务体系建设,确保小型水利工程长效运行

基层水利服务体系建设是水利服务机构的主体,也是小型水利工程长效运行的基本保障。目前,石泉县乡镇农村水利服务体系较为欠缺,为此需要加强县、乡、村三级基层服务体系的建设,组建乡镇级水利站,健全村水管员队伍,打造一支素质更高、专业更强、结构更优的基层水利干部队伍,真正解决水利服务工作最后一公里问题。

(6)认真开展小型水利工程规划,加强推广组织领导

项目区地方政府要把推广改革试点经验纳入重要议程,认真开展农田水利综合改革项目区规划,因地制宜,结合实际,制定农田水利综合改革实施方案,明确时间表和路线图。同时,要建立由分管领导率头负责、相关部门分工协作、改革事项与工程建设联动推进的组织领导和协调机制,及时协调解决推进过程中遇到的困难和问题,确保推广工作顺利进行。地方政府和行业主管部门要加强对项目实施的督促指导,建立农田水利设施建设与管护考核机制,对各乡镇(街道)、村农田水利基础设施建设管护情况进行考核,将推进农田水利综合改革工作纳入年度综合考评范围。要加强考核结果运用,将考核结果作为各单位综合考核评价的重要依据,并将其作为下年度农田水利综合改革项目资金安排的重要参考依据。

(7)加大小型水利工程管理政策公众宣传,营造良好改革氛围

各级各有关部门要及时传达中央和地方有关深化农田水利综合改革的政策,充分利用各种媒体,开展多层次、多形式的宣传教育活动,广泛宣传开展农田水利

综合改革的重要性、紧迫性以及国家有关政策措施,采取现场培训和指导监督等多种方式加强分区分类推广,灵活运用各类宣传方式和平台,加强对农田水利综合改革的政策解读、经验总结与舆论引导,及时回应社会关切的热点问题,使公众充分认识和了解农田水利综合改革的重要价值,及时宣传改革取得的突出成效,形成全社会关心关注、积极参与的农田水利综合改革良好氛围。

(8)落实管护经费,加强小型水利工程管护机制

当前,水利投资如火如荼,但是许多工程刚建起来,效益还好,时间长了,就成了搁置荒废的摆设。根本原因在于维护和运转的经费落实不到位,因此需要一定的经费来建立激励机制。

通过完善水利扶贫项目储备机制,组织有关省份以贫困县为基本单元,划定水利建设项目,建立水利扶贫项目库,实行滚动管理并扎实开展前期工作。在项目安排上要大中小微并举、长短结合。不仅要把当前急需的人饮解困和农田水利建设作为重点,也要立足长远,落实项目管护机制,发挥骨干项目的持久效益,为贫困地区经济可持续发展奠定坚实的基础,在更深的层面上巩固定点扶贫成果。

(9)结合小型水利工程强化产业主导,促进地区发展

水利扶贫最终还是要因地制宜发展主导产业,才能真正地拔掉穷根。一般贫困的区域,自然环境特别恶劣,需要移民安置;一般情况下,是因为基础设施薄弱,增产增收难。水利扶贫必须因地制宜利用驻点村的自身优势,在加强水利基础设施建设的同时,着重抓好农村饮水、农田灌溉、水资源开发、小水电站综合利用等项目,扩充农民增收的渠道。同时引导群众转变发展思路,大力发展生态立体农业,改变农村产业结构单一模式,充分挖掘资源潜力,利用水利基础设施完善体系,大力发展有机蔬菜、绿色瓜果、混合养殖产业,从而带动休闲产业和旅游观光产业的发展,这样既挖掘了地方特色,又就地取材富裕了一方百姓,真正实现一方水土养活一方人。

9.4 石泉县"旅游+水利"融合发展对策与建议

(1)加强政府组织协调

1)确立政府引导型旅游发展战略

强化各级政府对汉江沿江特色旅游带旅游产业发展在规划、观念、政策、管理、

旅游大环境、建立投融资平台和各相关部门联动、各旅游生产力要素整合、全社会支持等方面的引导。

石泉县可协调汉江沿线各市(县)根据本地区实际,明确旅游业在本地国民经济和社会发展中的定位,制定出台支持旅游业发展的政策措施,加强规划引导,把旅游基础设施和重点旅游项目建设纳入本地国民经济和社会发展规划,在编制和调整城市总体规划、土地利用规划、基础设施规划、村镇规划时,要统筹考虑旅游产业发展需要。

2) 充分发挥旅游行政管理部门职能作用

充实完善沿江各城市、乡镇旅游行政管理机构及人员配置,切实强化对旅游产业的协调管理和公共服务职能,重点抓好宏观调控、发展规划、宣传营销、市场监管、环境营造等工作。加强旅游综合执法队伍建设,进一步充实执法队伍,提高执法能力和水平。加快政府职能转变,催生一批旅游投资咨询、旅游信息服务、旅游企业及旅游人才交流等方面的中介机构,使之成为加强行业自律的主体。

3) 加强政府协调力度,形成促进旅游业发展的合力

加强政府对旅游业的统筹协调力度,各市政府与职能部门应统一安排推进,特别是跨区域之间的旅游合作共建,努力挖掘有价值的旅游线路,实行线路对接和线路共享,加大保障力度,提供优越的旅游大环境,实现市级之间的共同协作最大化,做大旅游产业。旅游主管部门切实承担起旅游规划布局、市场促进、行业监管、队伍建设等行业发展职责。

(2) 出台相关优惠政策

对符合国家产业政策、城市总体规划和土地利用总体规划、对地方经济发展带动性强的重点旅游项目,要优先保障用地,对产业结构调整中的旅游项目,在规定的定价范围内转让时,各市(县)可采取适当价格优惠供地。支持旅游企业发展,对吸纳就业多的旅游企业给予支持政策,努力创造公平竞争的环境。旅游企业可享受中小企业的贷款优惠政策,鼓励中小旅游企业和乡村旅游经营户以互助方式实现小额融资。积极探索成立以互联网为载体的新型旅游发展银行,推进金融机构和旅游企业广泛合作,增强金融产品的旅游、旅行服务功能。

1) 优化用地政策

汉江沿江各市(县)应根据旅游产业发展的需要,调整好土地利用规划,并统筹安排好当地年度用地指标,按项目的推进进度需要保障用地。旅游用地进行分类

管理和实行差别化旅游用地政策,鼓励各地采用多种方式供应旅游用地。

根据沿江旅游项目实施实际情况,国有农用地、未利用地可采取招标拍卖挂牌出让、租赁等方式有偿提供给旅游项目建设开发者使用。旅游设施建设需要占用符合土地利用总体规划的国有未利用地,由沿江各市、县人民政府依据土地利用年度计划批准使用。支持乡村旅游和旅游扶贫项目用地,鼓励农村集体经营性建设用地、集体农用地、未利用地采取作价入股、合作联营或者租赁等方式参与旅游开发。

2)加大金融支持

鼓励各类国有和民营银行加大对沿江各城(镇)旅游产业转型升级重点项目建设的信贷支持额度。培育一批旅游龙头企业,支持旅游企业上市或挂牌。指导有条件的龙头旅游企业发行各类企业债券,开发推出资产证券化产品。鼓励综合实力强的大中型文化旅游企业跨地域、跨行业进行股权投资。积极探索成立以互联网为载体的新型旅游发展银行。支持沿江各城(镇)旅游项目通过 PPP 模式融资建设,鼓励旅游企业和从业人员开展"个体创业""大众创业"和"平台创业",推广众筹方式,吸引更多的民间资本参与到沿江各城(镇)旅游开发建设中。

(3)保障旅游资金投入

积极争取国家支持,加大对汉江沿江特色旅游带的扶持力度,重点支持旅游基础设施、精品景区和公共服务体系等方面的建设。将汉江沿江特色旅游带作为绿色旅游、邮轮游艇旅游、自驾车旅游、旅游+互联网、旅游循环经济、旅游区域合作等的创新试点,在国家技术改造专项资金、促进服务业发展专项资金、扶持中小企业发展专项资金及外贸发展基金中予以重点支持。各级政府要将支持汉江沿江特色旅游带发展纳入政府公共财政预算,加大对旅游基础设施建设的投入。

1)加大财政投入

各级财政加大对旅游业发展的投入,设立旅游产业发展基金,推动实现产业转型升级,并根据财政收入增长情况逐年增加旅游发展专项资金,主要支持旅游目的地基础设施建设、旅游宣传推介和奖励、旅游公共服务体系建设和重点项目贷款贴息。其他各类财政性专项资金要向发挥旅游功能的项目倾斜。将旅游目的地营销列为旅游业发展重要措施,并加大投入;引导社会力量参与区域旅游交流与合作的各种公关活动。汉江沿江各城市、乡镇两级应统筹安排旅游发展专项资金,形成政府加大投入的扶持激励机制。

2）争取国家资金支持

积极争取国家和上级政府以及发改、交通、住建、水利、林业、国土、农业、文化等部门的支持，加大旅游景区水、电、路等配套设施的投入，完善主要交通站点的旅游配套服务设施，改善旅游基础设施条件。在资金有限的情况下，可先开发资金较少、见效较快的旅游配套项目，形成滚动发展的良好态势。重大项目积极争取有偿资本金贷款、贷款贴息等国家资金的支持。

（4）加快旅游人才培养

重视加快旅游人才队伍建设，构建系统、完善的旅游人才体系，优化旅游人才结构，统筹推进旅游人才专业队伍建设，打造旅游人才小高地。依托区域性教育资源集聚地，整合区域内教育资源，形成辐射陕西的人才高地。通过和国内外各大专院校、科研机构的横向联系，建设汉江沿江特色旅游带旅游专家库，建设"不求所有、但有所用"的用才环境。根据产业发展需要，采取灵活多样的方式，培养旅游领军人才和各类适用人才，培养一批熟悉水域知识和旅游业务的专业人才，加强邮轮游艇水上旅游的专业人才队伍建设。组织开展科普性旅游教育工作，加强基层旅游教育培训。加强人才使用的制度建设，进一步优化导游队伍结构。

1）加强旅游专业职业培训

重点依托区域内高等院校，建立旅游发展人才教育培训基地，设立专家顾问组，提供指导以保证其培训出有用和适用的各类人才，不断调整培训内容以适应旅游发展的需要。

2）加强专业人才的引进与培养

制定相关政策，多渠道、多形式重点引进和培养熟知地质地貌、民俗文化等专项知识的人才，引进国内外高层次的饭店管理、旅行社经营、职业经理、营销策划、旅游外语等方面的紧缺人才，鼓励区内外院校毕业生从事旅游行业工作，建立健全激励机制，积极构建旅游人才发展平台，建设旅游人才小高地。

3）制定、编制《汉江沿江特色旅游带旅游业人才专项发展规划》

研究、出台《汉江沿江特色旅游带旅游业人才专项发展规划》，对旅游业发展所需人才的总量、类型、专业、层次、质量、培养步骤和措施等重要问题进行中长期计划安排和控制，确定旅游人才发展的战略目标和任务。

（5）实施旅游市场监管

加强旅游市场监管，要加大旅游执法力度，完善监管机制，相关部门要加强联合执法,切实规范旅游市场秩序。跨区域间旅游部门实现网络化共同监管,共同促进旅游业发展。实施旅游质量提升计划,加强文明旅游正面宣传教育,传播行业正能量。推动旅游者文明出游,旅游企业诚实守信,从业人员服务至诚,推进旅游行业诚信体系建设。加强旅游执法队伍建设,切实给予保障,不断提高各级旅游执法部门的工作水平,寓管理于服务,创新服务手段,维护市场环境。

(6)加强部门联动发展

构建区市协调机制。加强沿江各市、县区之间的全方位合作,构建区市协调机制,加大支持力度,携手打造区域协同发展,推进旅游联动发展。将汉江沿江经济带沿线的市、县旅游资源整合,强化旅游服务,提升旅游质量,实现区市共建模式。加大对沿江各市、县的旅游交通基础设施建设、水上航线、航道整治建设的支持力度。强化旅游联动,构建有效的区市发展协调机制。

加强与发改部门的联动。发改部门在经济社会发展规划中进一步突出旅游业的地位。拟定年度重大项目投资计划和基本建设计划时,优先安排沿江重点旅游项目建设,相关项目立项充分征求旅游部门意见。

加强与国土部门的联动。旅游部门应加强国土部门的联系沟通,共同指导业主申报沿江旅游项目,协调解决业主用地过程中遇到的问题和困难。

加强与交通部门的联动。旅游部门应配合交通部门共同解决好沿江各城(镇)重要景区的公路、水上客运航线和完善旅游交通标识系统的问题。优先考虑解决沿江重要旅游乡镇和景区与高等级公路相连接的问题,形成畅达的交通网络,提升完善交通站场的旅游功能,与旅游部门共同推进交通站场的旅游咨询中心和旅游集散中心的建设,开通旅游观光专线;整合相关水上旅游资源,合理布局沿岸旅游码头等。

加强与住建部门的联动。沿江各市县住建部门在城镇建设规划时要结合旅游发展,充分考虑旅游功能,并将历史文化融入到城市建设中,在环境营造、建筑控制等方面满足旅游发展的要求,尽快实施沿江各城市、乡镇的景观和旅游设施的建设。

加强与文化部门的联动。旅游部门应加强与文化部门的信息沟通,建立联动机制,积极探索旅游市场文化经营主体的信用监管,加强对沿江各城(镇)的旅游节庆、民俗活动、旅游演出的挖掘,以及对非物质文化遗产和文物古迹的保护规划工作,划定保护范围,明确旅游可开发的范围,积极引导和规范旅游开发活动。

加强与环保部门的联动。开展沿江各城（镇）内河水域污染防治工作，加强对旅游开发的环境评估，对旅游开发提出建议和进行监控，保证旅游项目开发能控制在环保要求范围之内。加强沿江各城（镇）游景区旅游开发项目的环境管理，对沿江环境影响较大的旅游建设项目应坚决不予通过。加强对沿江各城（镇）的江段的重要景区的生态环境监测，对这些沿江的景区旅游开发应提出限制性的要求，明确旅游开发内容，督促景区环保工作，采取环保措施减轻由于发展旅游对生态环境的影响。

加强与林业部门的联动。旅游部门在对涉及森林资源的旅游开发以及沿江的湿地公园的开发上要加强与林业部门的沟通，林业部门对沿江城（镇）森林旅游的开发和沿江的湿地生态环境综合利用与经济可持续发展的需要给予必要的指导和监督，避免因旅游开发造成对生态环境的破坏。此外，还应进一步加强对沿江两岸的造林绿化。

加强与农业部门的联动。农业部门在调整种植业结构和布局时，适当考虑与旅游的结合。大力发展生态农业和特色农业，打造沿江现代特色农业（核心）示范区，将其建设成为创新驱动城乡一体化发展示范区、农民创业万众创新的聚集区；改善农村卫生条件，开展生态乡村建设。大力发展休闲农业和乡村旅游，促进农村发展、农业增效和农民增收。

加强与水利部门的联动。旅游部门应积极配合水利部门支持水域的旅游开发。沿江水域资源的旅游开发应符合《中华人民共和国水法》《中华人民共和国防洪法》的要求，在沿江的重点江段以及水库等水域资源开发水利风景区、在河道管理范围内建设旅游项目，须办理洪水影响评价审批。

加强与扶贫部门的联动。旅游部门配合扶贫部门支持沿江各城（镇）贫困村屯的旅游开发活动，协调解决旅游开发建设中的重要问题，积极与扶贫部门联系对接；加强旅游扶贫调研和统计工作，完善旅游扶贫村建档立卡制度，落实精准扶贫，强化对旅游扶贫发展重大决策、项目布局以及配套措施的督促落实，推进旅游扶贫村的重大项目和旅游项目建设。到旅游扶贫村服务，鼓励干部到旅游扶贫村工作，加大对贫困村干部和旅游人才的培训力度；帮助贫困人口就业，有效带动脱贫。

加强与其他部门的联动。旅游部门要加强与宣传、法制、金融、财政、科教、工商等部门的联动，在各自职能范围内大力支持旅游相关的工作，以保证和促进沿江的旅游业的健康持续发展。

（7）强化绩效考核机制

建立规划推进实施的考核制度,强化绩效考核,建立健全监督检查机制,推进规划的实施。将旅游发展业绩纳入各级政府综合目标考核体系,建立目标责任制,进一步细化完善工作计划,明确责任分工,排定工作进度,按照时间节点科学有序地推进规划实施。按照年初有计划、年中有检查、年底有考核的总体要求,实行目标考核奖惩制度,对工作成效突出的单位和个人积极给予表彰奖励。加强对旅游企业的考核,对效益好的旅游企业和旅行社给予表彰、奖励或补助。建立健全退出机制,对游客投诉率高、经营管理不善、破坏资源环境的旅游企业和从业人员,依法依规严肃处理。

9.5　石泉县河长制信息化建设对策与建议

河长制信息化是一项涉及面广的建设项目。首先是其牵涉的范围广,包括石泉县水利局各个部门及相关的其他部门;其次是其涉的专业多,包括各类水利技术、信息技术等。所以,为了保障石泉县河长制信息化规划的顺利实施,必须加强组织机构、人员和经费等方面的建设。

（1）组织机构

目前,石泉县水利局已成立河长制办公室,但没有成立专门的信息化建设和运行管理机构,信息化建设和运行管理主要由相应的部门组织,如水行政执法系统由水利执法部门负责,河长制 APP 由办公室负责。

为了切实保证石泉县河长制信息化规划的全面实施,避免重复建设,提高信息资源的共享程度,以及项目建成后能充分发挥效益,建议石泉县水利局成立信息中心,负责石泉县水利信息化的整体规划和设计,组织石泉县水利信息化项目的实施,负责已建系统的运行管理。

（2）人员队伍建设

水利信息化的实施和运行管理需要一支专业的人员队伍,石泉县水利局在成立河长制信息化小组后,应立即着手河长制信息化专业人员队伍的建设。

积极采取各种措施,以信息化项目建设与管理为依托,培养河长制信息化的高级人才、创新型人才和复合型人才。要制定切实可行的政策和激励机制,营造尊重知识、尊重人才的环境,吸引高精尖人才和队伍进入石泉县河长制信息化领域。要大力培养既懂技术又懂业务,具备管理创新观念的复合型人才。要加强岗位技能培训,建立定期培训机制,为河长制信息化提供不同层次的人才保证。

(3)经费管理

为了保障河长制信息化规划的顺利实施,应积极落实项目建设经费,并对经费进行统一的管理。同时,为了保障系统建设后能够充分发挥效益,应保证维护管理经费的投入。

首先,需加大对河长制信息化建设的投入力度,应把信息化建设视作硬件工程项目统筹落实资金。在安排年度项目的经费中,要扩大河长制信息化项目所占的比例。另外也可设置河长制信息化专项资金。

其次,在加人河长制信息化资金投入的同时,建立多渠道的融资体系,筹措信息化建设和信息系统运行、维护所需资金。要充分考虑和利用政府投入、财政专项预算、基建项目投资、单位自筹、社会捐款和社会化融资等多种渠道。

为保障系统建成后能充分发挥效益,应把相应的维护费用纳入每年的财政预算,保证及时、足额的经费保证。

参考文献

［1］周灿.公共服务视角下德昂族扶贫开发对策研究[J].黑龙江民族丛刊,2015,000(004)：72-78.

［2］郜涌权.浅谈水利建设与地方经济社会发展关系[J].时代财富,2013,000(004)：150-150.

［3］李鹏.水利是国民经济的基础设施和基础产业——在听取水利部汇报"九五"计划和2010年远景目标规划时的讲话[J].中国水利,1996,08；5-7.

［4］王景盛.浅谈如何在农村水利建设中进行精准扶贫[J].名城绘,2019,000（004）：P.503-503.

［5］白晓娟,王伟东.立新小流域水土保持生态建设与成效[J].水利科技与经济,2005(01)：21-22.

［6］钱艳.浅谈脱贫攻坚饮水安全工作现状及建议[J].农业科技与信息,2018,545(12)：82-83.

［7］黄克中,陈俊合.水利是国民经济的基础产业[J].中山大学学报论丛,1993(02)；82-87.

［8］刘晓慧.基于农村脱贫攻坚视角下的"河长制"评析——以安康市M县为例[J].当代经济,2018,000(015)；92-93.

［9］孙继昌.加快推进小型水利工程管理体制改革确保工程安全运行和效益充分发挥——《关于深化小型水利工程管理体制改革的指导意见》解读[J].水利建设与管理,2013(06)：5-8.

［10］张倩,张妮.乡村振兴背景下四川民权水库旅游开发研究[J].市场论坛,2020(08)：98-100＋109.

［11］张国英.乡村振兴战略下乡村旅游开发现状及对策研究[J].现代营销(经营版),2020(11)；44-45.

［12］季新宇,韦舒畅,刘宇晨,张世琦,李红宇.浅谈内蒙古中东部民族特色旅游的发展[J].广东蚕业,2019,53(06)；80＋82.

［13］曾鹏,曹冬勤.西南民族地区高速公路交通量与特色旅游小城镇慢旅游模式协同研究[J].

数理统计与管理,2018,37(05):761-777.

[14] 杜月圆,杨湘涛,韩忠午,赵博,蔡宗洁.安康地域文化特色旅游纪念品设计探析[J].科教文汇(上旬刊),2018(05):188-190.

[15] 彭夏岁.贫困地区乡村旅游全域化:发展逻辑和分析框架[J].云南农业大学学报(社会科学),2020,14(06):1-9.

[16] 曾全红,戚军凯.川西北全域旅游综述[J].四川省情,2018(11):12-14.

[17] 陈瑶,许景婷.村镇污水处理的适当技术与管理模式分析[J].南京工业大学学报(社会科学版),2018,17(6):47-56.

[18] 刘双柳,陈鹏,逯元堂,等.提高社会资本参与水污染防治PPP项目积极性的建议[J].环境保护科学,2018,44(6):22-25.

[19] 杜焱强,刘平养,吴娜伟.政府和社会资本合作会成为中国农村环境治理的新模式吗?——基于全国若干案例的现实检验[J].中国农村经济,2018,(12):67-82.

[20] 文一波.中国典型村镇污水处理系统研究[D].北京:清华大学,2016.

[21] 黄聪.浅析农村生活污水治理项目采用EPC+O模式的优点以及实施中存在的问题[J].河南建材,2019,(3):151-152.

[22] 张明清,梅正龙.建管并重互利共赢——安徽省定远县小型农田水利工程建管机制改革探索[J].水利发展研究,2017,017(011):65-68.

[23] 许一.定远县水资源优化配置问题与思考[J].江淮水利科技,2013(01):28-30.

[24] 吕恒心,王欢,吴程量.加快推进小型农田水利设施建设和管理体制改革——赴安徽省调研报告[J].当代农村财经,2014(3):26-28.

[25] 李林,程瓦.安徽省江巷水库PPP融资运营模式研究[J].水利规划与设计,2017(07):144-147.

[26] 李培蕾,付健.典型地区小型农田水利设施产权制度改革的实践探索与经验借鉴[J].水利发展研究,2017,17(10):9-11+16.

[27] 余绍华,杨世瑜.澳大利亚旅游地质资源开发与保护的经验与启示[J].昆明理工大学学报(自然科学版),2011,36(01):1-6+11.

[28] 徐洋.澳大利亚旅游、酒店类职业教育与培训体系研究[J].顺德职业技术学院学报,2007(04):60-62.

[29] 王丹,曲秀梅,李晶.澳大利亚旅游教育发展特征概述[J].办公室业务,2016(18):174.

[30] 汪升华,陈田.美国大都市旅游带的生长机理及其启示[J].世界地理研究,2006(01):87-93+55.

[31] 王庆生,李莹,王丹蕾.从巴黎塞纳河景观带开发看天津海河旅游形象定位[J].城市,2012

（04）：12-16.

［32］潘颖，孙红蕾，郑建明.文旅融合背景下的乡村公共文化发展路径[J].图书馆论坛，2020（11）：1-11.

［33］赵丽丽，张金山.旅游与交通融合发展的新实践[J].中国公路，2018(12)：44-47.

［34］陈健雄.脱贫攻坚背景下的农村旅游公路规划思考与探索[J].四川建材，2018,44(01)：181+194.

［35］胡凯，许航，张怡蕾，等.分散式农村生活污水处理设施运营模式探讨[J].水资源保护，2017,(2)：63-66.

［36］张自杰.排水工程（下册）[M].北京：中国建筑工业出版社，2015.

［37］黄媛媛，许东阳，纪荣平.改进生物滴滤池——人工湿地处理农村生活污水研究[J].水处理技术，2018,(5)：93-97.

［38］蒙语桦.化粪池与人工湿地联用处理湖南农村地区生活污水研究[D].长沙：湖南大学，2016.

［39］胡凯，陈卫，许航.分散式农村生活污水处理设施远程监控系统及其应用[J].给水排水，2016,(11)：135-139.

［40］耿嘉伟，谭学军，朱仕坤，等.农村分散污水处理设施远程监控与信息管理系统设计[J].中国给水排水，2015,31(2)：70-76.

［41］曹睿.农村生活污水治理长效管理机制研究[J].环境科学与管理，2015,40(10)：1-3.

［42］张海波.全面推行河长制促进美丽保定建设[J].河北水利，2017,000(007)：17-18.

［43］张金环，邢艳霞，张涛，李成春.对小型农田水利工程建设管理有关问题的探讨[J].山东水利，2005(09)：48.

［44］吴加宁，吕天伟.小型农田水利建设主体及相关问题的探讨[J].中国农村水利水电，2008（09）：5-7.

［45］中国农村财政研究会课题组，王树勤，李长璐.国外农田水利工程建设管理经验的借鉴与启示[J].农村财政与财务，2013(09)：46-48.

［46］高芸，赵立军.小型农田水利建设和管理：国际经验与借鉴[J].世界农业，2011(03)：32-35.

［47］王宾，高芸.国外小型农田水利建设和管理经验及借鉴[J].农村.农业.农民（A版），2014（04）：31-32.

［48］杨永华.对我国农田水利建设滞后的原因透视及立法思考[J].农业经济，2011(01)：3-5.

［49］张宁，陆文聪，董宏纪.中国农田水利管理效率及其农户参与性机制研究——基于随机前沿面的实证分析[J].自然资源学报，2012,27(03)：353-363.

［50］袁怀宇,陈文俊.湖南农田水利投资的现状与对策[J].市场论坛,2013(09):34-35.

［51］刘敏.农田水利工程管理体制改革的社区实践及其困境——基于产权社会学的视角[J].农业经济问题,2015,36(04):78-86+112.

［52］张宁.农村小型水利工程农户参与式管理及效率研究[D].杭州:浙江大学,2007.

［53］刘得扬,杨征,朱方明.组织结构变迁、基层农田水利建设与国家农业安全[J].软科学,2011,25(11):115-119.

［54］刘海英,李大胜.农田水利设施多中心治理研究——基于供给效率的分析[J].贵州社会科学,2014(05):100-104.

［55］柴盈.南方地区农田水利政府支出效率及地方性制度比较分析[J].农业经济问题,2014,35(06):46-53+111.

［56］柴盈.激励与协调视角的"小农水"管理效率:四省(区)证据[J].改革,2013(07):88-95.

［57］赵常兴.因地制宜推进西部地区特色城镇化[J].经济研究导刊,2009(11):88-89.

［58］9个森林旅游区11条特色旅游带[J].森林与人类,2014(08):144.

［59］朱麟奇,李秋雨,刘继生.中国旅游业与地区发展及民生改善协调关系研究[J].地理科学,2020,40(08):1328-1335.

［60］韩鑫,汤彬.基于B/A/S架构的行政审批系统的设计与实现[J].科技广场,2013(5):75-77.

［61］武传坤.物联网安全架构初探[J].中国科学院院刊,2010,25(4):411-419.

［62］刘勘,周晓峥,周洞汝.数据可视化的研究与发展[J].计算机工程,2002,28(8):1-2.

［63］张煜东,吴乐南,王水花.专家系统发展综述[J].计算机工程与应用,2010,46(19):43-47.

［64］黎永良,崔杜武.MVC设计模式的改进与应用[J].计算机工程,2005,31(9):96-97.

［65］王艳清,陈红.基于SSM框架的智能web系统研发设计[J].计算机工程与设计,2012,33(12):4751-4757.

［66］刘军,戴金山.基于Spring MVC与iBATIS的轻量级Web应用研究[J].计算机应用,2006,26(4):840-843.

［67］荣艳冬.关于Mybatis持久层框架的应用研究[J].信息安全与技术,2015(12):86-88.

［68］李健周.关于计算机软件开发的JAVA编程语言研究[J].信息通信,2013(10):90-90.

［69］张军林,阳富民,胡贯荣.JavaScript语言解释器的设计与实现[J].计算机工程与应用,2003,39(30):124-125.

［70］魏楚元,李陶深,张增芳.Eclipse:基于插件的下一代通用集成开发环境[J].计算机应用与软件,2005,22(6):38-40.

［71］边清刚,潘东华.Tomcat和Apache集成支持JSP技术探讨[J].计算机应用研究,2003,20

（6）：12-14.

［72］李刚健.基于虚拟化技术的云计算平台架构研究［J］.吉林建筑工程学院学报,2011,28
（1）：79-81.

［73］施巍松,孙辉,曹杰,等.边缘计算:万物互联时代新型计算模型［J］.计算机研究与发展,
2017,54（5）：907.

［74］王保云.物联网技术研究综述木［J］.电子测量与仪器学报,2009,23（12）：1-7.

［75］钱志鸿,王雪.面向 5G 通信网的 D2D 技术综述［J］.通信学报,2016,37（7）：1-14.

［76］张献英.第四代移动通信技术浅析［J］.数字通信世界,2008（6）：71-74.

［77］余莉,张治中,程方,等.第五代移动通信网络体系架构及其关键技术［J］.重庆邮电大学学
报（自然科学版）,2014,26（4）：427-433,560.

［78］李乔,郑啸.云计算研究现状综述［J］.计算机科学,2011,38（4）：32-37.

［79］杨志和.物联网的边界计算模型:雾计算［J］.物联网技术,2014,4（12）：65-67.

［80］于海斌,梁炜,曾鹏.智能无线传感器网络系统［M］.北京:科学出版社,2013.

［81］王永寿.无人机的通信技术［J］.飞航导弹,2005（2）：20-22.

［82］陈永波,汤奕,艾鑫伟,等.基于 LPWAN 技术的能源电力物联专网［J］.电信科学,2017,33
（5）：143-152.

［83］龚天平.LORA 技术实现远距离,低功耗无线数据传输［J］.电子世界,2016（2016 年 10）：
115-115,117.

［84］曾令卉.城市视频监控系统解决方案［J］.电视技术,2012,36（5）：131-133.

［85］尚青青,朱秀昌.高清视频监控中心的设计与实现［J］.电视技术,2013,37（11）：183-187.

［86］谢涛,刘锐,胡秋红,等.基于无人机遥感技术的环境监测研究进展［J］.环境科技,2013,26
（4）：55-60.

［87］张文杰,戚飞虎,江卓军.实时视频监控系统中运动目标检测和跟踪的一种实用方法［J］.
上海交通大学学报,2002,36（12）：1837-1840.

［88］刘庆祥,蒋天发.智能车牌识别系统中图像获取技术的研究［J］.武汉理工大学学报:交通
科学与工程版,2003,27（1）：127-130.

［89］钟良侃.基于云计算的远程教育信息系统整合研究［J］.现代教育技术,2011,21（10）：
78-82.

［90］廖振良,刘宴辉,徐祖信.基于案例推理的突发性环境污染事件应急预案系统［J］.环境污
染与防治,2009,31（1）：86-89.

［91］徐珂航,宋曦,吴红,等.统一通信 Android 客户端语音消息的实现［J］.计算机与网络,
2015,41（6）：59-62.

［92］刘岳.我国电子地图研制的实践及其发展方向［J］.地球信息科学,2005,7(2):17-22.

［93］白维维,张翠翠.竞赛图像录像回放系统设计［J］.电脑知识与技术:学术交流,2017,13(1):42-43.

［94］任勇程.网络设备远程控制管理系统的设计与实现［D］.成都:电子科技大学,2006.

［95］文东戈.B/S结构网上考试系统的设计与实现［J］.黑龙江科技学院学报,2002,12(4):34-37.

［96］成建国,钱峰,艾萍.国家水利数据中心建设方案研究［J］.中国水利,2008(19):32-34.

［97］杨剑,唐慧佳,孙林夫,等.基于XML的异构数据交换系统的研究与实现［J］.计算机工程,2005,31(19):195-197.

［98］张冰,贺禹.数据采集和智能数据处理系统的分析和设计［J］.计算机工程与设计,2004,25(6):892-895.

［99］孙国梓,董宇,李云.基于CP-ABE算法的云存储数据访问控制［J］.通信学报,2011,32(7):146-152.

［100］朱洪斌,王重.应用级灾备关键技术研究［J］.电力信息化,2011,9(12):40-43.

［101］万定生,徐健峰.基于SOA实现防汛防旱指挥系统的关键技术研究［J］.计算机工程与设计,2009(20):4639-4641.

［102］左其亭,李可任.最严格水资源管理制度理论体系探讨［J］.南水北调与水利科技,2013,11(1):34-38.

［103］姚寒峰.中国农村水利管理信息系统建设实践与研究［J］.中国水利,2008,10(19):24-26.

［104］李喆,谭德宝,张穗,等.水利工程建设项目管理系统的设计与开发［J］.长江科学院院报,2014,31(1):66-71.

［105］彭晓东,莫东松,刘勇,等.基于数据仓库的综合决策支持系统的设计研究［J］.计算机工程与设计,2003,24(5):15-18.

［106］冯涛,张玉清,高有行.网络安全事件应急响应联动系统模型［J］.计算机工程,2004,30(13):101-103.

［107］王禹杰."互联网智慧河长"信息管理系统设计与实现［D］.合肥:合肥工业大学,2019.

［108］袁文成,朱怡安,陆伟.面向虚拟资源的云计算资源管理机制［J］.西北工业大学学报,2010,28(5):704-708.